职业教育校企合作新形态教材

幼儿照护培训教程

冯敏华　骆海燕　主编

ZHEJIANG UNIVERSITY PRESS
浙江大学出版社
·杭州·

图书在版编目（CIP）数据

幼儿照护培训教程 / 冯敏华，骆海燕主编. —杭州：浙江大学出版社，2022.9
ISBN 978-7-308-22978-4

Ⅰ.①幼… Ⅱ.①冯… ②骆… Ⅲ.①婴幼儿—哺育—技术培训—教材 Ⅳ.①TS976.31

中国版本图书馆 CIP 数据核字(2022)第 158682 号

幼儿照护培训教程
YOU'ER ZHAOHU PEIXUN JIAOCHENG
冯敏华　骆海燕　主编

责任编辑　秦　瑕
责任校对　王元新
封面设计　浙信文化
出版发行　浙江大学出版社
（杭州市天目山路 148 号　邮政编码 310007）
（网址：http://www.zjupress.com）
排　　版　杭州青翊图文设计有限公司
印　　刷　杭州良诸印刷有限公司
开　　本　787mm×1092mm　1/16
印　　张　18.5
字　　数　473 千
版 印 次　2022 年 9 月第 1 版　2022 年 9 月第 1 次印刷
书　　号　ISBN 978-7-308-22978-4
定　　价　59.00 元

编　委　会

主　编　冯敏华　骆海燕

副主编　吴珊珊　舒尔平　金幸美　董燕艳

编　委　冯敏华（宁波卫生职业技术学院）
骆海燕（宁波卫生职业技术学院）
吴珊珊（宁波卫生职业技术学院）
朱晨晨（宁波卫生职业技术学院）
黎秀云（宁波卫生职业技术学院）
廖思斯（宁波卫生职业技术学院）
刘志杏（宁波卫生职业技术学院）
金幸美（宁波卫生职业技术学院）
董燕艳（宁波卫生职业技术学院）
舒尔平（浙江大学明州医院）
李　梅（宁波大学医学院附属医院）

前　　言

0～3岁是儿童生命的重要开端，为儿童终身健康和发展奠定了重要的基础。2019年，《国务院办公厅关于促进3岁以下婴幼儿照护服务发展的指导意见》等一系列文件出台，我国正式启动3岁以下婴幼儿照护服务体系的建设，为婴幼儿的健康发展提供了更好的成长环境。《中华人民共和国国民经济和社会发展第十四个五年规划和2035年远景目标纲要》明确提出健全婴幼儿发展政策：推进婴幼儿照护服务专业化、规范化发展，提高保育保教质量和水平。随着国家三孩生育政策的实施，建设一支有爱心、水平高的婴幼儿托育服务队伍，为高质量发展托育服务提供队伍保障显得尤为迫切和重要。

本书以“立足行业需求，突出实践技能”为宗旨，与“1＋X”证书制度改革试点项目幼儿照护、母婴护理职业技能等级培训内容相对接，从职业道德、幼儿生长发育、婴幼儿解剖及生理特点、婴幼儿生活照护、婴幼儿健康促进与照护、婴幼儿安全照护、启蒙教育、家庭教育指导等方面，分别阐述了婴幼儿照护的特点和注意事项，按照基础知识，以及初级、中级、高级技能递进介绍相关的知识、技能，并将理论知识、技能操作有机融合在每一项工作任务中，教学做一体化。内容力求通俗易懂，深入浅出，操作性强，既立足婴幼儿服务行业，又满足托幼机构专业人员知识、技能的需要。本书在编写过程中结合信息技术，以“互联网＋”教学资源共享为背景，以二维码的形式将数字资源与教材内容紧密结合在一起，实现一书在手，多媒体学习。

本书的出版得到了宁波家政学院、宁波卫生职业技术学院、宁波大学医学院附属医院、浙江大学明州医院广大专家、教师的大力支持，微视频拍摄得到马腹婵、吴珊珊、陈莺、梅一宁、兰兰、王丽、舒尔平、杨芬红等老师、学生的热心帮助，在此表示衷心的感谢！

本书适合作为“1＋X”证书制度改革试点项目幼儿照护、母婴培训职业技能等级培训的参考教材，也可用于育婴员、保育师、婴幼儿照护人员及家长、基层儿童保健护理工作者的培训。

由于成稿仓促，其中难免存在疏漏，恳请专家、同仁、读者批评指正，以便修订完善。

冯敏华

2022 年 9 月

目　　录

第一部分　基础知识

第二部分 初级技能

第三部分 中级技能

第四部分　高级技能

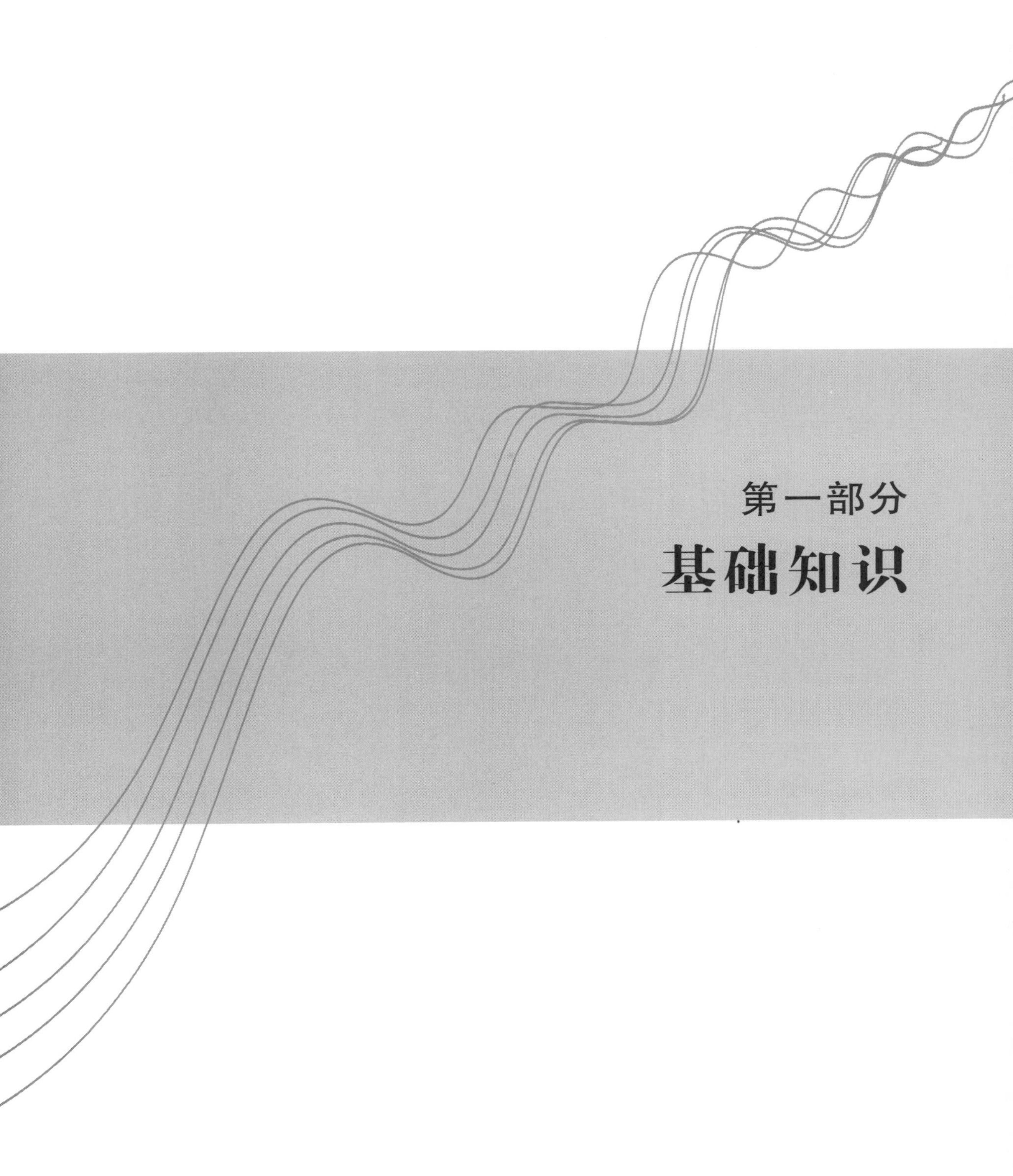

第一部分
基础知识

第一章　职业道德

职业是指个人在社会中所从事的作为生活主要来源的各类工作。道德是指人们共同生活及其行为的准则和规范。马克思主义伦理学认为，道德是一种社会意识形态，它是由社会存在和经济基础决定的，依靠社会舆论、个人信念和传统行为习惯来维持的，以善恶评价为标准的意识、规范和实践活动的总和。道德的构成有两个方面：道德观念和行为规范。正确的道德观念对协调人与人之间、人与社会之间的关系，维持社会生活的稳定和促进人类文明的发展具有重要的作用。

从事幼儿照护的人员必须经过专业培训，掌握相关的知识和技能，并取得相应的职业资格证书。

本书中幼儿是指 3 岁以下的婴幼儿。幼儿照护指对婴幼儿进行日常生活照料、安全防护、日常保健、早期发展指导的行为活动，是适应我国社会发展需要的。幼儿照护职业道德是照护人员必须了解和具备的素质，以及必须掌握的基本知识。

较好的职业道德和品德修养是从事育儿工作的必备条件。学习和掌握社会主义道德和职业道德的基本知识，对社会主义精神文明和物质文明建设具有重要作用，对提高从业人员自身素质、增强服务意识也具有重要作用。

第一节　职业道德基本知识

一、职业道德的含义及意义

1. 职业道德的含义

所谓职业道德，就是人们在从事某一职业时应遵循的道德规范和行业行为规范。它既是对本职人员在职业活动中的行为要求，也是职业对社会所的道德责任和义务。社会分工的发展，形成了多种多样的职业分工。多种多样的职业分工又使得人们之间的关系日益广泛和复杂。为了调整人与人之间、人与职业之间的各种关系，就提出了职业道德。

2. 职业道德的意义

职业道德是做好每一份工作的基础和前提。各行各业的从业人员，都要从本职业的特色出发，从服务态度、服务意识、服务质量、服务水平等方面，达到与职业道德相关的要求。职业道德的表现形式多种多样，可以通过人们的职业活动、职业关系、职业态度、职业作风以及社会效果表现出来。它既是对本职人员在职业活动中的行为的要求，也是职业对社会的道德责任与义务。从事某种特定职业的人，有着共同的劳动方式，接受同样的职业训练，因而形成与职业活动、职业特点紧密联系的观念、兴趣、爱好、传统心理和行为习惯，结成某种特殊的关系，形成独特的职业责任和职业纪律，从而产生一系列特殊的行为规范和道德要求。因此，职业道德具有规范性、约束性和提高信誉度的作用。

(1)规范性：职业道德的规范性主要体现在对从业人员的劳动态度、职业责任、服务标准、操作规范、职业纪律等方面都有明确的规定，如违反规定，就会受到行业纪律的处分。

(2)约束性：运用职业道德规范来约束行业内部人员的行为，在一定程度上可促进行业内部人员的团结与合作，也可以调整从业人员和服务对象之间的关系。

(3)提高信誉度：从业人员的职业道德水平是产业质量和服务质量的有效保证，员工的责任心、良好的知识和能力素质以及优质的服务是促进行业发展的主要动力，高质量的产品和优质的服务是提高行业信誉度的有力保障。

二、社会主义职业道德的基本原则及特点

1.社会主义职业道德的基本原则

(1)职业道德要体现“为人民服务”这个核心。“为人民服务”是社会主义职业道德的集中表现，是职业道德的核心。在社会主义社会，人民是国家的主人，国家的命运和个人的前途是紧密相连的。人与人之间的关系是平等的、相互服务与帮助的，每个人既是劳动者，也是他人的服务对象，享受其劳动成果，绘出“人人为我，我为人人”的社会主义和谐画面。每个从业人员在自己的工作或劳动中，都要把广大人民群众的利益作为考虑问题的出发点和落脚点。实践“为人民服务”的原则必须从“我”做起。

(2)职业道德要体现集体主义原则。集体是相对个人而言的，由一个个有着共同目的、共同利益的人一起组成社会大集体。个人是构成这个有机整体的一员，集体和个人的关系是对立统一的辩证关系。社会主义职业道德以协调国家、集体和个人之间关系为核心，离开集体主义，就无法协调这三者之间的矛盾。

(3)职业道德要体现社会责任感。解决劳动态度问题是职业道德的重点。每个从业人员都必须牢固树立主人翁责任意识，增强社会责任感。要求从事各行各业的人，能够爱岗敬业，勇挑重担，出色完成本职工作。

2.社会主义职业道德的特点

(1)职业性：职业道德是与职业生活密切联系在一起的。由于每个职业有着各自的不同特点，所以在职业活动中形成了特定的交往关系和不同的行为规范。职业道德只适用于本职业的成员。正如救死扶伤是医务工作的职业要求，为人师表是教师工作的职业要求。

(2)强制性：职业道德规范是从业人员必须遵循的守则，不得违反。如有违反，要受到纪律处分和经济制裁。职业道德必须与行政管理、规章制度和行政纪律等结合起来，表现出一定的强制性。

(3)稳定性:职业道德表现为某一职业所形成的特有的职业心理、职业品质、职业传统和行为习惯。这种职业的特殊利益和要求,是在特定职业的社会实践中形成的。这种独具特色、代代相传的职业的特殊利益和要求,反映了相对稳定的职业心理和道德观念。

(4)实践性:职业道德原则和规范是在职业活动实践中总结出来的,考虑到本行业人员的接受能力,常采用工作守则、规章制度等简明适用的形式来指导从业人员的工作或劳动行为。

(5)具体性:职业道德是依据本职业的服务内容、活动条件、服务对象以及从业人员的承受能力而制定的行为规范和道德准则。其种类是多样的,形式是具体的,如制度、章程、公约、须知、誓词、条例等,这些都便于职工记忆、接受和执行。

(黎秀云)

第二节 幼儿照护人员职业守则

幼儿照护是以"育人"为主要工作的特殊职业,其工作质量的优劣、工作水平的高低,直接关系到幼儿、家庭的幸福,社会的稳定和民族的命运。只有品德高尚、知识储备丰富、技能优胜的人才能从事这一崇高而神圣的职业。

一、幼儿照护人员的职业性质

幼儿照护人员既不同于家庭保姆,也有别于托幼机构中的保育员。其是在家庭、社区或早教机构中为3岁以下婴幼儿综合发展提供全方位指导和服务的从业人员,也承担着相应的社会责任。

对幼儿照护人员职业能力特征的要求是有爱心、耐心和责任心;身体健康;口齿清楚,普通话标准;观察敏锐,操作灵活,具有学以致用的能力。幼儿照护人员是通过对3岁以下婴幼儿进行生活照料、护理和教育的服务,辅助和指导家长完成科学育儿工作的人员。幼儿照护人员把婴幼儿的照料、保健、教育结合起来,通过日常生活中的活动或游戏来开发婴幼儿的潜能,促进婴幼儿的全面发展。所以,幼儿照护人员在国外也被称为"人生起步阶段的领路人"。

幼儿照护职业共设三个等级:初级幼儿照护、中级幼儿照护、高级幼儿照护。

二、幼儿照护人员的职业教养理念

1.热爱儿童,满足需要

3岁以下是婴幼儿对周围的人建立信任感的关键期。婴幼儿生理、心理得到满足后容易建立起信任感,因而容易形成积极的个性特征。幼儿照护人员必须热爱婴幼儿,了解婴幼儿,掌握婴幼儿在不同年龄阶段的生理、心理特征和行为特点,根据婴幼儿的生长发育规律给予科学的教育和指导。

2.以养为主,教养融合

3岁以下婴幼儿从母乳喂养过渡到成人食物喂养,从躺卧状态、只能完成完全没有意识的动作发展成能直立行走和用手操纵物体,从完全不能说话到能用语言交流,从相对软弱的个体到相对独立的个体,这些都需要成人的精心养护。这也要求在养护过程中融合教育,如多和婴幼儿说话,使其情绪愉快,按照婴幼儿成长的需要及时提供学习机会和创造适合婴幼儿学习的环境。

3.关注发育,顺应发展

由于婴幼儿的生长速度很快,正确的教养能促进婴幼儿的发育。所以关注婴幼儿的发育状况,可以了解教养的水平。但婴幼儿的发展也须遵循自身的生长发育规律,不可揠苗助长。

4.因人而异,开启潜能

婴幼儿的成长受遗传、环境、教育三个因素的影响,从而表现出个体差异,各有所长,各有所短,这都是正常的。幼儿照护人员要根据个体的差异,有针对性地对不同婴幼儿进行恰当的教育引导,发挥其优势,开发其潜能,切不可只进行横向比较。

三、幼儿照护人员职业守则

1.热爱儿童,爱岗敬业

爱岗敬业是为人民服务和集体主义精神的具体体现,是社会主义职业道德一切基本规范的基础。热爱儿童是爱岗敬业的基础。热爱儿童必须了解儿童,掌握儿童不同年龄阶段的生理、心理和行为特点,根据儿童的生长发育规律给予科学的教育和指导。热爱儿童必须有爱心、耐心、诚心和责任心,学会站在儿童的角度考虑问题。只有热爱儿童,才能以饱满的热情投入实际工作中,才能全心全意地为婴幼儿及其家长提供最优质、最满意的服务。热爱儿童必须尊重儿童,尊重儿童生存和发展的权利,尊重儿童的人格和自尊心,用平等和民主的态度对待每个儿童,满足每个儿童的合理要求。

幼儿照护人员面对的是3岁以下尚未发育成熟的婴幼儿,他们的行为、情绪反复多变,语言表达能力、情绪控制能力都处于发展过程中,他们有时天真可爱,有时吵闹任性。幼儿照护人员要用爱心去体谅他们,理解他们是尚未成熟的孩子;要用耐心安抚他们,给予他们更多的呵护与关怀;要用责任心引导他们,帮助他们解决困难。

2.诚信服务,善于沟通

诚实守信是做人的根本,是为人处世的一种美德,也是一种社会公德,是任何一个有责任心的人进行自我约束的基本要求。幼儿照护人员是直接为婴幼儿、家长、社会提供服务的一种"窗口行业",所以必须用真诚的态度对待工作。不论对婴儿还是对家长,都要以诚相待,用诚实守信的道德品质赢得社会和家长的信任。

幼儿照护人员不仅要善于与幼儿沟通,而且要善于与家长沟通交流,正确地指导家长,将科学育儿的理念和方法用通俗易懂的语言传递给家长,提高家长科学育儿的水平和能力。所以,有较强的沟通能力是胜任幼儿照护工作必备的条件。

3.勤奋好学,钻研业务

幼儿照护人员应该掌握扎实的理论知识和实际操作的技能,涉及幼儿身心发展的理论、教育学理论、心理学理论,以及婴幼儿卫生保健等知识。每个婴幼儿都是一个独立的个体,相同的个体在不同阶段的特点不同,所采取的教育方法也不同;即使年龄相同,不同的个体受遗传、家庭环境、接受教育时间和程度等因素的影响,个体差异较大。幼儿照护人员要根据每个个体不同阶段的不同需求,合理运用科学的理论知识来指导实践,解决不同时期的不同问题。这都要求幼儿照护人员勤奋好学,刻苦钻研,不断进取,努力提高幼儿照护的专业知识和技能水平。

(黎秀云)

第二章　幼儿生长发育

一、儿童各年龄分期及特点

儿童处于不断生长发育的动态变化过程中，根据不同阶段的儿童身心发育特点，人为地将儿童生长发育阶段划分为若干时期。按世界卫生组织的儿童年龄分期(医学分期)如下。

(一)胎儿期

从受孕到分娩，约 280 天。此期的特点是胎儿生长发育快，一切依赖母体。

(二)新生儿期

从胎儿娩出、脐带结扎至生后满 28 天为新生儿期。此期的特点是新生儿生活力低下，发病率高，死亡率高。

(三)婴儿期

自出生到满 1 周岁为婴儿期。此期是小儿体格生长、动作和认知发育最迅速的阶段，是儿童期的第一个生长高峰。

(四)幼儿期

1 周岁以后至满 3 周岁为幼儿期。此期的特点是小儿体格生长速度较前减慢，但运动、语言、思维能力发展加快。

(五)学龄前期

3 周岁以后至入小学前(6～7 岁)为学龄前期。此期的特点是儿童的体格发育速度减慢，智力发育加快，求知欲强，好奇、好问，喜欢模仿，语言和思维能力进一步加强。

(六)学龄期

从入小学(6～7 岁)至青春期(11～12 岁)称为学龄期。此期的特点是儿童体格生长相对缓慢，除生殖系统外，各器官发育已接近成人水平。

（七）青春期

从第二性征出现至生殖功能基本发育成熟、身高停止增长的时期为青春期。女孩青春期从 11～12 周岁开始到 17～18 周岁，男孩从 13～14 周岁开始到 18～20 周岁。

二、婴幼儿生长发育的规律

生长发育是小儿不同于成人的重要特点。婴幼儿机体处在不断生长发育的过程中，其组织、器官的形态及与此有关的功能均在不断地变化，有时快些，有时慢些，交替进行。

（一）发展的阶段性与连续性

婴幼儿在各年龄期的生长发育不是等速进行的，年龄越小，增长越快。生长发育在整个婴幼儿时期是连续的过程，但各年龄阶段生长发育的速度不同。体重在出生后第一年，尤其是前三个月增加很快，出现第一个生长高峰。

（二）各系统发育的不平衡性

不同的身体系统有不同的发展速率，如神经系统发育较早，生殖系统发育较晚，淋巴系统在小儿时期发育迅速，于青春期前达高峰，以后逐渐降至成人水平；其他如心、肌肉、肝、肾等的发育基本与生长平行。

（三）生长发育的顺序性

生长发育有一定的顺序与方向，不会越级发展，0～3 岁婴幼儿生理发展都遵循以下一些共同原则。

1. 头尾原则

头尾原则指婴幼儿体格发育遵循头部领先生长，躯干、四肢生长在后的规律。如 2 个月的胎儿头长约为身长的 1/2，出生时约为身长的 1/4，而成人头长约为身长的 1/8。

胎儿时期的形态发育是头部领先，其次为躯干，最后为四肢。婴幼儿期动作发育顺序是先会抬头、转头，再会翻身、直坐、爬，最后才会站立和行走。

2. 近远原则

近远原则指身体发育从臂到手，从腿到脚的活动。先抬肩、伸臂，再双手握物；先会控制腿，再控制脚的活动。

3. 从粗到细

从粗到细指从全掌抓握到手指拾取。

4. 从简单到复杂

从简单到复杂指先画直线后画圈、图形。

5. 从低级到高级

从低级到高级指先会看、听、感觉，再有记忆、思维等。

(四)个体差异性

婴幼儿的体格发育由于受机体内外因素如遗传、环境、营养等的影响,可有相当大的个体差异。体格上的个体差异随年龄增长而显著,青春期差异更大。此外,同龄婴幼儿体格发育也可能存在较大的差异。

三、婴幼儿生长发育的影响因素

婴幼儿的体格、智能及心理的发育一直受到遗传、环境等因素的影响,而且各因素间相互作用。

(一)遗传

父母的细胞、染色体所载的基因是遗传的物质基础,决定每个婴幼儿体格生长发育的特征、潜力等,如父母的身高、体重、面型特征、皮肤颜色等。遗传性疾病(如染色体畸变、代谢缺陷等)对小儿的生长发育有显著影响,近亲结婚者下一代中畸变的发生率很高。

(二)营养

足够的热量和各种营养素是婴幼儿体格发育的物质基础。年龄越小,受营养的影响越大。宫内营养不良的胎儿不仅体格生长落后,而且脑部的发育也迟缓;婴幼儿出生后,如果营养供给不足,首先会导致体重不增,甚至下降,最终还会影响身高的增长和智能的发育。

(三)疾病

疾病对婴幼儿生长发育的影响十分明显。急性疾病后体重明显减轻,慢性疾病可影响体重及身高。有些内分泌疾病可导致身材矮小和神经系统发育迟缓,因此预防各种疾病的发生十分重要。

(四)药物

婴幼儿用药不当可直接或间接影响生长发育,如长期应用肾上腺皮质激素可使身高增长速度减慢。链霉素、庆大霉素、卡那霉素可能对婴幼儿的听力造成严重损害。

(五)环境

良好的居住环境、健康的生活方式、科学护理、体育锻炼、完善的医疗保健服务等都是婴幼儿生长发育达到最佳状态的重要因素。

四、婴幼儿身体健康的主要特征

身体健康主要指人的身体发育正常,功能协调发展,体格强健。身体健康的婴幼儿应具备以下主要特征。

(一)生长发育良好,体型正常,身体姿势端正

(1)身高、体重、头围、胸围等各项指标的数值均在同年龄、同性别组婴幼儿正常值范围之内。

(2)形态发育正常,无脊柱异常弯曲、扁平足等现象,身材匀称,符合同年龄、同性别组婴幼儿的基本特点等。

(3)身体各器官、系统的生理功能正常,并处于不断生长完善的过程中。

(4)身体能保持正确的姿势。

(5)身体无疾病和缺陷。

(6)食欲较好,睡眠良好,精力充沛等。

(二)机体对内、外界环境具较好的适应能力

(1)具有一定的抵抗疾病能力,较少患病。

(2)对环境及其变化,如寒冷、炎热等具有较好的适应能力。

(3)能适应多种体位的变化,如摆动、旋转、攀高等。

(三)体能发展良好

(1)身体的基本动作,如抬头、翻身、坐、爬、站立、走等动作适时出现。

(2)走、跑、跳、掷、钻、爬等动作能力不断提高。

(3)肌肉较有力,身体动作较平衡、准确、灵敏、协调。

(4)手眼协调能力发展良好。

(四)评价婴幼儿体格生长发育的常用指标

1.身体形态指标

身体形态指标即身体各部分在形态上可测出的各种量度。最重要、最常用的形态指标为身高、体重。此外,还有头围、胸围、坐高、上臂围、腹围、皮下脂肪等。

2.生理功能指标

生理功能指标即身体各系统、各器官在生理功能上可测出的各种量度。常用的有脉搏、血压、心率、呼吸、握力、视力、肺活量等指标。

五、体格发育常用指标及其测量方法

(一)体格发育常用指标

1.体重

体重是儿童生长发育最重要的指标之一。我国2005年九市城区调查结果显示,平均男婴出生体重为(3.3±0.4)kg,女婴为(3.2±0.4)kg,与世界卫生组织的参考值一致。

小儿年龄越小，体重增长越快。出生后3个月的婴儿体重约为出生时的2倍(6kg)，1岁时的体重约为出生时的3倍(9kg)，出现第一个生长高峰。2岁时的体重约为出生时的4倍(12kg)，2岁至青春前期的体重增长减慢，每年增长约2kg；进入青春期后体重增长再次加快，出现第二个生长高峰。

为便于日常应用，可按公式粗略估计小儿体重：

1～6个月体重(kg)＝出生时体重(kg)＋月龄×0.7

7～12个月体重(kg)＝6＋月龄×0.25

2～12岁体重(kg)＝8＋年龄×2

2.身高(长)

足月儿出生达50cm，出生后第一年身高平均增长约25cm，其中前3个月增长11～13cm，1岁时身长约75cm。第2年增长速度减慢，平均为10～12cm，到2岁时，身长约87cm。2岁后，直至青春发育期(女童在9～10岁，男童在11～12岁)，平均每年增长6～7cm。

3.头围

出生时头围约34cm，1岁以内增长较快，1岁时约46cm，2岁时为48cm，5岁时为50cm，15～16岁时为54～58cm(与成人头围接近)。

4.胸围

出生时胸围比头围小1～2cm，约32cm。一般在1岁时，头围、胸围相等，以后胸围超过头围。

(二)测量方法

1.体重测量

体重反映身体各器官系统与体液重量的总和，是判断儿童生长发育、营养状况的重要指标。

(1)测量仪器：儿童体重测量采用坐卧式杠杆秤，精确到0.1kg。婴儿体重测量采用卧位式电子秤，精确到0.01kg(图1-2-1、图1-2-2)。

图1-2-1　婴儿盘式秤

图 1-2-2　儿童坐式体重计

(2)测量前准备:测量体重前婴幼儿应排空大小便,仅穿内衣或减去衣服重量。避免其他人接触杠杆秤。

(3)测量方法:婴儿称体重时可以取卧位;3 岁以上儿童取坐位,或者轻轻地站在踏板适中的位置,双手自然下垂,不可摇动或者接触其他物体,以免影响准确性。测量前校正秤的零点读数,记录测量值(图 1-2-3)。

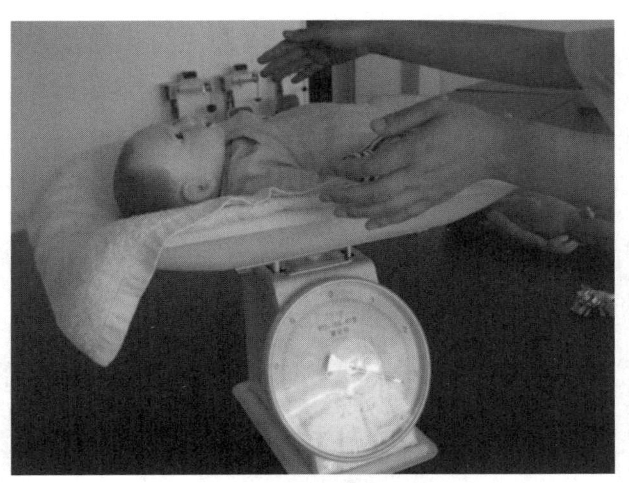

图 1-2-3　婴儿体重测量

2.身高(长)测量

(1)身长:3 岁以内的婴幼儿,由于不能站立,或站立时不能保持足跟、骶骨和胸椎与身高计接触,需卧位测量头顶点至足底距离,称之为身长。

1)测量仪器:卧位身长测量仪或称量床。

2)测量前准备:脱去帽、鞋、袜,穿单衣仰卧于量床底板中线上。

3)测量方法:测量者将头扶正,头顶接触量板头端,儿童面向上。测量者位于儿童右侧,双手握住双膝，双腿伸直，右手推动量板端接触两端足跟。如果刻度在量床双侧，则应注意量床两侧的读数应该一致，然后读刻度，误差不超过 0.1cm(图 1-2-4)。

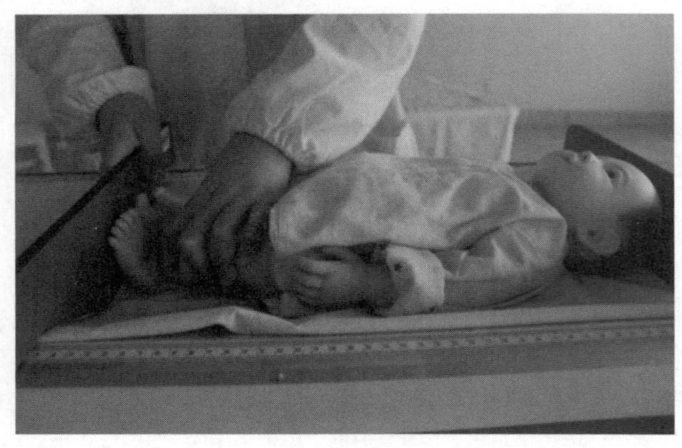

图 1-2-4　身长测量

(2)身高：3 岁以上儿童可测身高，即站立时头、颈、躯干和下肢的总高度。

1)测量仪器：立位身高计或身高坐高计。

2)测量方法：儿童取立位姿势，两眼平视，胸廓稍挺起，腹部微收，两臂自然下垂，手指并拢，足跟靠拢，足尖分开约 60°。足跟、臀部和两肩胛间三个部位同时靠立位身高计立柱。移动滑测板，使之轻抵颅顶点，测量者平视，记录身高，以厘米为单位，精确到小数点后 1 位。

3.头围测量

头围表示头颅的围长，间接反映颅内容量的大小。

(1)测量仪器：软尺。

(2)测量方法：测量者用软尺从头部右侧眉弓上缘经枕骨粗隆、左侧眉弓上缘回到起点。结果用厘米表示，记录到小数点后 1 位。测量时，软尺紧贴头皮，左右对称(图 1-2-5)。

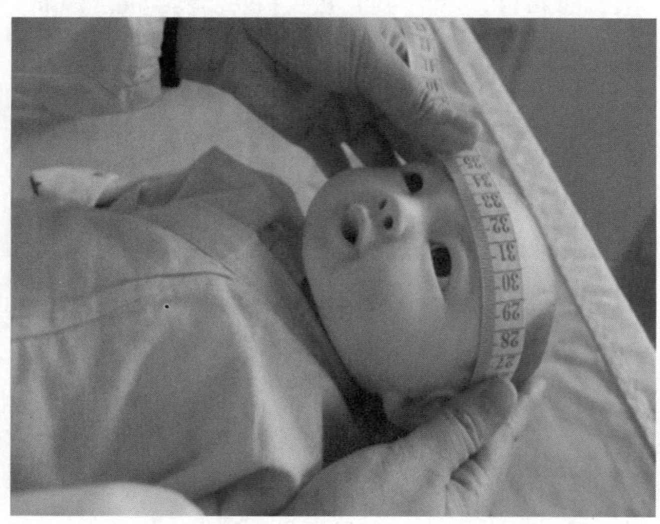

图 1-2-5　头围测量

4.胸围测量

胸围是胸廓的围长，反映胸廓与肺的发育。胸围测量时，3 岁以下取卧位，3 岁以上取立位。

（1）测量仪器：软尺。

（2）测量方法：测量时被测者两手自然平放或下垂，两眼平视。测量者立于被测者前方或右方，用左拇指将软尺零点固定于乳头下缘，右手将软尺经右侧绕背部，以两肩胛下角下缘为准，经左侧面回至零点，取平静呼吸气时的中间读数，误差不超过 0.1cm（图 1-2-6）。

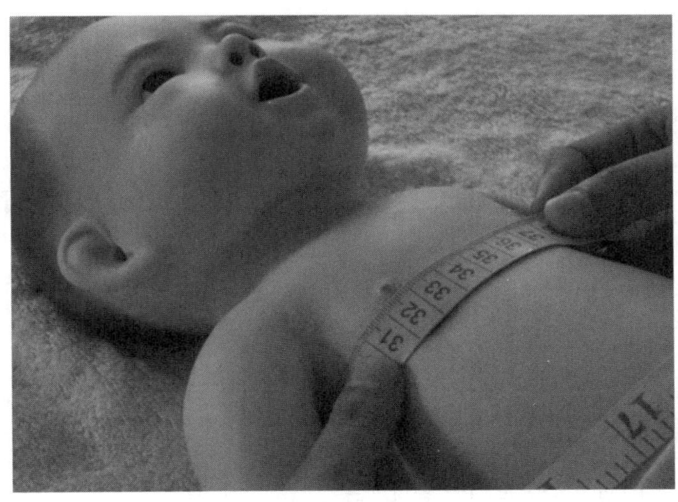

图 1-2-6　胸围测量

新生儿体格测量

（吴珊珊　冯敏华）

第三章 婴幼儿解剖及生理特点

第一节 婴幼儿运动系统的解剖及生理特点

一、骨

(一)容易弯曲变形

比较成人和幼儿的骨头，成人的骨头无机盐约占 2/3，有机物约占 1/3；小儿则无机盐与有机物各占 1/2。所以，小儿的骨头韧性强、硬度小，不易骨折或折而不断（青枝骨折），但容易发生变形。

以婴幼儿的骨盆为例，骨盆是由髋骨与脊柱下部的骶骨和尾骨围成的骨性腔。婴幼儿时期，髋骨由髂骨、坐骨和耻骨借软骨连接起来，一般在 18～25 岁才骨化成为一块完整的骨。男女骨盆在形态上到 10 岁左右开始出现差别，女性宽而短，男性狭而长。婴幼儿的骨盆和成人不同，还没长结实。在蹦蹦跳跳时，要注意安全，防止骨盆发生变形。

(二)腕骨未完全钙化

成人的腕骨共有 16 块（左右各 8 块）。新生儿时期的腕骨都是软骨，逐渐出现骨化中心（钙化中心），到 10 岁左右，16 块腕骨的骨化中心才全部出现。所以，婴幼儿的手部力量小，不能拿重物，买玩具也要挑一挑，大小、重量要合适。

(三)脊柱的 4 个生理性弯曲还未固定

脊柱是人体的主要支柱，是由脊椎骨叠加而成的，脊柱的变化反映椎骨的发育情况。成人脊柱有 4 个生理性弯曲，这些弯曲的形成对保持身体平衡、缓冲对大脑的震荡有利。随着动作的发展，逐渐形成脊柱的生理性弯曲。生理性弯曲是随着婴幼儿动作的发育逐渐形成的，3 个月左右会抬头，逐渐形成颈部前曲；6 个月左右能坐，形成胸部后曲；1 岁左右开始站立行走，形成腰部前曲，以维持行走时身体的平衡。婴幼儿时期，脊椎的生理性弯曲虽已出现，但未完全固定，一般在18～25岁才能完全固定。

二、肌肉

（一）肌肉发育不成熟，容易疲劳、损伤

婴幼儿肌肉中所含的水分较多，蛋白质、糖和无机盐较成人少，因此，肌肉柔嫩，收缩力较差，力量小，易疲劳。运动量过大或长时间站立、静坐，都容易造成婴幼儿肌肉疲劳。但由于婴幼儿新陈代谢旺盛，疲劳后肌肉功能恢复较快；年龄越小，这些特点越明显。

（二）大肌肉发育早，小肌肉发育晚

婴幼儿时期，支配大肌肉群活动的神经中枢发育较早，故大肌肉动作发育较早，躯干及上下肢活动能力较强。3～4岁时上、下肢的活动已比较协调，但支配小肌肉群活动的神经中枢发育较晚，手部、腕部小肌肉群活动能力较差，难以完成精细的动作。如3岁幼儿走路已经很稳了，但筷子却不能运用自如。

三、关节和韧带

（一）关节连接松弛，易出血、损伤

婴幼儿的关节窝较浅，周围韧带较松，关节的活动性及伸展性较强，但牢固性较差，在较强外力作用下，容易脱臼，肘关节、髋关节更是如此。脱臼时常伴有关节囊撕裂及韧带损伤，甚至失去运动功能。

婴幼儿的肘关节较松，当肘部处于伸直位置时，若被猛力牵拉手臂，就有可能造成“牵拉肘”。“牵拉肘”，常常是家长领着孩子上楼梯、过马路或给孩子脱衣服时用力过度，牵拉了他们的手臂所造成的。

（二）足部肌肉、韧带还不结实

正常足底呈拱形，叫足弓。足弓靠肌肉、韧带维持。足弓的作用在于缓冲行走时身体所产生的震荡，因其韧带肌腱富于弹性；另外，足弓还可以保护足底的血管和神经免受压迫。维持足弓的条件在于足骨发育正常，韧带及足底肌肉有一定的强度和力量。婴幼儿足弓周围韧带较松、肌肉细弱，若长时间站立、行走，足底负重过多，易引起足弓塌陷，特别是肥胖儿更易出现扁平足。但是，如果缺乏运动，脚底的肌肉、韧带又得不到锻炼。因此，要进行适度的锻炼。

知识链接

婴幼儿运动系统的保健要点

1. 养成正确的身体姿态，防止骨骼变形

为了保持良好的体态，应教育婴幼儿形成正确的坐、立、行姿势，如婴幼儿不宜过早坐或站。研究证明，在婴幼儿生理发育未成熟之前，过早的锻炼不仅无效，而且会对骨骼的发育产生不良影响，易发生骨骼变形。

2. 营养供给要合理

婴幼儿运动系统的发育需要大量蛋白质、钙、维生素 D 等，因此，在婴幼儿的饮食中应多注意添加富含这些营养素的食物，如蛋黄、鱼、虾、豆类制品等。同时，还应注意饮食的均衡，防止婴幼儿养成偏食、挑食的不良习惯。

3. 合理组织体育锻炼与户外活动

合理的运动可以促进婴幼儿运动系统的发育，因此，家长要多带婴幼儿参加体育锻炼或户外活动，锻炼肌肉与骨骼，增强机体的运动能力。但需要注意防止安全事故的发生，还要注意全面发展动作。

（朱晨晨）

第二节　婴幼儿呼吸系统的解剖及生理特点

呼吸系统包括鼻、咽、喉、气管、支气管、肺等器官。人体吸入氧，排出二氧化碳的过程，称为呼吸。呼吸系统是气体交换站。呼吸系统以喉环状软骨为界，划分为上、下呼吸道。上呼吸道包括鼻、咽、喉；下呼吸道包括气管、支气管、肺内各支气管。

一、上呼吸道

（1）鼻：婴儿鼻腔短小，相对狭窄；缺少鼻毛，黏膜柔嫩，血管丰富，故易感染；感染时鼻黏膜充血肿胀使鼻腔更加狭窄，甚至堵塞，引起呼吸困难及吸吮困难。

（2）咽：婴儿咽部相对狭小；咽鼓管与成人相比较宽，短而直，呈水平位，故上呼吸道感染后容易并发中耳炎。

（3）喉：婴儿喉腔狭窄；软骨柔软，声带及黏膜柔嫩，富含血管，容易发生炎性肿胀；由于喉腔及声门都较狭小，患喉炎时易发生梗阻而致声音嘶哑和吸气性呼吸困难。

二、下呼吸道

(1)气管与支气管:婴儿气管和支气管管腔相对狭小;软骨柔软,缺乏弹力组织;管腔黏膜柔嫩,血管丰富,黏液腺分泌不足而较干燥;黏膜纤毛运动差,不能很好地排除吸入的微生物,易引起感染和呼吸道阻塞。由于右侧支气管较直,为气管的直接延伸,而左侧支气管细长,故异物易坠落至右侧支气管,引起右侧肺段不张或肺气肿。

(2)肺部支气管:婴儿肺组织发育尚不完全,肺泡数量少,气体交换面积不足,但肺血管组织丰富,造成含气量少而含血量多,故易于感染。

三、呼吸频率和节律

小儿胸廓解剖特点:肺容量相对较小,使呼吸受限制,而小儿代谢旺盛,需氧量接近成人,为满足机体代谢和生长需要,只能增加呼吸频率来代偿。

小儿呼吸的特点:

(1)小儿年龄越小,呼吸越快。

(2)小儿呼吸中枢发育尚未成熟,易出现呼吸节律不整或呼吸暂停现象。

(3)小儿呼吸道屏障功能差,易发生呼吸道感染,感染发生后临床症状重,表现为鼻塞重、张口呼吸、吸吮困难甚至哺喂困难(抗拒吮乳)、烦躁不安、发绀。

(4)上呼吸道感染易向周围或向下蔓延,可发生喉炎、结膜炎、中耳炎及肺炎等。

(5)异物及炎症易发生在肺右侧。

知识链接

怎么帮宝宝“排痰”?

婴幼儿免疫力弱,抵抗力低,易患感冒等一些呼吸系统疾病,如急性上呼吸道感染、气管炎、支气管肺炎等。若患呼吸系统疾病,炎症刺激导致痰液增多,而婴幼儿呼吸系统不完善,有痰不会咳,痰液就会堵在喉、气管中,经常能听到随呼吸发出的“呼呼”声,就是堵在气管或喉上的痰造成的痰鸣音。若不排出,不仅疾病难愈,而且容易堵住呼吸道,造成呼吸不畅,严重者引起呼吸困难,危及生命。由此可见,排痰非常重要。

对于由痰引起咳嗽的孩子,首先要让痰液变稀,室内相对湿度应保持在55%～65%,鼓励患儿多饮水,以湿润呼吸道使痰液稀释,易于咳出。若痰液黏稠较难咳出,也可将开水倒入杯中,患儿口鼻对着蒸汽做深呼吸,使蒸汽进入气管内将痰液稀释,有利于炎症消退和痰液咳出。每次持续20分钟,每日2次。蒸汽吸入适用于较大儿童。

怎样让不会咳痰的宝宝排痰呢?成人可在雾化吸入后将宝宝侧卧或俯于双膝之上,手掌五指稍屈成空心掌,轻拍宝宝背部。拍左(右)侧背部时,宝宝取右(左)侧卧位,从下而上、自外向内两侧交替依次进行,注意避开脊柱部位。每日拍背2～3次,每次拍3～5分钟。拍背可使肺和支气管内的痰液松动,有利于咳出。对于痰液特别多或者病情危重,根本无法将痰液自行咳出的宝宝,可以采用吸痰法。

最后,还可选用合适的止咳祛痰药(在医生指导下):痰少黏稠不易咳出的宝宝,宜用氯化铵、桔梗等祛痰药;痰多黏稠难咳出的宝宝,用溴已新、痰易净、α-糜蛋白酶等;痰黄黏稠的宝宝,用淡竹沥和猴枣散;痰白黏稠的宝宝,宜用半夏露、杏仁止咳糖浆。另外,多食用具有清肺作用的水果如鸭梨,少食辛热食物,如橘子、荔枝、狗肉等,对患儿身体尽早恢复也有帮助。

(骆海燕　冯敏华)

第三节　婴幼儿循环系统的解剖及生理特点

循环系统包括心血管系统和淋巴系统。循环系统是人体的运输管道,其主要功能是为身体运输氧气和营养物质,排出二氧化碳和代谢产物。

一、心脏

婴儿心脏体积相对比成人大,新生儿心脏重量占体重的 0.8%(成人占 0.5%)。小儿心脏的位置随年龄增长而变化,2 岁以下婴幼儿心脏多呈横位,2 岁以后随着直立行走,肺和胸部的发育与横膈的下降等,心脏由横位逐渐转为斜位。

二、心率

由于小儿新陈代谢旺盛,故心率较快,随着年龄的增长心率逐渐减慢。儿童心率易受各种内外因素的影响,如哭闹、活动、进食、发热或精神紧张,心率可明显加快。一般体温每增高 1℃,心率每分钟增加约 15 次。睡眠时心率每分钟可减少 20 次左右。

(骆海燕　冯敏华)

第四节　婴幼儿消化系统的解剖及生理特点

消化系统由消化管和消化腺两大部分组成。消化管包括口腔、咽、食管、胃、小肠、大肠。消化系统是人体食物的加工厂。

一、口腔

足月新生儿两颊脂肪垫发育良好,已具有觅食、吸吮、吞咽反射,所以生后即可开奶。而早产儿吸吮、吞咽反射较差,所以哺乳困难。婴儿口腔黏膜薄嫩,唾液腺发育不完善,唾液分泌少,故口腔黏膜干燥,易发生损伤和感染。婴儿 3～4 个月时唾液分泌逐渐增多,5～6 个月时更为显著，但由于口底浅，尚不能及时吞咽，故常出现生理性流涎。3个月以下小儿唾液中淀粉酶分泌不足，过早喂淀粉类食物，易致消化不良引起腹泻。

二、食管、胃

婴儿胃呈水平位，食管下端贲门括约肌较松，幽门括约肌较紧张，婴儿常发生胃肠逆向蠕动，加上婴儿吸奶时常同时吸入过多空气，故易发生溢乳和呕吐。早产儿吸吮力较弱，吞咽功能差，贲门括约肌松弛，更易发生溢乳、呛奶而致窒息。

新生儿胃容量较小，随着年龄的增长而增大，故年龄越小，每日喂食的次数越多。由于哺喂后不久幽门即开放，内容物渐进入十二指肠，故实际哺喂容量多于胃容量。胃排空时间因食物种类不同而不同。早产儿胃排空慢，易发生胃潴留。

三、肠、肝

婴儿肠道相对较长，小肠为自身长度的6～8倍，因其分泌面积及吸收面积较大，有利于营养物质消化吸收。但肠壁薄，通透性高，屏障功能差，肠道内的毒素、过敏原和消化不全的产物也易经肠黏膜吸收，引起全身性感染。婴儿出生6个月内胰淀粉酶分泌少且活性较低，胰液分泌随年龄增长而增加，1岁后才接近成人，故不宜过早（生后3个月以内）喂淀粉类食物。新生儿胰脂肪酶和胰蛋白酶的活性都较低，对脂肪和蛋白质的消化吸收不够完善，若喂养不当，易导致腹泻。

新生儿肝功能发育不成熟，肝葡糖醛酸转移酶的量及活性不足，是新生儿生理性黄疸的原因之一。

四、健康小儿粪便

（1）新生儿最初排出的大便为深墨绿色、黏稠、无臭味，称胎粪。胎粪由胎儿肠道脱落的上皮细胞、消化液及吞下的羊水组成，多数生后12小时内开始排出，2～3天逐渐过渡为黄糊状粪便。如24小时内无胎粪排出，应注意检查有无肛门闭锁等消化道畸形。

（2）母乳喂养婴儿粪便为金黄色，软膏状，带有酸味，不臭，一般每日2～5次，添加辅食后次数减少，1周岁后减至每日1～2次。

（3）人工喂养（牛、羊乳喂养）婴儿粪便为淡黄色，较干厚，有臭味，每日1～2次，有便秘倾向。

（4）混合喂养儿粪便介于母乳喂养儿和人工喂养儿之间，添加辅食后粪便性状逐渐接近成人。

新生儿消化系统的特点如下：

（1）有吸吮、吞咽反射，新生儿出生即可开奶。

（2）肠壁薄，通透性高，屏障功能差，有肠道感染的可能；消化能力差，若喂养不当有腹泻和营养失调的可能。

（3）哺乳后易溢乳，有窒息的危险。

知识链接

预防小儿消化不良

儿科专家根据儿童的饮食特点，建议要做到以下几点：

(1)要做到喂养定时、定量。让孩子从小养成饮食的好习惯，使其内脏更好适应。对较大的幼儿应鼓励其养成自动取食的习惯。

(2)要帮助孩子克服偏食的习惯，注意营养的全面性。孩子日常食物的荤素配合要适当，不要养成以零食为主食的坏习惯。同时还要注意，要绝对避免孩子接触浓茶、咖啡、酒类及香料、辣椒、芥末等强烈刺激性食物。

(3)要注意保持好小儿的食欲，因为只有在有食欲的情况下，进食才最为有益。要保持小儿良好的食欲，必须注意进食环境不能过于嘈杂，更不能边看电视边进食；注意不要强迫进食或对小儿饮食限制过严；不要饭前吃糖果；避免进食时小儿过于疲惫或精神紧张；食物的色、香、味要有一定吸引力。

(4)还需要注意孩子腹部的保暖问题，不要使胃肠道受寒冷刺激，同时应尽量减少呼吸道感染。

(5)要密切注意保持消化道畅通，养成定时排便习惯。这样做是因为消化不良属于消化道疾病，保持消化道畅通对于预防消化不良有着积极的作用。

(6)最后一点就是要孩子从小就养成注意卫生的好习惯，包括：饭前洗手习惯、注意食物清洁新鲜等卫生习惯。

此外，儿科专家提醒：要切实搞好饮食卫生，不要让孩子吃剩饭、剩菜和不清洁的食物。若孩子出现消化不良的症状，先要调配好饮食，限制进食的数量，多喝白开水。病情较重者，及早请医生诊治。

（骆海燕　冯敏华）

第五节　婴幼儿泌尿系统的解剖及生理特点

泌尿系统包括肾脏、输尿管、膀胱及尿道。泌尿系统是人体废物的处理厂。

一、肾脏

小儿年龄越小，肾脏相对越大。出生时肾结构发育已完成，但功能尚不成熟，肾小球滤过率低，浓缩功能差。

二、输尿管

婴儿输尿管长而弯曲，管壁肌肉和弹力纤维发育不良，易受压及扭曲而导致梗阻，易发生尿潴留而诱发感染。

三、膀胱

婴儿膀胱位置较年长儿高，尿液充盈时，膀胱顶部常在耻骨联合之上，顶入腹腔而容易触到，随年龄增长逐渐下降至盆腔内。婴儿膀胱、输尿管连接处的瓣膜功能较弱，当膀胱充盈压力增高时，尿液易向上逆流而致感染。

四、尿道

女婴尿道仅长 1cm（性成熟期为 3～5cm），且外口暴露而又接近肛门，易受细菌污染。故上行性感染比男婴多。男婴尿道虽长，但常有包茎，积垢时也可引起上行性细菌感染。

五、排尿次数及尿量

婴儿一般于生后 24 小时内排尿，若生后 48 小时无尿，需检查原因。婴儿每日的尿量受饮食、气候等因素影响。新生儿初期几天排尿少，以后排尿次数迅速增多。6 个月后随着辅助食品的添加，排尿次数减少。

新生儿出生后前几天尿液颜色较深，稍浑浊，放置后有红褐色沉淀，为尿酸盐结晶。正常婴儿尿液呈淡黄色透明，但在寒冷季节放置后可出现乳白色沉淀，此为盐类结晶而使尿液变浑。

婴儿泌尿系统的生理特点如下：

(1)婴儿每日排尿次数较多。

(2)尤其是女婴，易引起上行性细菌尿路感染。

(3)婴儿膀胱位置较高，可在腹腔扪及，应避免挤压膀胱。

（骆海燕　冯敏华）

第六节　婴幼儿生殖系统的解剖及生理特点

人体生长发育成熟后，就会繁殖后代。生殖是通过生殖系统完成的。生殖系统可以分为外生殖器和内生殖器。

男性内生殖器包括睾丸、附睾、输精管、射精管和前列腺等。外生殖器包括阴阜、阴囊和阴茎。

女性内生殖器包括卵巢、输卵管、子宫和阴道。外生殖器包括大阴唇、小阴唇、阴蒂和阴道前庭等。

婴幼儿生殖系统的发育是非常缓慢的，到青春期时才迅速发展。男性儿童 1～10 岁时睾丸长得很慢，其附属物相对较大。女性儿童的卵巢滤泡在胎儿时期最后几个月已经成熟，只在性成熟后才开始正规排卵。

一、睾丸

睾丸位于阴囊内，左右各一，呈微扁的椭圆形。睾丸随性成熟而迅速生长，至老年随着性功能的衰退而萎缩变小。

二、卵巢

卵巢位于女性盆腔内，左右各一。在青春期以后基本发育成熟，开始产生卵子，分泌雌激素。雌激素的分泌可以激发并维持女性的第二性征，同时参与女性生理周期的调节。

三、子宫

子宫位于盆腔中，是产生月经和孕育胎儿的器官，在膀胱与直肠之间。子宫的大小与年龄、是否生育有关。子宫分为底、体与颈三个部分，宫腔呈倒置三角形，如一倒置梨状。

知识链接

婴幼儿生殖系统的保健要点

新生儿出生后，母体性激素下降，而幼儿本身性腺未发育，没有或很少有雌激素的刺激作用，因而生殖系统没有特殊的发育。但还是要注意婴幼儿生殖系统的卫生保健。

1. 养成良好的卫生习惯

养成每天洗澡或清洗外阴部的习惯，勤换勤洗内裤，洗外阴部和内裤使用个人专用的盆和毛巾。洗净的内裤要在太阳下暴晒消毒。

2. 内衣裤要宽松适度

婴幼儿的着装要宽松适度，内衣内裤以棉质为好，避免穿太紧的内衣裤。尤其是男孩，在高温季节，过紧的衣裤会造成局部温度过高，影响睾丸的发育。此外，家长或监护人要少给婴幼儿穿开裆裤。

（朱晨晨）

第七节　婴幼儿内分泌系统的解剖及生理特点

人体各种功能之所以能根据不同的内、外环境而产生特定的变化，维持内、外环境的动态平衡，与内分泌系统有着不可分割的联系。

内分泌系统是人体内的调节系统。内分泌系统由内分泌腺和内分泌细胞组成。内分泌腺释放的化学物质叫激素。激素以“渗透”的方式进入腺体周围的血管和淋巴管内，经血液循环到达身体的各个部位，控制和调节机体的新陈代谢、生长发育及生殖等生理过程。

人体内的主要内分泌腺有垂体、甲状腺、甲状旁腺、肾上腺、胰岛、胸腺及性腺等。

一、垂体分泌功能活跃

垂体是人体最重要的内分泌器官，出生时已发育良好，其重量有很大的个体差异。一般在 4 岁以前及青春期生长最为迅速，功能也较活跃。垂体受下丘脑控制，能分泌多种激素，支配甲状腺、肾上腺、性腺的活动，同时维持这些腺体的正常发育。

垂体前叶分泌的生长激素，是从出生到青春期影响生长最重要的内分泌激素，能起到控制人体生长、促进蛋白质合成、降低糖的利用等作用。生长激素的昼夜分泌并不均匀，夜间入睡后，生长激素才大量分泌。婴幼儿的睡眠时间较长，垂体分泌的生长素较多，加速了骨骼的生长发育。如果儿童睡眠时间不够，睡眠不安稳，生长激素的分泌减少，就会影响身高的增长。

儿童期若生长激素分泌不足，则生长迟缓，身材矮小(但身体各部分比例匀称)，甚至患侏儒症。婴幼儿身高较同年龄儿童低 30%，或成人时身高不足 130cm ，称为“侏儒症”。反之，儿童时期若脑下垂体功能亢进，生长激素分泌过多，则生长速度过快，甚至患“巨人症”。

二、性腺发育缓慢

卵巢是女孩的性腺，睾丸是男孩的性腺，它们既是生殖器官，又是内分泌器官。性腺的活动决定两性的特征，促进肌肉发育，对垂体活动有抑制作用，因而可抑制骨骼的生长。性腺自胚胎期 4～5 周开始形成，男孩的睾丸在出生时已下降至阴囊内。婴幼儿期性腺发育缓慢，直到青春期性腺才开始迅速发育。

知识链接

婴幼儿内分泌系统的保健

1. 制定和执行合理的生活制度

根据每个婴幼儿身心发展的特点，制定并执行合理的生活制度。既要保证婴幼儿充足的睡眠时间，又要帮助婴幼儿养成好的作息规律，这样才能有效地促进婴幼儿内分泌系统的健康发育。

2. 安排科学合理的膳食

合理的营养,能促进婴幼儿内分泌腺功能的提高。婴幼儿膳食中应使用加碘食盐,还可以食用含碘比较丰富的食物,尤其是海产品,如海带、海鱼、紫菜等。饮食缺碘,可使婴幼儿患甲状腺疾病。

3. 不乱吃营养品,防止性早熟

一些家长担心婴幼儿营养不够,给婴幼儿服用营养品。实际上,对正常发育的婴幼儿来说,合理饮食与锻炼即能满足生长发育需要,完全不需要服用营养保健品。有些儿童营养品的成分并不十分明确,有的虽然只含微量激素,但若长期服用也有可能在体内累积,引发儿童“性早熟”。

(朱晨晨)

第八节　婴幼儿皮肤的解剖及生理特点

皮肤总重量占体重的5%～15%,厚度因人或部位而异,为0.5～4mm。皮肤覆盖全身,它使体内组织和器官免受物理性、机械性、化学性因素损害及病原微生物的侵袭。皮肤具有两个方面的屏障作用:一方面防止体内水分、电解质等物质丢失;另一方面阻止外界有害物质的侵入。

皮肤由表皮、真皮和皮下组织构成。

一、皮肤的保护功能较差

婴幼儿皮肤薄嫩,很多部分角质层尚未形成,皮肤自我保护能力差,若不注意皮肤清洁,就很容易生疮长疖。皮下脂肪较少,保护功能差,对外界冲击、紫外线辐射、细菌侵蚀等抵抗力远不及成人,易受损伤和感染。另外,皮脂腺分泌能力差,皮脂的保护作用小,到了冬季皮肤易干燥。

二、皮肤调节体温的功能差

体温的相对恒定是维持生命活动的重要条件,皮肤在体温调节方面起着重要作用。婴幼儿皮下脂肪储存较少,保温性能差。此外,婴幼儿皮肤里毛细血管网较密,通过皮肤的血量相对成人多,年龄越小,皮肤的表面积褶比成人越多。若环境温度过热,易受热中暑;若环境温度过低,皮肤散热多,容易受凉或生冻疮。

三、皮肤的渗透作用强

婴幼儿皮肤薄嫩,渗透作用强。有机磷农药、苯、酒精等都可经皮肤被吸收到体内,引起中毒。

知识链接

婴幼儿皮肤的保健

1. 保持皮肤清洁

婴幼儿的皮肤柔嫩，成人要注意培养婴幼儿爱清洁的卫生习惯，常洗澡换衣，内衣裤要舒适透气，保持皮肤清洁，预防皮肤病与传染病。

2. 坚持户外运动

户外活动可以提高皮肤的适应能力。无论在夏季还是在冬季都应坚持户外运动，但时间上应灵活控制，这样可以增强皮肤的抵抗能力。

3. 使用适合婴幼儿的护肤洗涤用品

婴幼儿在洗澡、洗头时可以不用洗涤用品，特别是年龄较小的婴儿，用温水洗净即可，不需要使用护肤洗涤用品。如果要使用护肤洗涤用品，应选择适合婴幼儿的类型。此外，也不要给婴幼儿涂口红、染头发等，以防止对其柔嫩的皮肤产生不必要的伤害。

（朱晨晨）

第九节　婴幼儿神经系统的解剖及生理特点

神经系统由中枢神经系统和周围神经系统两部分组成。中枢神经系统包括脑和脊髓。中枢神经系统是人体的指挥中心。

一、脑、脊髓

新生儿脑相对较大，刚出生脑重量平均为370g，占体重的10%～12%（成人仅2%）。出生后脑的发育较快，年龄越小发育速度越快。6个月时脑重600～700g，2岁时达900～1000g，6岁时已接近成人脑重，约1200g。生长时期的脑组织耗氧较大，婴儿脑耗氧在基础代谢状态下占总耗氧量的50%，而成人仅占20%，因此，缺氧对婴儿脑的损害更为严重。营养是大脑发育的物质基础，大脑含蛋白质、类脂质、磷脂和脑苷脂。蛋白质占脑组织的46%，类脂质占33%，若长期营养不良可引起脑发育不良，充足的营养能促进脑的发育。

脊髓在出生时发育已比较成熟，脊髓的成长与运动功能的发育相平行。婴儿神经髓鞘的形成和发育不完善，约在4岁完成。在此之前，各种刺激引起的神经冲动传导缓慢且易于泛化，新生儿常出现不自主和不协调动作，如遇有声音、光亮、震动或改变体位都会使新生儿出现惊跳。

二、原始反射

足月新生儿出生时已具有原始的神经反射，如吸吮反射、拥抱反射、觅食反射和握持反射。生后数月随着神经系统发育成熟，这些反射大多在2～6个月自然消失。新生儿期若这些原始反射减弱或消失，或数月后仍不消失，常提示有神经系统疾病。

吸吮反射是婴儿先天具有的反射之一。当用乳头或手指碰新生儿的口唇时，会相应出现口唇及舌的吸吮蠕动。出生后3～4个月自行消失，逐渐被主动的进食动作代替。但在睡眠时和其他一些场合，婴儿仍会在一段时期内表现出自发的吸吮动作。若新生儿期吸吮反射消失或明显减弱，提示脑内病变；若亢进则表现为饥饿。若1岁后仍存在吸吮反射，则提示大脑皮层功能障碍。

拥抱反射是脊髓的固有反射，属于非条件反射。若缺乏这种拥抱反射则说明孩子大脑神经系统没有发育成熟，或是神经系统有损伤或病变，或是颅内出血或其他颅内疾病。拥抱反射随大脑皮层高级中枢的发育而逐渐消失。此反射生后3个月表现明显，6个月后完全消失。新生儿期无此反射，说明有脑损伤。若一侧上肢缺乏拥抱反射，提示臂丛神经因产伤或其他原因所致的麻痹或锁骨骨折。脑部有损伤或急性病变时，拥抱反射可延迟或消失。如4个月后仍能引起拥抱反射，应注意；9个月以后仍出现拥抱反射，是大脑慢性病变的特征。

当新生儿面颊触到母亲乳房或其他部位时，即可出现寻觅乳头的动作，即觅食反射。在开始授乳以后，婴儿的觅食反射还包含朝向母亲乳房的动作。这种动作有助于婴儿找到和含住乳头。该反射在0～3个月出现并在3～4个月时逐渐消失。

安静觉醒的正常新生儿很容易发生握持反射。可将你的双食指或小指分别自新生儿两手的尺侧缘伸进手心，轻压其手掌，他会紧紧抓住你的手指引起握持反射。反射亢进则提示双侧大脑有疾病，新生儿期消失或减弱则提示该新生儿中枢神经系统呈抑制状态。

知识链接

开发右脑的方法

1. 刺激指尖法

国外学者主张从儿童做起，如苏联著名教育家苏霍姆林斯基说过，儿童的智力发展表现在手指尖上。他将双手比喻为大脑的“老师”。人体的每一块肌肉在大脑皮层中都有着相应的“代表区”。其中手指运动中枢在大脑皮层中所占的区域最广泛。现在，许多父母让孩子练习弹琴，实际上就是很好的指尖运动。双手的准确运动会把大脑皮层中相应的活力激发出来，尤其是左、右手并弹的钢琴、电子琴。

2. 借助外语开发右脑

美国神经外科近年发现：儿童学会两三种语言跟学会一种语言一样容易，因为当孩子只学会一种语言时，仅需大脑左半球，如果培养同时学会几种语言，就会“启用”大脑右半球。

3. 体育活动法

如果每天做健身操、打乒乓球、打羽毛球等活动，右脑在运动中随之而来的鲜明形象等比静止时来得快。由于右脑活动，左半球的活动受到某种抑制，人的思想或多或少地摆脱了现在的逻辑思维方法，灵感经常会脱颖而出。

4. 借助音乐的力量

心理学家发现，音乐可以开发右脑。所以，父母应该支持孩子学习音乐。此时，还可以在孩子从事其他活动时，创造一个音乐背景。音乐由右脑感知，左脑并不受影响，仍可独立工作，孩子的右脑能在不知不觉中得到锻炼。

（骆海燕　冯敏华）

第十节　婴幼儿感觉器官的解剖及生理特点

感觉包括视觉、听觉、嗅觉、触觉、味觉及本体感觉等。视觉是人们认识世界的主要途径。

一、婴幼儿眼的解剖及生理特点

（一）视觉器官的结构

1. 眼球的结构

眼球是视觉器官的主要部分，大致呈球形，由眼球壁和眼球内容物组成。

(1)眼球壁：眼球壁分为三层，分别是外膜、中膜和内膜。

外膜由纤维结缔组织构成，致密坚韧，具有保护内容物的作用。外膜又可以分为角膜和巩膜。外膜前六分之一的部分是角膜，其余部分是巩膜。

中膜含有丰富的血管和色素结构，呈棕黑色，又称色素膜或血管膜。中膜从前往后分为虹膜、睫状体、脉络膜三个部分。虹膜中央有一圆孔称为瞳孔。虹膜的颜色因人种不同，颜色亦有所区别。中国人的虹膜大部分为棕色，但也存在个体差异。

内膜即视网膜，是眼球壁的最内层，是眼的最重要的部分，能将光刺激转化为神经冲动，传到大脑的视觉中枢，形成视觉形象。视网膜上有感光细胞，分为视锥细胞和视杆细胞。视锥细胞主要用来感受强光和颜色，视杆细胞只感受弱光。

(2)眼内容物：眼内容物包括房水、晶状体和玻璃体，它们和角膜共同组成折光系统，成像在视网膜。

2. 视觉的形成

光线照射在物体上经过反射进入眼球，再经过角膜、房水、晶状体、玻璃体折射系统的调节，就会在视网膜上形成一个物像。物像刺激视网膜上的感光细胞产生兴奋，沿着神经传入大脑皮质中的视觉中枢，产生视觉。

如果眼球前后径过长，或晶状体曲度过大，远处物体的物像就会落在视网膜前方，看不清楚远处的物体，称之为近视眼。但如果眼球的前后径过短，或晶状体曲度过小，近处物体的物像则会落在视网膜后方，看不清楚近处的物体，称之为远视眼。近视眼可以通过佩戴凹透镜来达到矫正的目的，远视眼则通过佩戴凸透镜来矫正。

(二)婴幼儿眼的生理特点

1. 眼球的前后径较短

婴幼儿眼球的前后距离较短，物体成像于视网膜的后面，称为生理性远视。随着眼球的发育，眼球前后距离逐渐变长，一般到 5～6 岁，就会发育为正常状态。

2. 晶状体的弹性好

婴幼儿晶状体的弹性好，调节范围广，使很近的物体，也能因晶状体的凸度加大，成像在视网膜上。所以，即使把书放在离眼睛很近的地方看，也能看清楚。但长时间形成习惯，就会使睫状肌疲劳，形成近视眼。所以要教育婴幼儿从小保护视力。

知识链接

婴幼儿眼睛的保健

1. 保持眼睛清洁卫生，防止眼外伤

成人要教育婴幼儿不要用手去揉眼睛，使用专用的毛巾或手绢，以防止眼病。另外，要告诫婴幼儿在玩弹弓、玩具手枪等玩具的时候要注意安全，避免造成眼伤。

2. 养成良好的用眼习惯

在室内要合理利用自然光，营造良好的采光条件；合理安排看电视的时间，以免眼睛疲劳；注意劳逸结合，长时间用眼后要远望，消除眼睛疲劳。

3. 定期检查视力

婴幼儿处在视力发育的重要时期，也是矫正视觉缺陷效果最明显的时期。因此，家长或监护人要定期带婴幼儿去检查视力，以便及早发现视力异常问题，尽早矫正。

二、婴幼儿耳的解剖及生理特点

耳朵的主要结构分为三部分：外耳、中耳和内耳。外耳包括耳郭和外耳道。我们通常讲的耳朵指的是耳郭，有收集声音的作用。外耳道是声音传递的通道，内部中空弯曲，表面有皮肤覆盖。

中耳主要由鼓膜、中耳腔和听骨链组成。耳道最深处有封闭的薄膜叫鼓膜，它是外耳与中耳的分隔，也是鼓室的外壁。鼓室是一个空腔，内含人体中最小的骨头——听小骨。锤骨、砧骨和镫骨三块听小骨组成听骨链，一端连接鼓膜，另一端连接到内耳的听觉组织。声波在耳道中传递时先振动鼓膜，鼓膜再通过听骨链将振动传递至内耳。

内耳结构复杂，由前部的耳蜗、中部的前庭和后部的半规管组成。声波的振动传到内耳，鼓膜的振动经过听骨链的传递可变成前庭窗的振动，引起内耳耳蜗淋巴液的移动，使听觉毛细胞兴奋，形成听觉。耳蜗负责处理声音信号。

知识链接

婴幼儿耳的保健

1. 预防中耳炎，防止耳外伤

婴幼儿外耳道较狭窄，外耳道骨壁还没有完全钙化。咽鼓管相对较短，而且比较平直。当鼻咽腔和咽部受到感染时，容易引起中耳炎。要教给婴幼儿正确擤鼻涕的方法，保持鼻咽部的清洁；防止污水进入外耳道，引起炎症。若在洗澡时有污水进入外耳道，可将头偏向一侧，单脚跳，将水控出，也可以用棉签将污水吸干。要禁止用尖锐的工具给婴幼儿掏耳。

2. 避免噪声污染

成人在与婴幼儿说话时声音要适中，不要大声喊叫；家里的电脑、电视声音不要开得太响；教育婴幼儿如果听到过大的声音，要用手捂耳朵或者张大嘴巴。

3. 注意观察婴幼儿的异常表现，及时矫正

成人在日常生活中注意观察婴幼儿是否有一些异常表现，如对突然过强的声音反应不敏感，与人交流时总盯着对方的嘴巴，经常用手搔耳朵等。这些都可能是耳朵异常的表现，要及时去医院检查。

（朱晨晨）

第四章　婴幼儿心理发展特点及卫生保健

一、婴幼儿发展心理特点

0～3 岁是人心理发展和生长发育最快的时期。0～3 岁婴幼儿的心理发展包括许多方面，其中感知觉能力、动作能力、思维能力、想象能力、注意力、人际交往能力、自我意识的发展、情绪和情感、意志力、气质特征、言语的发展等都是发展的重要方面。

(一)感知觉能力的发展

感觉能力和知觉能力是两种不同的能力，但又密切相关。感觉是对当前客观事物的个别属性的认识过程，如物体的声、色、冷、热、软、硬等。知觉是对当前客观事物整体特性的认识过程，它是在感觉的基础上形成的。任何一个客观事物，都包含许多方面的属性，单纯靠某一种认识是不能把握的。

婴幼儿最主要的感知觉是触觉、听觉和视觉。在胎儿期的时候，这些感知觉就已经形成并有所发展了。其中触觉发展得最早，婴儿在早期通过口腔触觉和手的触觉来探索外部世界。有研究发现，5～12 周的婴儿已经能够通过口腔触觉建立条件反射。他们往往对自己吸吮过的表面凹凸的奶嘴会注视更长的时间，说明他们已经发展了视、触觉协调的能力。有了视、触觉协调能力。婴儿就能够有意识地开展大量的动作和活动，例如通过手眼协调来完成伸手去够物体的动作，甚至可以抓住运动着的物体。

新生儿的眼睛比较小，视网膜结构还不完整，视神经发育还不成熟，因而视觉范围很狭窄，但是在出生后 2～10 周，视觉范围就会增加到两倍以上。婴儿的视觉在 6 个月到周岁之间，将会发展到成人的水平。大约在 3 个月时，婴儿就已经完成了双眼幅合，视线可以从一个物体转移到另一个物体。新生儿表现出对人脸和细栅条图案的偏好，说明他们已经有了视觉分辨能力。随着年龄的增长，儿童的视觉分辨能力也逐步完善，在 4～6 岁时趋于稳定。在出生后的几个月里，婴儿便能够以相当成熟的方式来知觉色彩。有研究发现，4 个月大的婴儿能够区别红、绿、蓝、黄等颜色，而且显示出了对蓝、红的偏好。

婴幼儿的听觉发展较早，新生儿就可以把头转向声音源。出生 3 天的婴儿已经能够分辨新的语音和他们曾听过的语音，而且还能够将视觉体验与声音结合起来。大约在4～7 个月时，他们能够对说话声音与面部表情运动相统一的刺激注视更长的时间，而对说话声音与面部表情不一致的情况会表现出不安。

(二)动作能力的发展

0～1 岁是婴儿动作能力发展最迅速的时期。动作发展包括大动作和精细动作两个方面,遵循如下发展规律。

1. 从整体到局部

最初的动作常常是全身的、笼统的、弥漫性的,以后才逐渐形成局部的、准确的、专门化的动作。

2. 从上到下

如果让婴儿俯卧到平台上,他首先出现的动作是抬头,其后才逐步发展到俯撑、翻身、坐、爬、站立、行走。

3. 从大动作到精细动作

首先是头部、躯体、双臂、双腿的动作,然后是灵巧的手部小肌肉动作以及准确的手眼协调动作等。

(三)思维能力的发展

人的思维有几种不同的方式,在成人头脑中是并存的。但是,从发生、发展的顺序来看,它们有先后的顺序,并不是同时发生的,从发生到发展、成熟,要经历 18～20 年的时间。

0～1 岁是婴儿思维能力发展的准备时期。婴儿凭借手摸、体触、口尝、鼻闻、耳听、眼看,发展起感觉、知觉能力,并在复杂的综合知觉的基础上,产生萌芽状态的表象。在这种表象的产生以及在语言的参与下,婴幼儿开始产生萌芽状态的思维现象。1～3 岁阶段主要产生的是人类的低级思维形式,即感知动作思维,又称直觉性的思维。

感知动作思维是指思维过程离不开直接感知的事物和操纵事物的动作的思维方式。婴幼儿只有在直接摆弄具体事物的过程中才能思考问题,即动作停止了思维也就停止了。

(四)想象能力的发展

想象是对已有的表象进行加工改造,建立新形象的心理过程。人类的想象活动是借助词汇实现的、对已有的表象所进行的带有一定创造性的分析综合活动。

新生儿没有想象活动,1 岁之前的婴儿虽然可以重现记忆中的某些事物,但还不能算是想象活动。

1～2 岁的幼儿,由于个体生活经验不足,头脑中已存的表象有限,其表象的联想活动也比较差,再加上言语发展程度较低,所以只有在萌芽状态的想象活动。他们能够把日常生活中的某些简单的行动,反映在自己的游戏中。如把食物放在娃娃嘴里,给娃娃穿衣服、洗澡等。

3 岁左右的幼儿,随着经验和言语的发展,能玩一些带有简单主题和角色的游戏,这些游戏一般都是对现实生活的模仿。如,带上一个“听诊器”装扮成“大夫”给“病人”看病;拿上一件小衣服,装扮成“妈妈”给“孩子”穿衣服等。

3 岁以前的婴幼儿想象的内容也比较简单,一般是他所看到成人或其他大孩子的某个简单行为的重复,属于再造形象的范围,缺乏创造性。这个年龄阶段的想象经常缺乏自觉的、确定的目的，只是零散、片段的东西。

(五)注意力的发展

注意通常总是伴随着感觉、知觉、记忆、思维、想象等活动，如注意听、看，全神贯注地想或记等。

注意可分为无意注意和有意注意两种。无意注意是一种事先没有预定目的的，也不需要意志努力的注意；有意注意是一种主动地服从于一定活动任务的注意，为了保持这种注意，需要一定的意志努力。

3个月左右的婴儿可以比较集中注意某个感兴趣的新鲜事物，5～6个月时能够比较稳定地注视某一物体，但持续的时间很短。

1～3岁时，随着活动能力的发展，活动范围的扩大，接触的事物及感兴趣的东西越来越多，无意注意迅速发展。如2岁多时对周围的事物及其变化，对别人的谈话都会表现出明显的兴趣。

3岁时的幼儿有意注意刚刚开始发展，水平较差。由于言语的发展和成人的引导，他们开始把注意集中于某些活动目标。在整个0～3岁阶段，无意注意占据主导的地位，有意注意还处在萌芽状态。

(六)人际交往能力的发展

婴幼儿的人际交往关系有一个发生、发展和变化的过程。首先发生的是亲子关系，其次是玩伴关系，再次是逐渐发展起来的群体关系。0～3岁阶段主要发生的是前两种交往关系。

0～1岁阶段主要建立的是亲子关系，即婴儿同父母或照护者的交往关系。父母或照护者是婴儿最亲近的人，也是接触最多的人。在关怀、照顾的过程中，与婴儿有充分的体肤接触、感情展示、行为表现和语言刺激，这些都会对婴儿的成长产生深刻的影响。

1岁以后的婴幼儿，随着动作能力、言语能力的发展，活动范围的扩大，开始表现出强烈追求小玩伴的愿望，于是出现玩伴交往关系。玩伴交往关系在人的一生发展中起重要的作用。它不排斥亲子关系，也不能由亲子关系来代替。亲子关系、玩伴关系都是个人成长过程中必须经历的两种关系，这是个体从自然人到社会人转化的重要转折。

(七)自我意识的发展

自我意识是意识的一个方面，包括自我感觉、自我评价、自我监督、自尊心、自信心、自制力、独立性等。它的发展是人的个性特征的重要标志。

婴幼儿1岁左右，在活动过程中，通过自我感觉逐步认识作为生物实体的自我。从2岁到满3岁，婴幼儿不断扩大生活范围，不断增长社会经验和能力。不断发展言语的过程中把握作为一个社会人的自我。幼儿自我意识的发展是以说“我”为标志的，即幼儿说“我”要怎么样或“我”是某某等。

(八)情绪和情感的发展

情绪和情感的发展对个体的其生存和发展起至关重要的作用。良好的情绪和情感体验会激发婴幼儿积极的探求欲望与行动，寻求更多的刺激，获得更多的经验与体验。

人类在进化过程中所获得的基本情绪有8～10种。它们不是同时出现的，而是随着个体的成熟、生长而逐步出现的。0～3岁婴幼儿情绪和情感的最大特点是冲动、易变、外露，年龄越小，特点越突出。婴幼儿的情绪更多受外在环境变化的影响，如要求得不到满足就会生气、哭闹，甚至发脾气，情绪表露非常外显。

（九）意志力的发展

新生儿的行为主要受本能的反射支配，饿了就要吃，困了就要睡。在1～12个月，开始产生一些不随意运动。进而有随意运动，即学会的运动，如摆弄玩具，摆弄物品，奔向某个目标的爬行和走路等。

1～3岁阶段，随着言语能力的飞速发展，各种典型动作能力的形成以及自我意识的萌芽，婴幼儿带有目的性的、受言语调节的随意运动越来越多。开始是成人用言语调节婴幼儿的行为，诱导婴幼儿做出某些事情，禁止做某些事情。以后是婴幼儿自己用言语来调节自己的行为，“我要”干什么，“我不要”干什么。这种具有明显独立性的行为更多是在2～3岁这个阶段发生的。当婴幼儿开始能在自己的言语调节下具有明显独立性的行动或抑制某些行动的时候，就出现了意志的最初形态。这时的意志力水平极差，只处于萌芽状态。虽然可以控制自己的某些行为，但时间极短。他们的行动更多地受当前的目的和欲望的支配，有很大的冲动性。

（十）气质特征的发展

气质既涉及个人的先天特性，也受环境、人际关系、所接受刺激和活动条件的影响。气质既是稳定的，又是可变的，在出生后的最初一段时间表现得最充分。

有研究发现，不同新生儿的睡眠规律、活动水平、是否爱哭、哭声大小等有明显的个体差异。婴幼儿表现出的情绪性、活动性不同，对陌生人是接近还是回避，对入托的新环境是否适应，也各有不同。这些在婴幼儿早期已经表现出来的个人特点，就是气质。气质只表现个人特色，并无好坏之分。

婴幼儿的气质有不同的表现，根据这些不同的表现特征，可以将其归纳分为若干类型，不同的学者有不同的归类方法。

婴幼儿气质特征是儿童个性发展的最原始的基础，其具有先天的性质，父母是无法选择的。但在气质基础上，儿童个性的形成受后天环境、教育条件的影响极大。家长或照护者要充分了解婴幼儿的气质特征，并有针对性地采取良好的、适宜的环境刺激，施加相应的教育影响，这会促进婴幼儿的良好气质特征的形成与发展。

（十一）语言的发展

儿童语言的发展又称语言获得，指儿童对母语的产生和理解能力的获得。语言是一种非常复杂的结构系统，按其构成来说，分为语音、语法、语义三个方面。此外，语言作为一种沟通工具，沟通的双方都必须掌握系统的技能和规则才能发挥作用，这便是语用技能。儿童在发展过程中必须掌握以上四者的一些基本规则才能获得产生和理解母语的能力。因此，语言发展是一个极其复杂的过程。

然而，所有生理发育正常的儿童都能在出生后的4～5年里，未经过任何正式训练就顺利地获得听、说母语的能力，其发展的速度也是非常惊人的。言语是引导幼儿认识世界的基本手段之一。它不是生来就有的，而是后天学会的。0～3 岁是言语发展的早期阶段，大体可分为两个时期。

言语的发生期：0～1 岁。这一时期又包括婴儿自己牙牙学语、开始听懂别人说的话和自己说话三个阶段。

言语的初步发展期：1～3 岁。这一时期又包括词汇的发展、句式的掌握和口语的表达等阶段。

(十二)记忆能力的发展

记忆就是人脑对过去经验的识记、保持和恢复的过程。我们在生活中经历过一切事物都以映像的形式在人脑中保持，并在以后一定条件中再现。从广义上来说，所有的认知都是记忆，因为儿童将所获得的关于世界的知识储存在记忆中。记忆对儿童的发展来说确实非常重要，因此一直以来，心理学家们对它都十分关注。

可能很多人会问婴儿有没有记忆力。目前，从大量的研究结果来看，婴儿是有记忆能力的。0～1 岁婴儿的记忆能力处在萌芽阶段，5～6 个月大的婴儿可以认识并记住自己的妈妈或其他照护人，但保持的时间很短，记忆以瞬时、短时记忆为主要特征。在反复出现的情况下，可以逐步认识周围所熟悉的事物，保持对事物的记忆。1 岁以后，随着年龄的增长，活动范围的扩大，认识事物的增多，会记住越来越多的东西。但是，这时的记忆无意识性很大，主要凭借兴趣认识并记住自己喜欢的事物，记忆过程缺乏明确的目的。随着言语的发展、认识事物表象的积累及稳定性增强，开始主动提取眼前不存在的客体的意向。2 岁左右，可以有意识地回忆以前的事件，不过这种能力还很弱。婴幼儿记忆能力的出现和发展与言语的发展水平密切相关。2 岁以后，由于其他认知能力的发展和言语能力的提高，幼儿的有意识记忆萌芽并发展，同时无意识记忆也得到进一步的发展。如幼儿可以记住一些简单的儿歌、故事，也可以完成成人吩咐的任务。

（朱晨晨）

二、婴幼儿常见心理问题疏导与预防

(一)分离性焦虑障碍

分离性焦虑障碍是指儿童与他所依恋的对象分离时产生的过度焦虑情绪。依恋对象多是患儿的母亲，也可以是祖父母、父亲、其他抚养者或照管者。多起病于 6 岁以前，主要表现为与其亲人离别时出现过分地焦虑、惊恐不安，担心亲人可能遭受意外或害怕他们一去不返；过分担心当依恋对象不在身边时自己会走失或出现其他不良后果；或因害怕分离而不想上学，甚至拒绝上学；也可以表现为在分离时或分离后出现头痛、恶心、呕吐等躯体症状或烦躁不安、发脾气、哭喊、痛苦、淡漠、社会性退缩等症状。患儿在没有依恋对象陪同的情况下也可能不外出活动，晚上没有依恋对象在身边不愿意上床就寝或反复出现与分离有关的噩梦，以致多次惊醒。

儿童分离性焦虑障碍常出现在初次上幼儿园、转学、受批评、学习负担过重、父母离异等，病因可能与家长对儿童过分保护或过分严厉要求、粗暴不当的家庭教育方式、儿童患躯体疾病，幼儿期养成的胆怯、敏感、过分依赖的心理特点，遗传易感素质等有关。因此，尽量消除环境中的不良因素，防止过多的环境变迁与刺激，将环境中有可能发生变化时提前告诉患儿，与学校联系，了解患儿在学校的困难，解除患儿的精神压力，恢复其自信心。家庭成员不过分指责和过分包容，尽量给予患儿更多感情上的交流和支持，融洽家庭气氛。

临床治疗原则以心理治疗为主，配合短期使用小剂量抗焦虑药或抗抑郁药。心理治疗方法有支持性心理治疗、家庭治疗、行为治疗及游戏治疗等。绝大多数患儿病程短暂，预后良好。

（二）口吃

口吃俗称结巴，是一种言语流畅性障碍。主要表现为声音的重复、延长和阻塞，程度轻重不同。多发于2～5岁，男女比例约为3∶1。

病因可能与遗传易感素质、成长环境、模仿学习等因素有关，最终导致神经生理功能紊乱、参与构音的肌肉运动不协调。有口吃的孩子因害怕受到其他小朋友的讥笑，不愿与人交往，极易形成羞怯和自卑的心理反应。长此以往，孩子就会有心理障碍，陷入“越想好好说，越说不清楚”的口吃怪圈，影响孩子的正常语言交流与社交能力发展，性格可能会慢慢变得孤僻，有些孩子甚至可能会变得极具攻击性。

研究表明，80%以上的儿童可以在成长过程中改掉口吃的习惯，但是在这段时间内，家长的干预尤为重要。要想纠正儿童口吃，首先要端正父母的态度，如果父母抱着失望甚至歧视的态度对待患儿，患儿将很难自愈。反之，如果父母耐心引导，不责备、批评患儿，在患儿说话紧张时给予鼓励和安慰，让患儿增强说话的信心，用自己的节奏慢慢讲话，不再害怕口吃，不再过分在意讲话时的紧张，久而久之，就会达到纠正口吃的目的。此外，消除环境中的不良刺激，避免周围人的讥笑，也非常有利于口吃矫治。严重口吃的儿童建议参加专业的言语治疗、呼吸训练、心理治疗、药物治疗等。通过合理的、个性化的手段干预，儿童口吃的预后往往是乐观的。

（三）尿频

儿童正常排尿次数：1岁每日排尿15～16次，3岁每日11次，学龄前和学龄期每日6～7次。一般幼儿每日尿量500～600ml，学龄前儿童600～800ml，学龄儿童800～1400ml，排尿次数增加而尿量不增为尿频。小儿神经性尿频是儿科门诊的常见病。主要好发于3～8岁小儿，以清醒时尿意频繁为唯一症状，表现为每日排尿次数增加而无尿量增加，每次排尿量减少，有尿不尽感，入睡后频繁尿意消失，尿常规与泌尿系统B超检查正常。本病一般预后较好，但容易被误诊为泌尿系统感染。

常见病因有小儿大脑皮层发育不完全，高级中枢对脊髓排尿中枢的控制能力差；强烈的精神刺激（如新入学、考试、亲人去世等情况）所致膀胱神经功能失调；排尿训练过严。临床治疗方法有心理治疗、药物治疗、中医药治疗等。

家长应提高对本病的认识，不反复提醒患儿排尿，不用语言或行为惩罚患儿。患儿出现遗尿情况，大人平静地帮患儿换上干净衣服即可。禁止责骂甚至体罚患儿，缓解患儿各种心理压力，适当安排患儿的作息时间和活动内容，分散排尿注意力。鼓励患儿尽量延长两次排尿间隔时间，有所进步时，给予奖励。告诉患儿尿频是可以治愈的，增强治疗信心。

(四)咬指甲

咬指甲是指儿童(部分成人)反复出现的自主或不自主的啃咬手指甲的行为，常导致手指损伤、指甲畸形、手指感染和牙列不整等，并能影响儿童的正常社会交往活动。其为儿童较为常见的不良习惯，3～6岁儿童发生率为10.37%。随着年龄增长，多数孩子咬指甲的行为会自行消失，但少数顽固者可持续至成人。

心理学认为，啃咬行为的出现是孩子内心压力的释放。当遭遇生活环境的突然改变、生活重心的重大变化及其他突发性压力事件，孩子可能会感到紧张、焦虑，甚至产生挫败感。家长过于严厉、粗暴的管教方式也可能让孩子时刻处于压力之下。为了应对压力，有些孩子可能通过咬指甲来放松身心。此外，有学者认为无聊时下意识的自我安慰、幼儿时口欲期的延续、长牙的不适、遗传易感素质、从家庭成员或同伴那里习得的社会习性等也可导致咬指甲。

对于孩子偶尔的咬指甲行为，家长不必过于在意。实施制止时，一定要保持平静温和的态度，不可大发雷霆、施予惩罚。很多孩子咬指甲的行为都和心理紧张感伴生，他们自己也没有很好的控制方法，一味训诫和惩罚只会让他们更加焦虑，反而让坏习惯愈演愈烈。多让患儿参加娱乐活动，转移注意力，增强课外活动和游戏的时间，让孩子心理得到放松、压力得到缓解。养成良好的卫生习惯，增加剪指甲的频率，确保指甲的长度在不易被咬断的范围。选择使用一些天然或人工制造的可食用的指甲油，比如具有强烈气味，或吃起来有苦味的产品。在取得短期效果时给予孩子褒奖和鼓励。

过度频繁或严重的咬指甲可能与更深层次的心理疾病有关，需要专业人士的介入或是药物治疗。在咬指甲的孩子身上有时可以同时观察到注意缺陷多动障碍、分离性焦虑障碍、抽动障碍等症状。一旦发生这种情况，或是在家庭矫正一段时间后不见好转，影响到孩子的指甲或口腔健康时，请找专业医生的协助。

(五)暴怒

儿童在受到挫折或要求得不到满足时出现明显的情绪变化，继而哭闹、毁物甚至自损，短时间内无法通过劝说而使其终止，这种行为被称为暴怒行为，又称暴怒发作。一个2岁左右的孩子偶然表现为暴怒不应视为异常，但是如果经常有暴怒发作应予以重视。暴怒可表现为：孩子在欲望得不到满足时大声哭闹，摔坏物品，赖在地上不起来，甚至做出扯头发、撞墙等自损行为，也会出现诸如难以和小朋友相处、难以适应集体生活、难以冷静处事等问题。

1.暴怒的常见原因

(1)自身气质的影响：孩子本身情绪易变，反应强烈。

(2)家庭教育不当：父母溺爱、迁就孩子，孩子容易以自我为中心，为了达到某一目的，常常会以暴怒发作来要挟父母。

(3)父母不良言行的影响：如果父亲或母亲比较暴躁，控制能力差，很可能会影响孩子，孩子也会经常与父母或其他小朋友发生冲突。

2.暴怒的常用对策

(1)冷处理：孩子发脾气时，父母可以置之不理，看到发脾气达不到什么效果，他的怒气自然会平息。切忌在孩子发脾气时，父母也向他发火，那样既会使孩子的情绪更加激动，也会让孩子模仿。

(2)转移注意力：孩子发脾气时，父母可以用他喜爱的电视节目来吸引他的注意力。待孩子暴怒发作过后，再安慰和教育。

(3)暂时隔离：如果孩子的暴怒发作无法控制，可以将他带入布置简单的房间内暂时隔离，在暴怒发作数分钟后再解除隔离，但要注意防止孩子出现自伤、触电、跳楼等意外情况。

3.暴怒的预防

(1)正确地爱孩子：爱孩子是父母的天性，但不能以迁就、溺爱代替教育。要注意从小培养孩子的自理能力，培养他讲道理和理解他人的习惯，让他感到父母是永远爱他的。即使在批评时，也要让他知道，这一切都是出于对他的爱。

(2)尊重孩子，提倡民主的家庭作风：父母与孩子说话要用商量、引导和激励的语气，不要命令或指责。对于孩子的各种要求，父母必须客观分析，如果合理，应予以满足，如果不合理，则不可迁就。即使是合理的要求，如果孩子采用“要挟”的手段，也不能予以满足。

(3)以身作则：要使孩子有稳定、乐观的情绪，不发或少发脾气，父母必须有稳定、乐观的情绪，为孩子树立良好的榜样。

知识链接

婴儿的安全型依恋

安斯沃斯等通过陌生情境研究法，把婴儿的依恋分为如下三种类型。①安全型依恋：这类婴儿将母亲视为安全基地，母亲在场时儿童感到足够的安全，能够在陌生的情境中积极地探索和操作。对母亲离开和陌生人进来都没有强烈的不安全反应。多数婴儿都属于安全型依恋。②回避型依恋：母亲在场或离开都无所谓，自己玩自己的，实际上这类婴儿与母亲之间并未形成特别亲密的情感联结，被称为无依恋婴儿。这类婴儿占少数。③矛盾型依恋：这类婴儿缺乏安全感，时刻警惕母亲离开，对母亲离开极度反抗，非常苦恼。母亲回来时，既寻求与母亲接触，又反抗母亲的安抚，表现出矛盾的态度，是典型的焦虑型依恋。少数婴儿属于这种类型。

安全型依恋是积极依恋，回避型和矛盾型依恋均属于消极的、不安全型依恋。依恋对婴儿整个心理发展具有不可忽视的重大作用。安全型依恋的孩子在成人后具有高自尊，往往享有信任而持久的人际关系，善于寻求社会支持，并具有良好的与他人分享感受的能力。

良好的教养方式可以促进安全型依恋的发展。母亲应能正确理解婴儿发出信号的意义所在，并能予以积极的应答和反馈，经常会通过说、笑、爱抚等积极情绪，进行情感交流，以满足婴儿愉悦的需求，通过互相模仿、亲子游戏、共同活动等社会性互动，不断调整自己的行为，以适应婴儿活动节律和互动内容的要求。

(董燕艳)

第五章 婴幼儿营养基础

婴幼儿期良好的营养是体格及智力发育的基础。婴幼儿期的生长极为迅速，对营养素的需求很高，但各器官的发育尚未成熟，对食物的消化吸收能力有限。因此，科学喂养对确保婴幼儿的生长发育极为重要。

第一节 婴儿营养与膳食

一、能量需要

能量要满足婴儿基础代谢、体力活动、食物热效应以及生长发育所需。《中国居民膳食营养参考摄入量》(2013 年版)推荐：0～6 月龄婴儿能量需要量为 0.38MJ(90kcal)/(kg·d)，7～12 月龄为 0.33MJ(80kcal)/(kg·d)。

二、营养素

(一)蛋白质

婴儿生长迅速，其蛋白质相对需要量大于成人，而且蛋白质质量要求更高。6 个月的婴儿对必需氨基酸的需要量比成人多 5～10 倍。除成人所需的 8 种必需氨基酸外，婴儿早期肝脏功能还不成熟，还需要由食物提供半胱氨酸、组氨酸、酪氨酸以及牛磺酸。母乳中必需氨基酸的比例最适合婴儿生长需要。对于蛋白质的需要量，母乳喂哺的婴儿，每日需要蛋白质 2.0g/kg。

(二)脂肪

0～6 月龄的婴儿按每日摄入母乳 800ml 计，可获得脂肪 27.7g，占总能量的 47%。我国营养学会推荐脂肪的功能比是 45%～50%。每 100kcal 婴儿食品含脂肪应不少于 3.8g，不多于 6g(供能比 30%～54%)。6 个月后虽然添加一些辅助食品，但仍是以奶类食品为主，脂肪的供能比依然较高，推荐的脂肪供能比为 35%～40%。n-6 系亚油酸及其代谢产物γ-亚麻酸及花生四烯酸(ARA)、n-3系亚麻酸及其代谢产物二十碳五烯酸(EPA)和二十二碳六烯酸(DHA),这些脂肪酸对婴儿神经、智力及认知功能发育具有促进作用。参照母乳中的含量,FAO/WHO于1994年推荐婴儿亚油酸提供的能量不低于膳食总能量的3%。

(三)碳水化合物

婴儿饮食中碳水化合物的功能比应为30%~60%。母乳喂养的婴儿平均每日摄入量约为12g/kg(供能比约37%),人工喂养儿略高(40%~50%)。4个月以内的婴儿消化淀粉的能力尚未成熟,但其乳糖酶的活性比成人高。4个月以上的婴儿,可以较好地消化淀粉类食品。若婴儿食物中含碳水化合物过多,则碳水化合物在肠内经细菌发酵,产酸、产气并刺激肠蠕动引起腹泻。

(四)矿物质

婴儿必需而又容易缺乏的矿物质主要有钙、铁、锌。此外,内陆地区甚至部分沿海地区碘缺乏病也较为常见。

1.钙

母乳中含钙量约为242mg/L。以一天750ml母乳计,则能提供约182mg钙。由于母乳中钙吸收率高,出生后6个月内全母乳喂养的婴儿并无明显的缺钙。尽管牛乳中钙量是母乳的2~3倍,但钙磷比例不适合婴儿需要,而且吸收率相对较低。婴儿钙的适宜摄入量6个月前为200mg/d,6个月后为250mg/d。

2.铁

足月新生儿体内约有300mg铁储备,通常可防止出生后4个月内铁缺乏。早产儿及低出生体重儿的铁储备相对不足,在婴儿期容易出现铁缺乏。母乳1~3个月时的铁含量为0.6~0.8mg/L,4~6个月时为0.5~0.7mg/L。牛乳中铁含量为0.45mg/L,低于母乳,且吸收率亦远低于母乳。婴儿在4~5个月后急需从膳食中补充铁,如强化铁的婴儿米粉、肝泥等。我国6月龄以上婴儿铁的每日适宜摄入量是10mg。

3.锌

足月新生儿体内也有较好的储备。母乳中锌含量相对不足,成熟乳约为1.18mg/L。母乳喂养的婴儿在前几个月内因可以利用体内储存的锌,但在4~5个月后也需要从膳食中补充。蛋黄、肝泥、婴儿配方食品是较好的锌的来源。我国推荐0~6月龄婴儿锌的适宜摄入量为2mg/d,6月龄以上为3.5mg/d。

4.碘

婴儿期碘缺乏可引起以智力低下、体格发育迟缓为主要特征的不可逆性智力损害。我国大部分地区天然食品及水中含碘较低,假如孕妇和乳母不食用含碘丰富的食品,则新生儿及婴儿较容易出现碘缺乏病。

5. 维生素

母乳中的维生素含量，尤其是水溶性维生素含量易受乳母的膳食和营养状态的影响。膳食平衡的乳母，其乳汁中的维生素一般能满足婴儿的需要。

(1)维生素 A：0～6 月龄婴儿维生素 A 适宜摄入量为 300μgRAE/d，7～12 月龄为 350μgRAE/d。母乳中含有较丰富的维生素 A，母乳喂养的婴儿一般不需额外补充。

(2)维生素 D：母乳及牛乳中的维生素 D 含量均较低，从出生 2 周到 1 岁半之内都应添加维生素 D。婴儿维生素 D 的适宜摄入量为 10μg/d(400IU/d)。天然食物中维生素 D 的含量较少，肝、乳类及蛋含量亦不高。因此，给婴儿适量补充富含维生素 A、维生素 D 的鱼肝油或维生素 D 制剂及适当晒太阳，可以预防维生素 D 缺乏性佝偻病。

(3)维生素 E：早产儿和低出生体重儿容易发生维生素 E 缺乏，引起溶血性贫血、血小板增加及硬肿症。0～6 月龄婴儿的维生素 E 适宜摄入量为 3mg α-TE/d，7～12 月龄为 4mg α-TE/d。膳食中不饱和脂肪酸增加时，维生素 E 的需要量也相应增加。人初乳维生素 E 含量为 14.8mg/L，过渡乳和成熟乳分别为 8.9mg/L 和 2.6mg/L。

(4)维生素 K：新生儿肠道正常菌群尚未建立，肠道细菌合成维生素 K 较少，较易发生维生素 K 缺乏症(出血)。母乳约含维生素 K 15μg/L，婴儿配方奶约为母乳的 4 倍，母乳喂养的新生儿较配方食品喂养者更易出现出血性疾病。出生 1 个月以后，一般不容易出现维生素 K 缺乏。但长期使用抗生素时，则应注意补充维生素 K。

(5)维生素 C：母乳喂养的婴儿可从乳汁获得足量的维生素 C。

三、婴儿喂养指南

世界卫生组织推荐在生命的最初 6 个月应对婴儿进行纯母乳喂养，以实现婴儿的最佳生长、发育。为满足其营养需要，满 6 月龄起婴儿应获得安全营养的辅助食品，同时继续母乳喂养至 2 岁或 2 岁以上。

母乳是新生儿及婴儿最理想的天然食物，其所含的各种营养物质最适合婴儿的消化吸收，且具有最高的生物利用率。它能为 6 个月以内的婴儿提供他们健康成长、发育所需的全部营养，即使是生长发育较快的婴儿，也无需额外添加其他食物。母乳中维生素 D 相对缺乏，中华医学会儿科学分会建议婴儿出生后 2 周开始每天摄入维生素 D 400IU，直到 2 岁。母乳中 SIgA、巨噬细胞等免疫物质，能增加婴幼儿的免疫力，减少腹泻、肺炎(世界范围内两种主要的导致婴幼儿死亡的疾病)等婴幼儿常见病。在哺乳过程中，母婴之间肌肤的接触，声音的刺激，眼神、气味的交流，能满足婴儿的情感需要，增进母子感情，也能刺激婴儿的神经反射，促进婴儿智力。母乳喂养还能促进母亲产后恢复。

除了这些短期的好处，母乳喂养的孩子长大成人后，也更健康。母乳喂养能降低孩子得霍奇金淋巴瘤的概率，降低青少年风湿性关节炎的风险，降低哮喘的风险等。此外，不进行母乳喂养会增加母亲患乳腺癌、子宫内膜癌、卵巢的风险。母乳是母亲给予婴儿的第一份美好的礼物。

(刘志杏　金幸美)

第二节　幼儿营养与膳食

幼儿期为1周岁到满3周岁之前。幼儿生长发育虽不及婴儿迅速，但亦非常旺盛。幼儿的胃容量从婴儿时的200ml增加至300ml，但胃肠道消化酶的分泌及胃肠道蠕动能力远不如成人，且牙齿的数目有限。此外，营养物质的获得需从以母乳（或乳类食品）为主过渡到以谷类等食物为主。

一、能量

要满足幼儿生长发育、基础代谢、食物的特殊动力作用及体力活动的需要。幼儿的体表面积相对较大，基础代谢率远高于成年人。生长发育所需能量为幼儿所特有，每增加1g的体内新组织，需要能量4.4～5.7kcal。排泄会损失能量，食物不能完全消化吸收的残留部分排出体外，代谢产物也须从体内排出。通常摄食混合餐的幼儿排泄部分损失约占进食量的10%，即每日失去能量8～11kcal/kg。当有腹泻或胃肠道功能紊乱时，损失可成倍增加。中国营养学会推荐的能量需要量男孩和女孩稍有不同，1岁、2岁及3～4岁男孩能量每日推荐摄入量分别为900kcal、1100kcal和1250kcal；女孩分别为800kcal、1000kcal和1200kcal。

二、营养素

由于幼儿仍处于生长发育的旺盛时期，对碳水化合物、蛋白质、脂肪及其他营养素的需要量相对较多。

（一）蛋白质

蛋白质是构成人体细胞和组织的基本成分，幼儿每日供给量约为35～40g。蛋白质主要来源为肉、蛋、鱼、豆类及各种谷物类。

（二）脂肪

脂肪可提供热量，调节体温，保护神经及体内器官，促进脂溶性维生素吸收，每日供给量应为30～40g。脂肪主要来源于动植物油、乳类、蛋黄、肉类和鱼类。

（三）碳水化合物

碳水化合物是人体活动和生长发育所需热能的主要来源，每日摄入量应为140～170g。食物中的谷类、豆类、食糖、蔬菜、水果都可提供碳水化合物。

（四）矿物质

1.钙

钙是宝宝骨骼和牙齿生长的主要原料，每日应保证供给600mg。钙质在奶类、蛋类、鱼类、豆类及蔬菜中含量较高。

2.铁

铁是人体造血的主要原料,每日应保证供给 9mg 左右。铁主要应从动物肝脏、蛋黄、瘦肉、绿叶菜及豆类中摄取。

3.锌

锌可以增进食欲,促进宝宝生长发育,在动物内脏、花生、香蕉及豆类中含量较高,每日应摄取 4mg。

4.碘

碘是宝宝生长发育必需的一种非常重要的营养素。它与宝宝智能发展和体格发育密切相关,每日应保证摄取 90μg。碘在各类海产品中含量极为丰富,食用碘盐也是补碘的好办法。

(五)维生素

维生素的重要作用是维持正常的生理功能和生长发育。其中最为重要的是维生素 A、维生素 B_1、维生素 B_2、维生素 C、维生素 D,主要来源有蔬菜、水果、肉、蛋、豆、奶及粗粮等。1～3岁幼儿应保持每日摄取足够多的维生素 D。

(六)水

水是人体最主要的成分之一,维持体内新陈代谢和体温调节等,幼儿每日总水摄入量为 1.3L。

三、幼儿的膳食

1～3 岁的幼儿正处在快速生长发育的时期,对各种营养素的需求相对较高。此年龄阶段,幼儿机体各项生理功能也在逐步发育完善,但是对外界的防御性能也比较差。因此,幼儿膳食的安排,不能完全参考成人模式,需要特别关照。

(一)继续给予母乳喂养或其他乳制品,逐步过渡到食物多样

国际母乳协会推荐,给予母乳喂养直到 2 岁,或每日给予不少于相当量的液体奶的幼儿配方奶粉。婴幼儿配方奶粉是帮助婴幼儿顺利实现从母乳向普通膳食过渡的理想食物,是确保婴幼儿膳食过渡期间获得良好营养的强有力措施。普通液态奶蛋白质的含量为母乳中的 3 倍,矿物质含量比较高,而幼儿的肾脏功能发育尚不完善,如若直接喂给普通液体奶,会容易对幼儿的肾脏和肠道造成较大负担。因此,最好不要直接喂给普通液态奶。

建议首选适当的幼儿配方奶粉,或者给予强化铁、维生素 A 等多种微量营养素的食品。如果条件所限,不能采用幼儿配方奶粉者可以将液态奶加以稀释,或与淀粉、蔗糖类食物调制,喂给幼儿。如果幼儿不能摄入适量的奶制品,需要通过其他途径补充优质的蛋白质和钙,如可用经过适当加工的鸡蛋或豆制品来替代乳品。如果不饮用幼儿的配方奶粉,钙的摄入量是很难达到这个年龄段的推荐的摄入量,应适当考虑通过其他途径加以补充。当幼儿

满两岁的时候，可逐渐停止母乳喂养，但是应该每天都继续提供幼儿配方奶粉或其他的乳制品。同时，应该根据幼儿的牙齿发育情况适当地增加细、软、碎、烂的膳食，不断丰富种类，增加数量，逐渐向食物种类多样化过渡。

幼儿食物的选择，应该依据营养全面丰富易消化的原则，充分考虑满足能量需要增加优质蛋白质的摄入，以保证幼儿生长发育的需要。增加铁质的供应，以避免缺铁性贫血的发生。鱼类脂肪有利于儿童的神经系统发育，可以适当选用鱼虾类食物，尤其是海鱼类。对于1～3岁幼儿，每月应该食用几次猪肝或鸡肝等动物肝脏做成的肝泥，分次食用，以增加维生素A的摄入量。不要给幼儿直接食用坚硬的食物，以免误吸入气管，如整粒的花生、开心果类食物。另外腌制食品和油炸类的食品，尽量少给或是不给幼儿吃。

（二）采用适宜的烹调方式，单独加工制作膳食

幼儿膳食需单独制作烹制，并选用适合的烹调和加工方法，将食物切碎煮烂，易于幼儿咀嚼、吞咽和消化，特别注意要完全去除皮、骨、刺、核等。大豆、花生等硬果类食物，食用前应先磨碎制成泥浆、泥糊浆等。烹调方式上应该采用蒸、煮、炖、煨等，不要用油炸、烤、烙等方式，口味以清淡为好，不可过咸，不宜食辛辣、刺激性食物。尽可能不用含味精或鸡精，色素、糖精的调味品，要注意花样、品种的交替，利于幼儿保持对进食的兴趣。

（三）在良好环境下规矩进餐，重视饮食习惯的培养

幼儿饮食要实行三餐两点制，一天主餐三次，前两次主餐之间安排奶类、水果或其他稀、软、面食为内容的加餐。晚饭后，也可以加餐或零食，但是睡前，一定要少吃或不吃甜食，预防龋齿。要重视幼儿饮食习惯的培养，饮食安排上要逐渐做到定时、适量、有规矩的进餐，不随便改变幼儿的进餐时间和进食量，鼓励和安排较大幼儿与全家人一同进餐，以利于幼儿日后更好地接受家庭膳食。培养孩子集中精力进餐，暂停其他活动，家长应该以身作则，用良好的饮食习惯影响幼儿，避免出现偏食、挑食的不良习惯，要创造良好的进餐环境，进餐场所要安静愉快，餐桌椅、餐具可适当儿童化，鼓励引导和教育儿童使用勺、筷等自主进餐。

（四）鼓励幼儿多做户外游戏与活动，合理安排零食，避免过瘦与肥胖

由于奶类及其他普通食物中的维生素D含量十分有限，幼儿单纯依靠普通膳食难以摄取足够多的维生素D，适宜的接受日光照射，可促进幼儿皮肤中维生素D的形成，对幼儿钙质吸收和骨骼发育具有重要意义。因此每天可安排幼儿1～2小时的户外游戏与活动，既可以接受日光照射，促进皮肤中维生素D的形成与钙吸收，又可通过体力活动实现对幼儿体能、智能的锻炼培养及维持能量的平衡，使儿童体重增长保持合理范围。幼儿的胃容量很小，一次进食量很有限，且受咀嚼能力限制，所食用的食物多为软食、烂食，很容易排空造成饥饿，所以在两主餐之间，可以适当地吃一些零食。这样才能获得充足的营养不至于影响生长发育。但是作为幼儿的养护人或者是老师，在零食的选择上和食用上要注意选择零食的品种，合理安排零食，尽量以水果、乳制品等营养丰富的食物为主，既可以增加儿童对饮食的兴趣，又利于能量及营养素的补充，避免影响主餐食欲和进食量。给予零食的数量和时机以不影响幼儿主餐食欲为宜，零食的时间一般可以放在两顿主餐之间。在晚饭后除水果以外，尽量做到不再进食，特别是睡前不要吃甜食。

（五）每天足量饮水，少喝含糖高的饮料

水是人体结构代谢和功能的必要条件，小儿新陈代谢相对高于成人，对水的需要量也更高，1～3岁幼儿，每天每千克体重约需水125～150ml，每日总的需水量约1250～2000ml。幼儿需要的水除了来自营养素在体内代谢生成的水和膳食食物所含的水分外，大约有一半的水需要通过直接饮水来满足，大约有600～1000ml。幼儿最好的饮料是白开水，市场上有许多含糖饮料，含有葡萄糖、碳酸、磷酸、咖啡因等物质，过多地饮用此类饮料，不仅会使儿童发生龋齿，影响孩子的食欲，而且还会使能量过剩，导致肥胖等营养问题，不利于儿童的生长发育。

（六）定期监测生长发育状况

身长和体重等生长发育指标反映幼儿的营养状况，父母可以在家对幼儿进行定期的测量，1～3岁幼儿，应该每2到3个月测量一次。

（七）确保饮食卫生、严格餐具消毒

选择清洁不变质的食物原料，不吃隔夜饭菜和不洁变质的食物。在给1～3岁的幼儿选用半成品或者熟食的时候，应该彻底加热后才可以吃。幼儿餐具应该彻底清洗和加热消毒，养护人要注意个人卫生，培养幼儿养成饭前便后洗手等良好的生活习惯，以减少肠道细菌、病毒以及寄生虫感染的机会。

（刘志杏）

第六章　计划免疫与预防接种

第一节　计划内免疫与预防接种

计划免疫是根据小儿免疫特点和传染病的疫情监测情况所制定的免疫程序，通过有计划地使用生物制品进行人群预防接种，以提高人群的免疫水平，达到控制以至最终消灭相应传染病的目的。

小儿出生后的前6个月，有来自母体的一部分抗体，因此6个月以内的小儿不易得传染病。6个月后，小儿体内来自母体的抗体逐渐减少，免疫力减弱，得传染病的机会增多。

一、1周岁以内小儿计划免疫程序

国家卫生健康委员会规定，儿童必须在1周岁以内完成卡介苗、脊髓灰质炎减毒活疫苗、百白破混合制剂、麻疹减毒活疫苗、乙型肝炎疫苗5种制品的全程接种，见表1-6-1。

(1)卡介苗：用于预防结核病。

(2)脊髓灰质炎减毒活疫苗：用于预防脊髓灰质炎(小儿麻痹症)。

(3)百白破混合制剂：用于预防百日咳、白喉、破伤风。

(4)麻疹减毒活疫苗：用于预防麻疹。

(5)乙型肝炎疫苗：用于预防乙型肝炎。

表1-6-1　计划免疫程序

年龄	接种疫苗
出生	卡介苗、乙型肝炎疫苗
1个月	乙型肝炎疫苗
2个月	脊髓灰质炎减毒活疫苗
3个月	脊髓灰质炎减毒活疫苗、百白破混合制剂

续表

年龄	接种疫苗
4个月	脊髓灰质炎减毒活疫苗、百白破混合制剂
5个月	百白破混合制剂
6个月	乙型肝炎疫苗
7个月	
8个月	麻疹减毒活疫苗
1.5岁～2岁	百白破混合制剂复种
4岁	脊髓灰质炎减毒活疫苗复种
7岁	麻疹减毒活疫苗复种、百白破混合制剂复种
12岁	乙型肝炎疫苗复种

二、预防接种注意事项

1.预防接种禁忌

(1)有严重心、肝、肾疾病者。

(2)神经系统疾病者,如癫痫、脑发育不全。

(3)有哮喘、荨麻疹等过敏体质者。

(4)重度营养不良、佝偻病、先天性免疫缺陷者。

(5)各种疫苗说明书规定禁忌者。

2.暂缓预防接种情况

(1)接种部位有严重皮炎、牛皮癣、湿疹及化脓皮肤病者。

(2)有发热情况,且体温高于37.5℃者。

(3)每天排便次数超过4次者,暂缓服用脊髓灰质炎减毒活疫苗。

(4)最近注射过丙种球蛋白、多价免疫球蛋白者,6个星期内不应接种麻疹疫苗。

三、预防接种前后的护理

1.接种前护理

(1)给小儿洗澡清洁皮肤。

(2)接种前适当进食,不宜空腹。

(3)如小儿在接种前有特殊情况,应及时与医生联系。

2.接种后护理

(1)接种后观察15～30分钟方可离开医院。

(2)适当休息。
(3)当天不洗澡,以防发生局部感染。
(4)如出现异常情况,应立即去医院。

❖ 特别提示

全国儿童预防接种宣传日

为了加强对该工作的组织实施,进一步提高影响力度,促进社会各界人士积极参与,保证免疫接种率,有效地防止相应传染病的发生和流行,达到最终消灭疾病的目的,1986 年经国务院批准确定,成立了全国计划免疫协调领导小组,并确定每年 4 月 25 日为全国儿童预防接种宣传日。

【案例】

4 个月宝宝要接种哪些疫苗?

宝宝 4 个月了,出生前几天已分别接种了卡介苗、乙肝疫苗,满月时再次接种了乙肝疫苗。2、3 个月分别口服过脊髓灰质炎减毒活疫苗糖丸,3 个月时接种过百白破混合制剂。问:小儿现阶段应该接种什么疫苗?

点评:

4 个月的宝宝应该口服脊髓灰质炎减毒活疫苗糖丸和接种百白破混合制剂。

第二节　计划外免疫与预防接种

计划外免疫所预防的传染病没有计划内免疫所预防的传染病严重,但也有治愈难、若患病会有后遗症等特点,对小儿健康有一定的影响。目前部分疫苗由国外进口,价格较贵。国家采取家长自主决定,自付费的形式。目前计划外免疫所采用的疫苗,都是使用较多、安全、优质的疫苗。可根据流行地区和季节,或根据家长自己的意愿,进行乙型脑炎疫苗、流感疫苗、水痘疫苗等的接种,见表 1-6-2。

表 1-6-2　计划外免疫适应对象

疫苗名称	适应对象
流感疫苗	6 个月以上小儿

续表

疫苗名称	适应对象
B型流感嗜血杆菌疫苗	2个月～6周岁小儿
水痘疫苗	1～6周岁小儿
麻腮风疫苗	1岁半以上小儿
肺炎疫苗	2岁以上小儿
甲肝疫苗	1岁以上小儿
甲、乙肝疫苗(儿童型)	2岁以上小儿

（骆海燕　冯敏华）

第七章　婴幼儿教育

一、0～3 岁婴幼儿教育的必要性

0～3 岁是人的一生中大脑发展最迅速的时期，是人认识世界、了解世界的开始。因此，在 0～3 岁这一阶段如果缺乏足够的、适当的教育，可能会影响婴幼儿的智力发展水平。

(一)0～3 岁期间大脑发展最迅速

新生儿出生时，脑细胞在数量上已经接近成人，但是脑组织的发育尚未完善，脑重量相当于成人的 1/3。6 个月后，婴儿脑神经细胞数目不再增加，然而脑细胞的突起却由短变长、由少变多。神经细胞就像小树苗，逐渐长成一棵枝繁叶茂的大树。细胞的突起就如同树干长出的树枝，一棵树的树枝与其他树枝相互连接，相互间建立起错综复杂的联系，这就为儿童智力的发展提供了生理基础。

(二)0～3 岁期间发展的关键期

1. 大脑发展的关键期

智力是大脑发育的集中表现。大脑的结构和机能虽然受遗传影响，但却是在后天环境的影响下发育完善的。不同的社会环境和教育对婴幼儿的智力发展与有直接的影响，良好的教育可以促进婴幼儿大脑的发展。教育环境对婴幼儿大脑的发育有着不可替代的作用。

2. 语言发展的关键期

0～3 岁是婴幼儿学习语言的最佳时期，尤其在 2 岁左右，学说话的积极性最高，心理学家把这个时期称之为孩子“叽叽咕咕，滔滔不绝”时期。尽管年龄较小的婴幼儿还不会说话，但是他们每天都在很认真地学习成人说话的内容，在还没有正式说话之前，实际上婴幼儿已经掌握了一定量的语言能力。但如果在 0～3 岁期间缺乏或没有大量的语言刺激，其成年后语言能力的发展会受到非常大的限制。以印度狼孩为例，虽然狼孩在获救后受到了多年的教育，但直到其去世前能够说出的词汇量仍非常有限。

3. 感觉发展的关键期

儿童心理学家普莱尔说过，感官的作用是一切心理发展的基础。从婴幼儿感官的整体发育状况看，0～3 岁是对婴幼儿进行感觉教育的关键期。婴幼儿认识世界的主要途径就是通过各个感觉器官的感觉。如婴儿认识世界的方式就是通过手和嘴，婴儿把物体放到嘴里来感受物体的物理性，这就是婴儿认识世界的方式。

4.自我意识形成的关键期

当婴幼儿开始说“我”的时候，表明婴幼儿开始出现了自我意识，逐渐把自己从周围环境中分化出来，在行为上力图摆脱外界的束缚，出现“第一反抗期”，因此2～3岁幼儿又被分为“可怕的2周岁”与“令人恐惧的3周岁”。这种称谓的主要原因就在于这一时期的幼儿事事都要自己去尝试，如吃饭、喝水、走路等，但却又完成得不好，常常令监护人抓狂，这也是其“可怕”、“令人恐惧”的原因的。其实这是幼儿在成长过程中必经的阶段，是自我意识的萌芽与发展，对幼儿健康成长具有非常积极的意义。

近代科学认为，3岁已经在人生道路上跨进了新的阶段，在体格、神经、心理和智能水平方面都出现新的特点，人格是否健全在3岁左右就奠定了基础。

二、0～3岁婴幼儿教育的特点

（一）感官学习

0～3岁的婴幼儿没有抽象思考和逻辑思维的能力，主要是通过味觉、嗅觉、视觉、听觉和触觉等途径来观察和判断事物，利用感官直接接触来获得基本经验，形成概念，作为想象、思考和创造的基础，利用感觉和肢体进行学习，通过自己的感觉和运动能力来探索事物。这时的教育重点是发展婴幼儿的感觉和运动技能，尽量让婴幼儿自己去看、去听、去摸、去操作以获得实际经验，而不是刻意干涉，对婴幼儿的教育应做到自然化、生活化，顺应婴幼儿发展的天性。

（二）主动学习

0～3岁的婴幼儿用眼睛去看别人说话，用耳朵去听别人说话，通过反复的学习与练习，逐渐掌握发声、发音等技巧，为学习语言奠定基础。婴幼儿说话时从成人的腔调、表情和动作中来了解语言，并尝试和练习发声、说话。这些完全是在无意识中进行的，是在接触环境的过程中主动进行学习。最简单的例子就是我们从来没有刻意去教过婴幼儿说话，但他却学会说话了，其中的原因就是婴幼儿一直在主动地学习，从他所处的环境中吸收知识，学习如何说话、如何与人交流等。

（三）注意力不集中

婴幼儿大脑皮质发育尚未完善，兴奋占优势，抑制过程形成较慢，但兴奋持续时间较短，容易泛化。其表现为好动不好静，注意力不集中，容易随着外界的刺激发生转移。

（四）反复练习

由于婴幼儿语言发展的限制，加之记忆能力的不足，婴幼儿学习知识与技能需要反复练习才能掌握。尽管婴幼儿的模仿能力非常强，但仍然需要通过大量的练习才能熟练掌握。原因在于婴幼儿每天在同一时间做同一件事情，反复训练会帮助婴幼儿建立良好的神经通路，大脑会配合这种规律进行自动调适，婴幼儿也会把不间断地学习作为一种乐趣。同时，反复练习也符合婴幼儿记忆的特点。

三、当前 0～3 岁婴幼儿教育存在的误区

（一）把早期教育等同于智力开发

很多家长一提到早期教育就想到给孩子上各种学习班，如英语班、钢琴班、舞蹈班等，殊不知，早期教育的范围非常广泛，内涵非常丰富，书本知识的学习仅仅是其中的一部分，更多的是生活技能、交往技能、学习技能的学习。把早期教育当成是知识学习、智力开发是当前很多家长或监护人存在的误区之一。

有早期教育方案效果的追踪研究表明，早期教育学习的知识和读写算训练的效果是短期的（大约可以持续到小学 4 年级）。换句话说，在人生的起跑线上抢跑的效果其实并不理想，见效明显但持续时间不长，而且付出的代价非常大，会对婴幼儿学习兴趣、积极性、好奇心产生破坏，无疑是揠苗助长。

（二）教育目的的功利化

社会上一些家长对子女的教育，往往是出自自我梦想的延续、同事间的盲目攀比、孩子的出路等，带有明显的功利化色彩。有的家长送孩子去学习钢琴，就会希望孩子长大以后能成为第二个郎朗、李云迪，教育的目的非常功利。甚至有些家长由于望子成龙心切，他们反对孩子游戏，只关注孩子的学习，不管孩子的个人意愿，要求孩子去学这学那。其实对幼儿来说，游戏才是最好的教育手段，快乐才是最好的教育目的。在这种急功近利的目的下学习，孩子不但不能成为优秀的人才，还会对学习形成的错误认识，反而不利于孩子的健康全面发展。

（三）认为孩子太小，教育都是上小学的事情

尽管现在很多家长对孩子的早期教育越来越重视，但还是有部分家长认为孩子年龄太小，不需要也不能进行教育，这是缺乏科学教育观念的表现。其一在于教育观念陈旧。教育不仅仅是学习文化知识。文化知识只是教育的一部分而已，孩子情感、安全等都是教育的重要内容。其二在于部分家长认识不到早期教育的重要性。其实婴儿一出生就有了最初的认知能力，0～3 岁是很多能力发展的关键期。如果这个时候不能给予适当的刺激，孩子的智力就得不到充分的发展。

四、0～3 岁婴幼儿教育的内容

婴幼儿教育主要包括语言表达能力、动作技能、认知能力、艺术感受能力、人格发展、社会行为与情感等几个方面。各个领域应均衡发展，如果特别关注或忽视某一个领域，都不利于婴幼儿的健康成长。

(一)语言表达能力

语言是一种社会现象,是传递和表达情感的工具。婴幼儿学习语言是在社会环境中,在学习和运用语言的过程中进行的。开展一些像听音乐、讲故事、念儿歌、听歌、看图说话等能够促进婴幼儿语言能力的学习活动,可让婴幼儿在不知不觉中学习新的词汇,并能够在生活情景中学会运用。家长或照护者在与婴幼儿交流时要注意口语的规范,并且交流还应该是面对面的。如亲子阅读这种形式,不仅可以促进亲子之间的情感沟通,还能发展婴幼儿的语言表达能力。

(二)动作技能

动作发展是婴幼儿机体生长发育的重要标志,也是生存和发展不可缺少的基本能力,婴幼儿有强烈的运动欲望。

身体动作为主的活动能够带动肌肉活动,促进新陈代谢和各个器官的正常发育,神经系统也会传递各个感觉器官接收的信息,有利于增强婴幼儿体质。手眼协调的动作是0～3岁婴幼儿发现问题和解决问题的主要方式,也是智力发展、心理发展的有效手段。

以运动为主的游戏对婴幼儿的感觉运动能力、身体意识能力、身心发展都具有非常积极的作用。因此要根据婴幼儿的身心特点、健康水平、季节和设备条件、有针对性地科学安排活动的内容、强度和密度,特别要注意循序渐进、区别对待、动静结合,还要注意安全。

(三)认知能力

婴幼儿时期的认知能力是所有能力、情感、行为习惯发展的基础,是今后学习、求知的基础。从出生开始,婴幼儿就有探索周围世界的强烈欲望,并且有自身的发展规律。如在玩玩具的过程中,婴幼儿不仅要了解玩具本身的特征,还要获得操作玩具的经验。在发展婴幼儿认识能力的过程,要保护他们的好奇心,培养他们主动学习的兴趣和习惯,鼓励他们自己发现、自由探索、自行解决问题。

(四)艺术感受能力

婴幼儿的认识具有依靠直觉、具体形象等特点。情绪情感具有易感性、易转移的特点。艺术的存在非常符合婴幼儿的认识特点和情绪情感特点,如倾听优美的旋律,注视鲜艳的色彩和图像等。像唱歌、表演、绘画、泥塑、看图画书、看电影电视之类的活动就可以激发婴幼儿初始的想象力,使其获得自由表现的愉快体验。因此,成人要为婴幼儿创造一些富有艺术氛围的环境,培养婴幼儿对艺术的关注和兴趣,注重良好艺术氛围对婴幼儿的熏陶。

(五)人格发展

人格是指一个人在生活中,对待自己、对待事物包括对待整个环境所表现出来的独特个性。人格发展包括个人生活教育、团体生活教育、良好情绪培养和社会价值标准等方面内容。人格发展教育应成为现代教育不可缺少的重要内容。

0～3岁婴幼儿是人格发展的最佳时期,大脑的重量已经从出生时的350g发展为1000g左右;功能上已经具备了感觉、知觉和认知发展的基础。因此。应把培养婴幼儿的自主意识、爱心、信任感、乐观向上精神、学会尊重和宽容作为教育的重点。

(六)社会性行为与情感

社会性行为与情感的培养主要是引导婴幼儿如何在群体中与别人相处,给予婴幼儿丰富的情绪体验,帮助婴幼儿学会控制、表达自己的情感。社会性行为的培养主要是通过与同伴幼儿的交往互动来进行的。因此,成人除了要与幼儿建立亲密的亲子关系外,帮助幼儿与其他幼儿建立稳定的同伴关系,对幼儿社会性的发展也至关重要。情绪既包括积极的情绪,如高兴、兴奋,也包括消极的,如悲伤、难过等。婴幼儿遇到挫折时难免会产生消极情绪,如生气、难过等,幼儿常见的宣泄方法就是哭闹,以此来达到要求,满足自己的欲望。建议的做法是成人引导幼儿用语言表述出自己的不满,说出自己的要求,而不是通过哭闹来达到要求。这对幼儿情感的健康发展有较大的帮助作用。

3 岁之前是社会行为和个人情感培养的最佳时期,良好的教育能够帮助婴幼儿建立自我意识,获得各种生活的技巧,能够培养婴幼儿的社交能力,建立良好的人际关系;能够发展婴幼儿的健康情绪,鼓励婴幼儿主动探索精神,还能培养婴幼儿的道德情操和美感。

五、0～3 岁婴幼儿教育的原则

(一)尊重婴幼儿发展权利的原则

首先,婴幼儿是社会的基本成员。对婴幼儿的教育必须遵循《儿童权利公约》、《中华人民共和国未成年人保护法》、《教育法》等法律法规,切实尊重婴幼儿作为一个社会成员所应当享有的尊严和合法权利。

其次,要保证每一个婴幼儿都接受教育的机会。教育不是面对少数天才婴幼儿的“英才教育”或培养天才儿童的“超前教育”,而是面向每一个婴幼儿的全面教育,应当把有机会接受高质量的教育看作每一个婴幼儿应当拥有的权利。

再次,婴幼儿的早期教育应当是以提高综合能力为重点的素质教育,是为人的终身发展奠定良好基础的教育。尊重婴幼儿的兴趣和自主选择的权利,没有对婴幼儿的尊重就谈不上真正的教育。婴幼儿教育要尊重幼儿的发展规律,顺应儿童的天性。

(二)促进婴幼儿全面发展的原则

哈佛大学霍华德·德纳教授认为,人的智能应该包括音乐、智力、运动、数学逻辑、语言、人际关系、自我认识 7 个方面。每一种智能都以大脑的生理机制为依据,每个人身上表现出不同的智能组合,显示了人类能力的多样性,也是个体差异的依据之一。

科学的教育必须符合婴幼儿身心发展的规律和学习特点,在本质上应当是为人的终身发展奠定良好基础的素质教育,是促进婴幼儿体智德美各方面得到健康和谐发展的教育。高质量的教育要适合婴幼儿的年龄特征和发展差异,为婴幼儿的全面发展营造一个良好的教育环境。

（三）以情绪体验为主体的原则

婴幼儿的情绪就是生理需要的“显示器”。成人要密切关注情绪变化，使之处于最佳的生理状态。婴幼儿通过成人的感情声调、姿态和表情辨别是非对错，成人需要通过婴幼儿的各种反应去引导他们的情绪和行为，做到以情“治”情。

（四）保教并重的教育原则

保教并重的教养方式是婴幼儿教育的基本原则。两者互为前提，互为基础，是辩证统一的关系。教育要与生活相融合。婴儿从出生就有一种积极能动地从环境中学习各种事物的能力。婴幼儿的教育要蕴含在生活的过程之中，培养其良好的品格和生活习惯是早期教育的重要任务之一。如教婴幼儿保持个人卫生整洁；玩具、图书摆放要有次序；对新鲜事物产生兴趣；做事有条理，有责任心等。

（五）尊重婴幼儿个体差异的原则

婴幼儿教育应把个性发展放在第一位。个别教育是以关注婴幼儿的个体差异，促进婴幼儿个性化发展为前提的。切忌从预先设立的目标出发，进行“揠苗助长”式的教育。因为每个婴幼儿成长的时间、顺序等都有差异。教育的多样性就是指根据婴幼儿的发展来确定教育目标，根据每个人的兴趣来确定活动的内容。让婴幼儿置于多种活动之中，通过与周围环境中的人和物的交互作用，在接触事物和现象中来获得体验，观察、发现和思考问题，逐步积累知识和社会经验。

（朱晨晨）

第二部分

初级技能

第一章　生活照护

第一节　婴幼儿喂养

学习单元 1　母乳喂养指导

学习目标

◆ 掌握母乳喂养的体位。
◆ 掌握母乳喂养步骤、方法和注意事项。

知识要求

母乳是婴儿最理想的天然食物，世界卫生组织（WHO）建议在婴儿出生后 6 个月以内进行纯母乳喂养，并在添加辅食基础上，坚持哺乳 24 个月以上。

一、母乳喂养优点

（1）母乳容易消化、吸收。母乳的蛋白质、脂肪和碳水化合物的比例适当，钙磷比例适宜（2∶1），与婴儿消化吸收能力差的特点相适应。

（2）母乳能增强婴儿的抗病能力。产后 4 天内的初乳含有丰富的免疫球蛋白，能增强免疫力，千万别挤掉。母乳中还有溶菌酶和吞噬细胞，也具有抗感染作用。

（3）母乳喂养方便、卫生、经济。

（4）母乳喂养利于增加母子之间的感情，促进新生儿感觉的发展。拥抱、抚摸，嘴与奶头、皮肤与皮肤、眼对眼等各方面接触，可使母子之间的感情得到交流。

（5）有利于母亲健康。哺乳过程可使子宫早日进入盆腔恢复原位。同时，哺乳能刺激泌乳素分泌增多，起到避孕作用，也可降低母亲患乳腺癌、卵巢癌的风险。

二、促进母乳喂养成功的措施要求

(1)要尽早开奶。新生儿应在出生后断脐带后半小时立即喂奶。

(2)按需哺喂。当婴儿饿了哭闹要吃奶时,随时让他吃,不定时不定量。乳汁越吸才能越多。在新生儿期,每天哺乳次数可达8~10次,甚至更多。哺乳时间每次保持10~15分钟比较合适。当婴儿吸20分钟奶,仍不愿离奶头时,应考虑奶量不足。

(3)纯母乳喂养的婴儿4个月前一般无需额外喂水。当婴儿腹泻或炎热的夏天,可适量喂水,喂水时要用小匙,不要用奶瓶。

(4)妈妈要爱护乳房,保持心情舒畅,加强营养。

技能要求

母乳喂养指导

一、喂奶前准备

准备靠背椅、踏板或小凳、喂奶枕、清洁毛巾。先给新生儿换清洁尿布,妈妈洗手,用温热毛巾清洁乳房,乳房过胀可先挤掉少许乳汁。

二、喂奶体位的指导

1.摇篮式

母亲坐在靠背椅上,背部紧靠椅背,哺乳侧脚可踩在小凳上。怀抱婴儿的胳膊下垫一个专用喂奶枕。妈妈用前臂、手掌及手指托住婴儿,使婴儿头部与身体保持一直线,婴儿身体转向并贴近产妇,即胸贴胸、腹贴腹,鼻尖对准乳头。优点:简单易学,是最常用的经典抱法。

2.卧位式

在分娩后的头几天,特别是剖宫产的产妇,妈妈坐起来仍有困难,这时,以卧位式姿势喂哺宝宝最为适合。妈妈身体侧卧,让婴儿侧身与妈妈正面相对,腹部相贴,妈妈用一手臂支撑婴儿的背部,用枕头稍微垫高婴儿头部,另一手放在婴儿头上方的枕头旁,婴儿头部与身体保持一直线,脸贴近乳房,鼻尖对准乳头。优点:夜晚或需要休息时哺乳的最佳姿势,亦适合剖宫产、会阴侧切、痔疮疼痛等妈妈。

3.交叉式

妈妈坐位,背后靠一枕头,用乳房对侧的胳膊抱住婴儿,前臂托住婴儿的身体,手托住婴儿的头。妈妈用乳房同侧的手托起乳房,大拇指放在乳晕外上方,食指放在乳晕外下方,呈"八"字形,让婴儿小嘴与乳头乳晕衔接。

4.橄榄球式

妈妈坐位，把婴儿放在妈妈体侧的胳膊下方，使婴儿面朝妈妈，鼻子靠近乳房的高度，双腿伸在妈妈的背后。妈妈的一手臂放在大腿或身体一侧的枕头上，托着婴儿的肩背、颈、头部，另一手成“C”字形托起乳房，引导婴儿找到乳头。优点：适用于双胎，可同时哺乳，也适用于剖宫产妈妈或吃奶有困难的婴儿。

不管采用什么姿势哺乳，必须坚持把婴儿贴向乳房，而不是将乳房送向婴儿小嘴，许多哺乳问题就来自于此。妈妈应保持腰背部伸直，而将婴儿的头靠近乳房，婴儿的头、身体、臀部呈一直线。母婴紧密相贴。

三、婴儿含接乳头方法

指导妈妈一手成“C”字形托起乳房，用乳头刺激新生儿口唇，待新生儿张大嘴时迅速将全部乳头及大部分乳晕送进新生儿口中。

四、抽出乳头，结束哺乳

用一手按压新生儿下颌，退出乳头，再挤出一滴奶涂在乳头周围，并晾干。

技能要求

哺乳后拍嗝指导

婴儿的胃容量较小，呈横位，胃上口是较松弛的贲门括约肌，下口是发育较好的幽门括约肌，故6个月内的婴儿容易发生溢奶。因此，哺乳后应进行拍嗝。随着胃贲门部的肌肉发育完善，溢奶症状会逐渐减轻。

1.直立式

将婴儿竖直抱起，头靠在妈妈肩膀上，一手扶住婴儿，另一手在他的背部自下而上轻轻拍打，这是使用最多的方式(图2-1-1)。

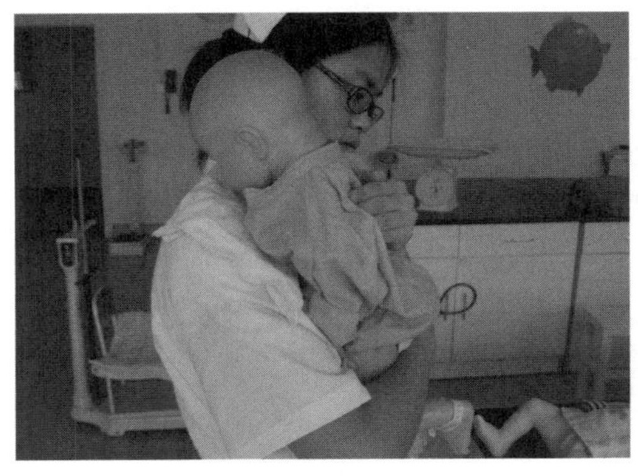

图2-1-1 喂乳后拍背

2. 端坐式

扶着婴儿坐在妈妈的膝盖上，一手撑住他的胸部和头部，另一只手轻拍他的背部。

3. 侧趴式

让婴儿趴在妈妈的腿上，头偏向一侧，头部略高于胸部，然后轻拍他的背。

4. 拍膈方法

母乳喂养指导

手呈空心状从腰部由下向上轻叩婴儿背部，使婴儿将喝奶时吞入胃内的气体排出，一般拍5～10分钟。若无气体排出，可换个姿势进行。动作要轻，继续拍5～10分钟。

5. 放置方法

喂完奶后婴儿取右侧卧位放置小床。

学习单元2　人工喂养指导

学习目标

- ◆ 掌握婴幼儿配方奶粉的冲调方法。
- ◆ 掌握人工喂养的方法。
- ◆ 掌握奶具的清洁与消毒方法。

知识要求

妈妈患有疾病或其他原因不能母乳喂养，可以选择人工喂养，首选婴儿配方奶粉。配方奶粉的选择原则是根据婴儿年龄段、体质的特点选择合适奶粉。如过敏性体质的婴儿就要选择特殊配方的奶粉。不含乳糖的婴儿配方奶粉适用于对乳糖无法耐受的婴儿；水解奶粉适用于腹泻或过敏的婴儿。如果是混合喂养，喂养因以母乳为先的原则，尽量采用小勺喂服，以免造成“奶头错觉”，影响母乳喂养。人工喂养婴儿需要在两餐内之间补充适量的温的白开水。

代乳品冲泡三要点：

(1)清洁：洗手，奶具充分清洁、消毒。

(2)正确：奶粉与水的冲调比例、奶量要正确。

(3)新鲜：每次冲奶后，余奶一定不要再喂给婴儿。

技能要求

冲调配方奶粉、奶瓶喂乳

一、操作前准备

奶粉、50～60℃温开水、消毒后奶瓶、奶嘴、小饭兜。

二、操作步骤

(1)取出已经消毒好的备用奶瓶。

(2)先加水。根据奶粉包装上的用量说明，将温水加入奶瓶中。

(3)加奶粉。用奶粉专用的计量勺取需要的奶粉，用刀刮平，不要压实勺内奶粉，加入奶瓶中，盖上盖子，轻轻左右摇匀。

(4)试奶温。将配好的奶滴儿滴到手腕内侧(见图 2-1-2)，感觉不烫或不太凉便可。奶嘴孔要大小合适、通畅，奶汁一滴一滴流出。

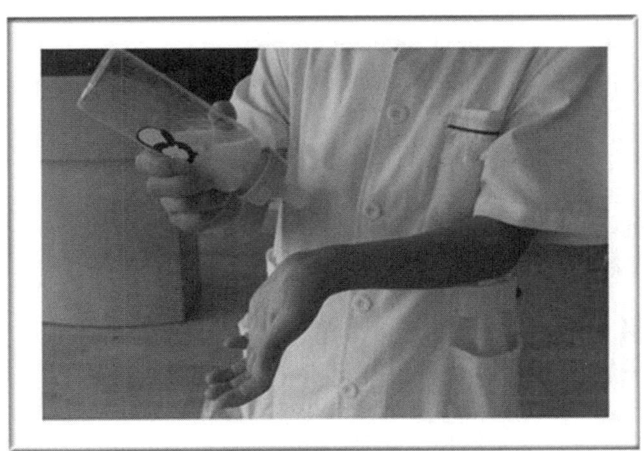

图 2-1-2　试奶温和观察奶滴速

(5)给婴儿围上小饭兜，让婴儿头部靠着妈妈的肘弯处，呈半坐姿态。

(6)先用奶嘴轻触婴儿嘴唇，他就会用嘴含住奶嘴，奶瓶保持一定倾斜度，奶瓶里的奶始终充满奶嘴，防止婴儿吸入空气(见图 2-1-3)。

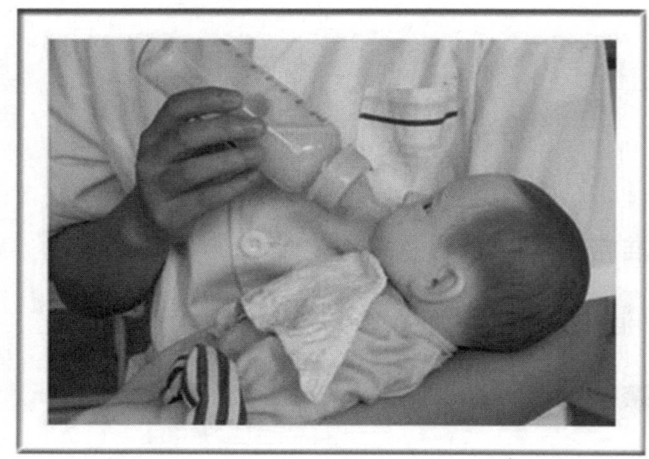

图 2-1-3 正确执奶瓶姿势

(7)中断喂奶时,应轻轻地将小指滑入婴儿嘴角或轻轻按压其下颌,即可拔出奶嘴。

(8)喂奶后及时拍嗝,具体可参阅“母乳喂养指导”。

技能要求

奶具的清洁与消毒

(一)操作前准备

(1)照护人员务必用流动水及肥皂洗净自己双手。

(2)消毒器具准备好。

(二)操作步骤

1.清洁

喂完奶后,把残余的奶液先倒掉。奶瓶、奶嘴进行拆分。用流动水冲洗奶瓶,用奶瓶刷把各个角落都清洗干净。清洗的顺序是:奶瓶内侧→奶瓶内口→奶瓶外口→奶瓶外侧→奶瓶底部。清洗时特别注意瓶颈和螺旋处。把奶嘴翻过来,用奶嘴刷仔细清洗。靠近奶嘴孔的地方比较薄,要小心不让其裂开。

2.消毒

(1)煮沸消毒法:准备一煮锅,装满冷水,水的深度要没过奶具。水开之后煮沸 10～15 分钟。奶嘴容易损坏,在停火前 5 分钟放入即可。硅胶的耐煮一些,橡皮的不耐煮。

(2)蒸汽式消毒:使用标准的蒸汽消毒锅,消毒时间为 10 分钟。

3.放置保存

用奶瓶夹取出消毒好的奶嘴、瓶盖等,放在干净的器皿上倒扣晾干,盖上纱布或盖子。

人工喂养指导

(三)注意事项

(1)注意奶瓶上的耐温标示，如果不耐高温的话，最好使用蒸汽锅来消毒。

(2)把好宝宝的“入口”安全，奶瓶每次用完都应该清洗，每天至少消毒一次。还要按照一定周期对蒸汽消毒锅进行清洗，

技能要求

溢奶、呛奶的处理

婴儿溢奶的情况很常见，主要是婴儿胃部贲门松弛、闭锁功能不全所致，拍嗝能有效地减少这种情况的发生。尽量避免婴儿过分饥饿时喂奶，或奶瓶喂奶奶嘴孔过大，以免引起呛奶。

一、操作步骤

1.溢奶时处理

主要是及时清理口腔及鼻腔中溢出的奶。

(1)婴儿仰睡发生溢奶时，迅速将其头偏向一侧或侧过身，轻拍背部，让奶液流出来，以免进入气管，引起呛奶。

(2)如婴儿嘴角或鼻腔有残留奶汁，应用干净的毛巾或棉签擦拭干净，再将儿轻轻竖抱，背部拍嗝。

(3)将擦拭过奶的毛巾及弄脏衣服、小被褥等及时清洗、晾干。

2.呛奶时处理

轻微呛奶婴儿会自己调整动作，不会吸入气管，只要密切观察婴儿的呼吸、肤色即可。严重呛奶发生窒息的风险，婴儿出现面色发绀、呼吸困难时，让其俯卧在抢救者腿上，头朝下，上身前倾45°～60°角。用力拍打其背部四五次，使呛入气管的奶汁咳出来。

二、注意事项

(1)每次喂完奶后均应拍嗝，时间长短因人而异。

(2)小儿每次吃完奶后应以右侧卧位为宜。

(3)溢奶后一定要及时清理干净口、鼻中溢出的奶，以防吸入气管。

(4)严重呛奶引发窒息时，一定要及时抢救，尽早送医。

(冯敏华　李　梅)

学习单元 3 辅食添加指导

学习目标

◆ 掌握婴儿辅食添加的顺序。

◆ 掌握婴幼儿常见辅食的制作方法。

知识要求

婴儿在出生 4～6 个月以后，母乳或婴儿配方奶粉所含的营养不能满足婴儿生长发育的需要，这时候就需要给婴儿添加乳制品外的其他食物。这些添加的食物称为辅食。

辅食添加的原则为从少到多，从稀到稠，从细到粗，从软到硬，从一种到多种，逐步适应婴儿消化、吞咽、咀嚼能力的发育。

常见的婴儿辅食有蛋黄、米粥、米粉、果泥、肉松、果汁、面条等。添加顺序大致如下：

4～6 个月：米汤、强化铁米粉、菜泥、果泥、蛋黄等。

7～9 个月：粥、烂面条、饼干、烤馒头片、鱼泥、蛋、肉末等。

10～12 个月：稠粥、软饭、面条、碎肉、碎菜、馄饨等。

技能要求

常见婴幼儿辅食制作

(1)米粉：1 匙米粉加入 3～4 匙温水，静置后，用筷子按照顺时针方向调成糊状。

(2)米汤：将锅内水烧开后，放入淘洗干净的 200g 大米，煮开后再用文火煮成烂粥，取上层米汤即可食用。

(3)蛋黄泥：将鸡蛋煮熟，取出适量蛋黄，用勺子碾成泥，加入适量开水或配方奶调匀即可。最初要从 1/8 个蛋黄开始，根据宝宝的接受程度逐步添加至 1/4、1/3。

(4)土豆泥：将一只土豆去皮并切成小块，蒸熟后用勺压烂成泥，加少量水调匀即可。

(5)青菜泥：将适量青菜叶洗净，加入沸水内煮 1～2 分钟后，取出菜叶用粉碎机粉碎，或在钢丝网上研磨，滤出菜泥。

(6)牛奶红薯泥：将红薯(马铃薯)洗净去皮蒸熟，用筛碗或勺子碾成泥。奶粉冲调好后倒入红薯(马铃薯)泥中，调匀即可。

(7)香蕉粥：将香蕉剁成泥放入锅中，加清水煮，边煮边搅拌，成为香蕉粥。奶粉冲调好，待香蕉粥微凉后倒入，搅拌匀。

(8)牛奶蛋黄米汤粥：在烧大米粥时，将上面的米汤盛出半碗；鸡蛋煮熟，取蛋黄 1/3 个研成粉。将奶粉冲调好，放入蛋黄、米汤，调匀即可。

(9)青菜汁：将一碗水在锅中煮开，洗净的完整的青菜叶先在水中浸泡20～30分钟后取出切碎约一碗，加入沸水中煮沸1～2分钟。将锅离火，用汤匙挤压菜叶，使菜汁流入水中，倒出上部清液即为菜汁。

(10)南瓜汁：南瓜去皮，切成小丁蒸熟，然后将蒸熟的南瓜用勺压烂成泥。在南瓜泥中加适量开水稀释调匀后，放在干净的细漏勺上过滤一下取汁食用。南瓜一定要蒸烂。也可加入米粉中喂宝宝。

注意事项：婴幼儿辅食要单独制作；不宜添加盐、味精及其他添加剂。注意用具消毒。

(刘志杏)

第二节 照料婴幼儿盥洗

学习单元1 婴幼儿的口腔护理

学习目标

- 掌握婴幼儿口腔的生理特点。
- 掌握正确的口腔护理方法。
- 能对口腔相关疾病进行针对性的护理。

知识要求

婴幼儿照护人员在清理婴幼儿口腔时必须首先掌握照护对象的口腔特点，不同年龄阶段的婴幼儿的生理特点不同，为更好地指导其刷牙，应首先了解婴幼儿的口腔特点。

1. 出牙时间

乳中切牙：6～8个月；乳侧切牙：8～10个月；第一乳磨牙：12～16个月；乳尖牙：16～20个月；第二乳磨牙：20～30个月。

2. 龋齿

龋病是细菌感染性疾病，主要致龋菌是变形链球菌群。致龋菌附着在牙面上，利用碳水化合物中的糖产酸，使牙齿脱矿导致龋坏。

3. 牙龈炎

婴幼儿也可患牙龈炎，牙龈炎也多是细菌感染所致，表现高烧，牙龈出血。如果满口牙龈都发炎了，婴幼儿刚刚萌出不久的乳牙，都有可能松动。

4. 手足口病

手足口病也能引起口腔病变，跟疱疹性咽峡炎症状有些相似，病程经过也差不多。不同之处是有的在手、足心长出水疱样丘疹，有的病患在臀部也会长出疱疹。

技能要求

口腔护理

1. 注意清洁

准备纱布若干，大小约 4cm×4cm，另外准备一杯温开水。照护员用左手抱住婴幼儿，右手准备给婴幼儿清洁牙齿和口腔。食指裹上纱布，将裹在食指上的纱布用温开水沾湿。然后将裹着纱布的食指伸入婴幼儿口腔内，轻轻擦拭婴幼儿的舌头、口腔黏膜和牙龈。对于处于出牙期的婴幼儿，用食指裹住湿纱布，水平横向清洁擦拭乳牙。

2. 勤喂温开水

对于还在吃奶的孩子，应该在喂奶间隙，喂奶后给宝宝喂温开水，这样可以冲洗掉宝宝嘴巴里残留的奶渍。对于发烧感冒的宝宝，就更应该勤喂温开水。

3. 严格保持奶头、奶具的卫生

如果婴幼儿还处在母乳喂养阶段，那么照护员一定要提醒宝宝妈妈在喂养前清洁乳头。另外，擦拭乳头的毛巾一定要经过消毒才能用。如果是人工喂养，那么在喂养前一定要先清洁奶瓶、奶头、滴管等相关用具。

4. 不要挑“马牙”

长在新生儿齿龈边缘上的米粒样的黄白色凸起俗称“马牙”，不要轻易挑破，一般情况下这种症状会自动消失。

学习单元 2　为婴幼儿剪指(趾)甲

学习目标

- 掌握给孩子剪指(趾)甲的方法。
- 在剪指(趾)甲的过程中学会安抚孩子的情绪。

知识要求

1. 防止病从口入

定期为宝宝剪指甲，这是保持皮肤清洁的方法之一，也有助于防止“病从口入”。

2. 婴儿指甲要求

婴幼儿的指甲不宜过长，以免挠伤自己，且容易滋生细菌；不宜过短，因为孩子会感到疼痛，或活动时磨损指部皮肤。

3. 指甲钳

对于新手照护员来说，婴儿指甲钳是个不错的选择。这种指甲钳专门针对婴儿的小指甲而设计，安全实用，而且修剪后有自然弧度。尤其适合 3 个月以内的宝宝。

4. 指甲剪

对已经能灵活使用指甲钳的资深照护员，我们建议选用专用婴儿指甲剪。这些指甲剪灵活度高、刀面锋利，可一次顺利修剪成型。顶部是钝头设计，即使宝宝突然动作，也不用担心会被戳伤。

5. 肉刺处理

及时发现并处理宝宝指甲边出现的肉刺。千万不能直接用手拔除，以免拉扯过多，伤及周围皮肤组织。请仔细用剪刀将肉刺齐根剪断。

6. 避免“嵌甲”

指甲两侧的角不能剪得太深，否则长出来的指甲容易嵌入软组织内，成为“嵌甲”。“嵌甲”会损伤指甲周围的皮肤，造成皮下组织的化脓性感染，引发甲沟炎或其他炎症。

技能要求

给宝宝剪指甲

1. 选用合适的指甲剪

给宝宝剪指甲的指甲剪应是钝头的、前部呈弧形的指甲刀。可以在母婴用品专卖店里买到适合婴儿用的指甲剪。

2. 修剪姿势

宝宝躺卧床上，照护员跪坐在宝宝一旁，将胳膊支撑在大腿上，从而达到手部动作稳固。

3. 握手的方式

分开宝宝的五指，最好是捏住其中一个指头剪。剪好一个换一个。最好不要同时抓住一排指甲剪，以免宝宝突然一排手指一起动起来，不容易控制剪刀，以免误伤。

4. 修剪的顺序

先剪中间再修两头。这样会比较容易掌握修剪的长度，避免把边角剪得过深。

5. 修圆的工作

剪完指甲后，照护员一定要用指腹轻轻摸幼儿指甲是否有尖角，一定要保证宝宝的指甲修圆，否则可能会成为伤害宝宝的“凶器”。

6. 给宝宝剪指甲的时间

应该选在喂奶过程中或宝宝深睡时剪。

7. 误伤后处理

如果不慎误伤到宝宝手指，尽快用消毒纱布或棉球压迫伤口直到停止流血，再贴上创可贴，或涂一些抗生素软膏。

学习单元3　为婴幼儿洗手、洗脸

学习目标

- ◆ 能按正确的顺序为婴幼儿洗手、洗脸。
- ◆ 了解勤洗手对健康的好处。

知识要求

1. 给宝宝洗脸、洗手时动作要轻柔

因为低月龄的宝宝皮下血管丰富，再加上皮肤细嫩，所以在给宝宝洗脸、洗手时，照护员动作一定要轻柔，否则容易使宝宝的皮肤受到损伤甚至发炎。

2. 要准备专用洁具

一定要为宝宝准备专用的洗脸、洗手小毛巾，宝宝专用的洗脸盆一定要用开水烫过。洗脸、洗手的水温要适宜，只要和宝宝的体温相近就可以了。

3. 清洗的顺序

洗脸时，照护员可用一只手将宝宝抱在怀里，或直接让宝宝平卧在床上，另一只手用洗脸毛巾蘸水轻轻擦洗。也可两人协助，一个人抱住宝宝，另一个人给宝宝洗。洗脸时注意保护宝宝的耳朵，清洗结束后要用洗脸毛巾轻轻蘸去宝宝脸上的水，切忌用力擦。低月龄的宝宝喜欢握紧拳头，因此洗手时照护员要轻轻拨开宝宝的手，洗干净手心手背后再用毛巾擦干。一般情况下，婴幼儿洗脸不需要用肥皂，洗手时可以适当用一些婴儿香皂。洗脸毛巾最好放到太阳下晒干消毒。

技能要求

协助幼儿洗手、洗脸

随着年龄的增大，宝宝的手更喜欢动。另外，宝宝的新陈代谢也开始旺盛，经常会把手放在嘴巴里。因此，勤洗手、勤洗脸对宝宝来说就显得格外重要。

1. 操作步骤

(1)将幼儿衣袖卷起来,以免弄湿。打开水龙头,将幼儿的手弄湿,手心相对,搓上肥皂,接着搓手背,肥皂起泡后,用自来水冲洗干净,最后用干净清洁的毛巾擦干。在这个洗手的过程中,可以引导婴幼儿自己手心相对去搓肥皂,当出现泡沫后,幼儿会充满浓厚的兴趣,洗手的积极性也逐渐提高,逐步养成自己洗手的习惯。

(2)给幼儿洗脸的水温要适宜,擦拭的毛巾要选择质地软和的毛巾,轻轻地给幼儿擦拭。先让宝宝闭上眼睛,用湿毛巾从内眼角向外眼角擦拭,更换毛巾部位,同法擦拭另一眼睛。再擦洗耳朵、脸,洗脸的顺序可如下:额部→鼻翼→嘴巴→面部→下颌,最后清洁毛巾并拧干。

2. 注意事项

(1)根据季节选择使用流动水。

(2)照护人员首先要洗净自己的双手。

(3)协助幼儿洗手:将手腕、手掌、手背用水浸湿。

(4)均匀涂抹婴幼儿洗手液(香皂),并充分揉搓,使泡沫丰富。

(5)指尖向下,用清水将泡沫自上而下冲洗干净。

(6)用清洁的毛巾将手擦干。

学习单元 4　婴儿洗澡

学习目标

◆ 掌握婴儿洗澡前的准备工作。

◆ 掌握婴儿洗澡的步骤、注意事项。

知识要求

1. 洗澡时间

婴幼儿洗澡的时间依据季节变化,冬天一般选在正午至 14:00 之间,夏季可适当提早。喂奶后不要马上洗澡,以防呕吐,可选择喂奶前或喂奶后 1 小时。

2. 洗澡温度

在洗澡前关闭一些通风口,使室温在 24～28℃。如有需要,冬天要借助空调等设备调节温度。洗澡的水温要适宜,大概保持在 38～40℃。在没有温度计的情况下成人可以用前臂试水温,见图 2-1-4。

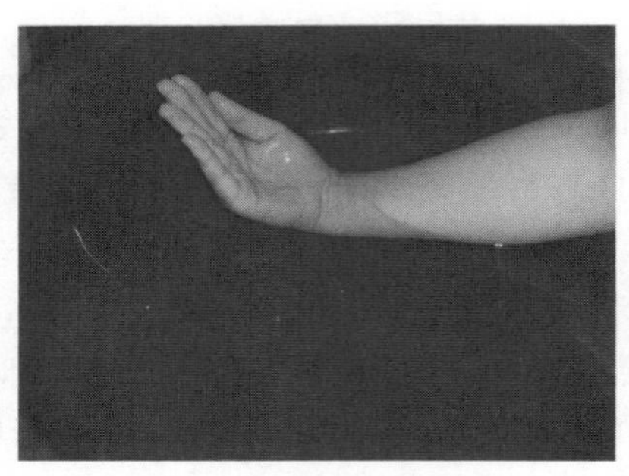

图 2-1-4　前臂试水温

3.洗澡准备

婴幼儿洗澡用的小毛巾、大浴巾、棉花棒、婴儿润肤油、尿布和内衣以及75%的酒精等都要准备好,放在旁边以便取放。

(1)除去婴儿衣服,安抚婴幼儿情绪;

(2)给婴儿洗头,用大拇指堵住耳朵,防止耳朵进水,见图 2-1-5;

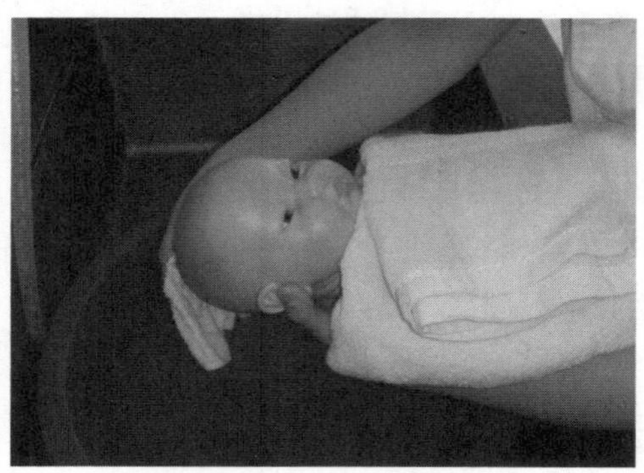

图 2-1-5　给婴儿洗头

(3)给婴儿洗脸,具体见学习单元 3;

(4)左手从幼儿后背拖住他的头和肩,右手拖住幼儿身体和臀部,将幼儿缓缓放入水中,见图 2-1-6。

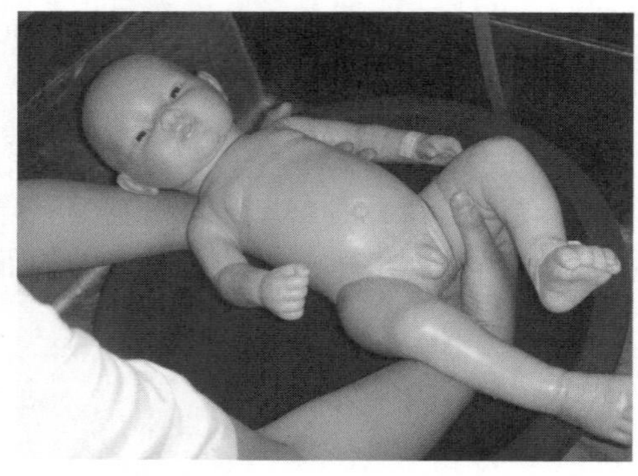

图 2-1-6　入盆动作

(5)给宝宝洗澡的顺序可遵循：颈部、腋窝、上肢、前胸、腹部，再洗后背、下肢、会阴(女婴)、臀部，见图 2-1-7；

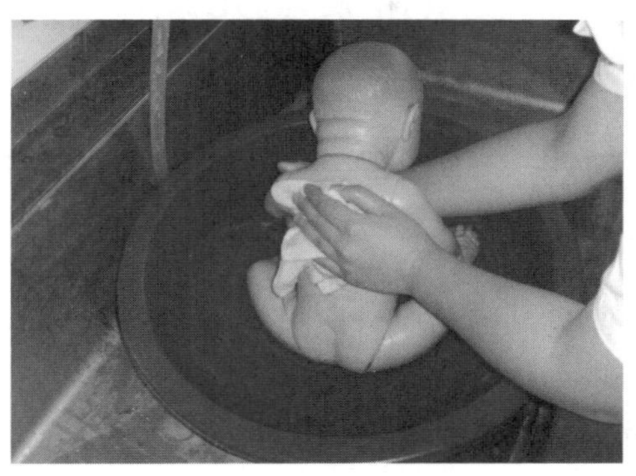

图 2-1-7　洗后背

(6)将婴幼儿抱出浴盆，裹上干净的浴巾，迅速擦干水，注意婴幼儿外耳道残余水滴可用干燥棉签擦拭；

(7)必要时扑婴儿爽身粉，扑粉时，用手遮掩婴儿的口、鼻、会阴部位，见图 2-1-8；

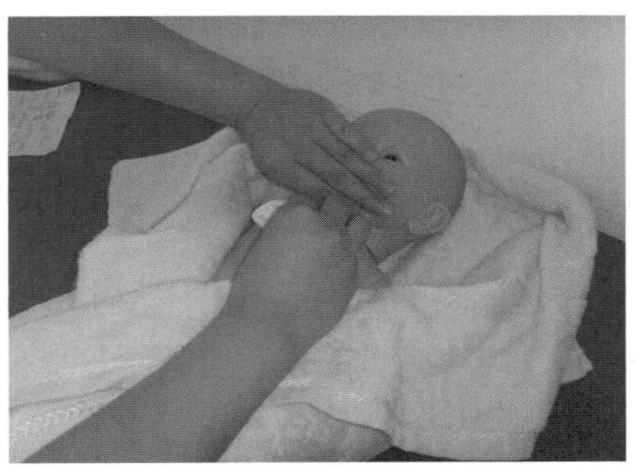

图 2-1-8　婴儿颈部扑粉手势

(8)穿好干净的衣服。

新生儿盆浴

小贴士：洗澡注意事项

(1)勤洗澡对幼儿好处多多。因此天气热，幼儿汗比较多的时候可以选择一天洗两次，天气冷的话，可以调节室内温度达到适合程度，做到每天洗澡。

(2)新生儿的洗澡宜在 5 分钟左右，再大点的幼儿洗澡时间也不要超过 10～15 分钟。

(3)疫苗期间的宝宝不要洗澡。

(4)如果婴幼儿脐带未脱落，请不要用水沾湿幼儿脐带。

(5)要选择 pH 中性的专用婴儿沐浴露。

(黎秀云　冯敏华)

第三节　照料婴幼儿睡眠与便秘

学习单元1　婴幼儿睡眠环境布置

学习目标

◆ 掌握婴幼儿睡眠环境的布置要求。

知识要求

(一)适宜的睡眠环境

婴幼儿卧室应选择清洁、向阳、通风、安静的房间，以室温在18～22℃，相对湿度在50%～60%为宜。

(二)婴幼儿床的要求

1. 婴儿床的要求

表面光滑，软硬适度，保证婴儿的脊柱正常发育。床栏杆之间的间距适当，婴儿的脚不会卡进去，床栏最好高于60cm，四角要比较光滑。

2. 1岁后幼儿的小床要求

(1)要降低床铺的高度。

(2)提高围栏的高度。

(3)孩子应睡设有围栏的单人床。

(三)床上用品要求

被盖柔软温暖，枕头的高度以3～4cm为宜，长度应与婴儿肩同宽，枕头不宜过硬。

学习单元2　训练婴幼儿按时入睡

学习目标

◆ 掌握婴幼儿睡眠相关知识。

◆ 掌握婴幼儿按时入睡的培养方法、注意事项。

知识要求

（一）婴幼儿睡眠的特点

睡眠是一种生理行为过程，对保障婴幼儿良好发育具有极其重要的意义。睡眠分为无快速眼球运动期和快速眼球运动期两个阶段，两者交替出现。

在无快速眼球运动睡眠期，副交感神经兴奋，呼吸、脉搏、血压下降，体温降低。睡眠的深度由浅睡眠逐渐加深，进入深睡眠，入睡后1～1.5小时有一短暂的觉醒，然后进入活动睡眠期。此期交感神经兴奋，呼吸、脉搏频率增快，血压上升，身体活动增多，可做梦。此期持续数分钟后，又转入快速眼球运动睡眠期，如此两者交替出现，直至自然醒觉。

（二）婴幼儿睡眠的功能

睡眠与大脑各部位的成熟密切相关。在睡眠时各器官组织减少代谢活动，重新储存能量和物质。睡醒后机体精力和体力都得以恢复。睡眠时生长激素达到分泌高峰，对婴幼儿生长发育十分重要。

（三）影响婴幼儿睡眠的因素

1.睡前精神过度兴奋

如婴幼儿玩耍时间过长或曾受惊吓，有焦虑、恐惧等情绪，导致大脑皮层过度兴奋，不易入睡，多哭吵甚至做噩梦。

2.身体不适

穿过厚、过紧的衣服；室内温度过热或过冷，使婴幼儿感到身体不适。

3.睡前进食

进食过多、腹胀等会刺激大脑，出现睡眠不安。但晚饭吃得太少，饥饿感也会影响其睡眠。

4.睡前进水过多

睡前进水过多会影响婴幼儿的睡眠。

5.睡眠环境改变，生活规律破坏

如搬家、卧室改动、抚育人变换或外出等，婴幼儿生活规律发生变动，均可使睡眠发生障碍。

6.疾病影响

婴幼儿发热、鼻塞、呼吸不畅、腹泻、患蛲虫病、蛔虫病等，都可引起婴幼儿睡眠。

（四）婴幼儿按时入睡的培养方法、注意事项

（1）睡前给婴儿喂饱奶，洗澡，换好睡衣。

（2）把婴幼儿放入婴儿床，可放一两件婴儿喜爱的玩具或放一些轻柔舒缓的音乐，让婴

儿放松。

(3)把灯光关暗，或开地灯，让婴儿保持安静，过一会儿他(她)就会慢慢睡着。

(4)如果婴儿暂时没有睡着，让他(她)睁着眼睛躺在床上，保持室内安静，让婴儿有安全感，过一段时间，他(她)会自然入睡。

注意：不要抱着婴儿睡觉，不要拍着婴儿、嘴里哼着儿歌、来回走动，不要给婴儿吸空奶嘴。这些坏毛病会导致婴儿依赖性强，不利于养成独自入睡的良好习惯。

(五)睡眠充足的判断标准

(1)自动醒来，精神状态良好，愿意与成人沟通。

(2)精力充沛，活泼，能与成人互动，食欲正常。

(3)体重、身高按正常的生长速率增长。

(六)婴幼儿的不良睡姿及纠正方法

婴幼儿睡觉姿势不正确，手、脚受压时间过长或胸部受压，可使婴幼儿醒来哭吵。应养成良好的睡姿，以右侧卧位为宜，可减少对心脏的压迫，避免呛奶。不用被子蒙头睡，不咬手指和被角，不抱玩具，也不需拍、摇、抱入睡。

学习单元3　帮助、指导婴幼儿大小便

学习目标

◆ 掌握婴幼儿便秘的生理特点。

◆ 能帮助、指导婴幼儿大小便。

知识要求

(一)婴幼儿大便

婴幼儿粪便的次数和性质可间接反映其胃肠道状态，应仔细观察粪便。正常大便含水80%，其余为黏液和食物残渣。

1.胎便

新生儿多数在出生24小时内排胎便。胎便呈墨绿色，略带黏液。由脱落的上皮细胞、浓缩的消化液及胎儿时期吞入的羊水组成，一般2～3日可排尽。

2.母乳喂养婴幼儿的粪便

母乳喂养儿的大便呈黄色或金黄色，半糊状，没有臭味，有时会出现稀薄，微带绿色，每天排便2～4次。加辅食后大便次数可减少。

3.人工喂养婴幼儿的粪便

大便颜色淡黄，略干燥，质较硬，有臭气味，有时便内易见酪蛋白凝块，每天大便一般1～2次。

(二)婴幼儿小便

婴幼儿新陈代谢特别旺盛，年龄越小，热能和水代谢越活跃，而其膀胱小，故排尿次数较多。

1.正常尿量

新生儿大多数出生后24小时内排尿。出生后头几天因摄入少，每天排尿4～5次，随着哺乳摄入量的增多，尿量增多。

2.排尿次数

一般是喂乳次数的3倍左右，随着月龄的增加逐步减少：大致出生1个月后1天约14次，3～6个月时约20次，6～12个月时15～16次，1～2岁时约12次。

3.排尿颜色与气味

出生后几天内，新生儿的尿量少，呈浓黄色，浑浊。1个月后，尿液为淡黄色，无味。如果婴幼儿水分摄取得少或天热流汗多，尿色会发黄。

技能要求

能把婴儿大小便

帮助婴儿学会控制大小便，为培养健康的行为和生活方式打下基础。

1.操作步骤

(1)观察婴儿的生活规律，睡醒及吃奶后及时把便。

(2)把便姿势正确，让婴儿的头靠在大人身上，大人的身体要略微前倾。

(3)用“嘘嘘”声诱导婴儿解尿，“嗯嗯”声促使其解大便。

2.注意事项

在给婴儿把便时，应仔细观察和判断婴儿大小便是否正常，有无水样便、蛋花样便、脓血便、柏油便等异常情况，以便及时就医。

学习单元4 给婴儿换纸尿裤、尿布

学习目标

◆ 掌握更换纸尿裤和尿布的方法和注意事项。

◆ 能给婴儿换纸尿裤和尿布。

知识要求

(一)尿布的使用

1岁以内的婴幼儿不能有效地控制大小便,3岁左右的婴幼儿能有意识地控制肠道和膀胱肌肉,排泄大便和小便的控制能力逐步增强,这是婴幼儿生理成熟的标志之一。

(二)合理使用一次性纸尿裤和尿布

1. 一次性纸尿裤

纸尿裤具有大小便不渗漏、吸水性能强等优点,使用起来比较方便。但是,如果替换不及时,臀部皮肤会出现红肿、炎症、斑疹等,发生尿布疹。

一次性纸尿裤的裤裆比较宽厚,会使婴幼儿的髋关节活动受到限制,影响翻身动作等。因此,最好白天使用一般尿布,晚上使用一次性纸尿裤。

2. 尿布

尿布应选择柔软、透气性能好、浅颜色的纯棉布类,撕成75cm左右,煮沸10分钟晒干后再用。使用时叠成三角形或长方形。使用过的尿布,清洗干净并定期煮沸消毒。

3. 更换尿裤和尿布的方法

婴幼儿喂奶后容易发生粪便排泄,要及时换尿布。换尿布和纸尿裤时要注意舒适、安全。防止婴幼儿翻滚和扭动。要养成良好的卫生习惯,每次给婴幼儿换尿布时,要用清水和肥皂洗手。注意室内温度.过冷则婴幼儿易感冒,过热则要避免伤及婴幼儿皮肤。

技能要求

能换纸尿裤、尿布

1. 更换尿裤(尿布)

(1)用清水和肥皂清洗双手。

(2)将婴儿放在床上。打开纸尿裤(尿布),轻轻用尿布的边缘擦掉大部分粪便,用卫生纸把屁股擦净,再温水清洗婴儿的臀部,擦洗的顺序均为由前至后。

(3)穿好尿裤,前片不能高于婴儿的肚脐。

(4)用纸尿裤时,应把婴儿大腿两边的防漏边条拉好,锁住尿液,防止渗漏。

2. 注意事项

(1)婴幼儿最初的几个月,因为膀胱容量小,会经常尿湿尿布。应该给婴幼儿准备30～40块尿布。

(2)一般在喂奶前、婴幼儿醒来时及睡前检查尿裤(尿布),应及时更换。

(3)换尿布时要注意室内温度,动作迅速、熟练,以免婴幼儿感冒。

(4)婴儿不能24小时穿纸尿裤。

学习单元5　训练幼儿主动使用坐便器

学习目标

◆ 能正确训练幼儿独立解便,主动坐盆。

技能目标

正确训练幼儿独立解便,主动坐盆

幼儿在1岁半到2岁之间,其膀胱和肛门括约肌有控制能力,能听懂和配合成人的抱姿与口语提示。根据幼儿排便的间隔时间,提前几分钟进行提醒,在固定时间提醒幼儿坐便盆。

(1)便盆要放在固定的地方,让幼儿知道便盆的位置并随时可以使用。

(2)便盆要干净,大小合适,不要让幼儿坐盆产生不适感。

(3)每次坐盆时间不要太长,一般5～6分钟。

(4)坐盆时不要让幼儿玩玩具和吃东西。

(5)排便后,大人帮助把小屁股擦干净,让幼儿将手洗干净,养成良好的卫生习惯。

学习单元6　训练幼儿穿合裆裤

学习目标

◆ 能正确训练幼儿穿合裆裤。

技能目标

能正确训练幼儿穿合裆裤

幼儿会爬、会走后,穿开裆裤坐在地上,容易使露在外面的生殖器和臀部受到污染。女孩的尿道短,当尿道口受到污染时更容易发生尿路感染,应穿合裆裤。

(1)幼儿1岁半左右能自己坐盆排便,有了一定生活自理能力,就可以开始训练。

(2)穿合裆短裤最好从夏季开始,先逐渐适应在大小便时脱裤,以后再慢慢穿长裤。

(3)到冬季时,可以在里面穿开裆棉裤、毛裤,外面套上合裆裤。

学习单元 7 能正确地抱婴儿

学习目标

◆ 能正确地抱婴儿。

技能目标

正确地抱婴儿

1. 横抱姿势

将婴儿的头靠在成人的左肘弯处，手臂支撑婴儿的肩、背，用手腕和手抱住婴儿。成人的右手支撑婴儿的臀部及背部。

2. 竖抱姿势

将婴儿的头靠在成人的肩膀上、身体贴在成人的胸部，婴儿的脸与成人的脸相距约 20cm。

3. 放下姿势

成人支撑住婴儿的头部，托住婴儿的颈和背，将婴儿轻轻放下。

学习单元 8 训练幼儿穿脱衣裤鞋袜

学习目标

◆ 掌握幼儿穿脱衣裤鞋袜的原则。
◆ 能正确训练幼儿穿脱衣裤。

知识要求

训练幼儿穿脱衣服的原则：

(1)根据不同年龄的特点进行训练。

(2)穿衣按照从上到下、从里到外的顺序进行。

(3)训练幼儿配合穿衣，从简单到复杂，逐步掌握穿、脱衣服的技巧。

(4)穿衣训练，最好从夏天开始，先学会穿背心、短裤，随着天气的变化，再逐渐增加穿衣服难度。

(5)应遵循循序渐进的原则。1 岁以后的幼儿，可以训练让他(她)自己脱袜子、脱鞋、戴帽子;1 岁半以后可以训练让他(她)自己脱上衣、脱裤子;2 岁以后逐渐学会穿、脱鞋袜,在成人的帮助下完成穿衣;2 岁半以后可以训练让他(她)自己穿衣服、系扣子等。

技能要求

指导幼儿穿脱衣裤

(一)操作前准备

(1)准备好要穿的衣裤。

(2)教孩子认识衣服的前后和里外。

(二)操作步骤

1.穿开襟衣服

步骤 1:双手抓住衣领向后甩,将衣服披在幼儿肩头。

步骤 2:用手拽住内衣袖子,握成拳头状,穿外衣袖子。

步骤 3:翻好衣领,将衣服的前襟对齐,自上而下系扣子。

2.穿套头衣服

步骤 1:将衣服正面转到胸前。

步骤 2:将头钻入领口。

步骤 3:找到两只袖子并一一穿上。

3.穿裤子

步骤 1:先辨别前后,双手提好裤腰。

步骤 2:先伸一条腿,再进另一条腿。

步骤 3:提裤子到腰上,将内衣塞进裤子里。

注意:冬季应检查幼儿穿裤子的情况,防止幼儿将腿伸进外裤和毛裤之间。同时还应注意检查男幼儿有无将裤子穿颠倒。

4.穿袜子

步骤 1:分辨袜子的不同部位,如袜尖、袜底、袜跟、袜筒。

步骤 2:手持袜筒,袜底放在下面,袜尖朝前。

步骤 3:两手将袜筒推叠到袜后跟,再往脚上穿,先穿脚尖,再穿脚跟,最后提袜筒。

注意:幼儿常会将袜跟穿到脚面上,应及时指导和纠正。

5.穿鞋

步骤 1:分辨左、右鞋,并将左鞋和右鞋放正。

步骤 2:两脚分别穿上鞋,用手提后跟。

步骤 3:系鞋扣或鞋带。

注意:观察幼儿的鞋带和鞋扣,及时帮助或提醒幼儿系好。

6.脱衣服

(1)脱开襟上衣

步骤1:先将扣子解开。

步骤2:从背后逐一拉掉两只袖子。

(2)脱套头上衣

步骤1:先将两只袖子脱掉。

步骤2:再脱去领口。

(冯敏华　骆海燕)

第四节　环境及物品清洁

学习单元1　保持室内空气清洁

学习目标

◆ 了解保持室内空气清新的相关知识。

◆ 掌握保持室内空气清新的方法。

知识要求

(一)保持室内空气清新的相关知识

科学测试结果证实,无论是室内还是室外,只有当空气相对湿度在45%～65%情况下,人们才会感到最舒适。室内相对湿度过高,人会感到闷热、不舒服;而空气相对湿度过低,人就会感到干燥,呼吸系统的抵抗力就会降低,容易得呼吸道疾病。

婴幼儿呼吸系统的发育尚未完善,呼吸系统的自我保护能力以及免疫能力都有待发展,对外界环境的适应性比较差,加之婴幼儿的活动范围多在室内,因此,室内空气清新对婴幼儿的健康发展就显得非常重要。

(二)保持室内空气清新的方法

在日常生活中,人们保持室内空气清新的方法有很多,在本书中列举以下几点,供大家参考。

(1)坚持每天开窗通风,保持室内空气清新。

养成开窗通风的习惯,每天开窗通风15～30分钟,保持室内空气流通。在冬天的时候,很多人觉得开窗通风太冷,一般都是紧闭窗户。但为了保持室内空气清新,就必须要开窗通风。且冬天外界温度越低，空气流通的效果也好。

(2)在室内种植植物，净化空气。

除了开窗通风外，在室内栽种一些绿色植物，也可以起到清新空气的作用。此外，绿色植物还可以调节空气温湿度、灭毒杀菌，植物叶面上有成千上万的纤毛，能够截留对人体有害的飘尘和细菌等颗粒物，起到空气净化器的作用。

(3)保持室内清洁。

尘土是病菌落脚的地点，是病菌的载体，室内空气的清洁度与尘土的多少有密切关系。因此，要定期打扫卫生，但要避免尘土飞扬。

(4)注意室内湿度、温度的调节。

居室的温度、湿度过高或过低都会对婴幼儿健康产生不良影响。冬季居室的温度以18～21℃为适宜，夏季以25～26℃为宜，相对湿度不高于70%。夏天，开空调的室内空气一般都比较干燥，可以在室内放置一盆清水，起到加湿的作用。

(5)新居不宜立即居住。

装修后的新居，要充分通风彻底干燥后再让婴幼儿入住(一般要3个月左右)。居住后也要注意通风、室内绿化等，使污染降至最低。

(三)注意事项

坚持每天开窗通风是保持室内空气清新非常有效的办法之一，但时机的选择非常重要，一般建议是9:00～11:00，14:00～16:00，开窗通风的时间一般以15～30分钟为宜。但也不是一概而论，需就具体情况做出调整，如室外空气质量较差的时候，像北方的雾霾天气就不宜开窗通风；在冬季气温非常低的时候，由于室内外空气温度的不同，空气流通速度非常快，开窗透气的时间就不宜过长。

学习单元2　“四具”消毒

学习目标

◆ 了解“四具”的内容与相关知识。

◆ 掌握婴幼儿“四具”消毒方法。

知识要求

一、相关知识

(1)“四具”是婴幼儿日常用具的简称，指的是婴幼儿使用的卧具、餐具、玩具和家具。

(2)婴幼儿由于活动能力的限制，其认识感知世界的主要途径是通过手和口，所以我们会见到婴幼儿喜欢将任何拿到的东西放到嘴里。我们要做的不是阻止婴幼儿这么做，而是将婴幼儿能拿到的东西进行消毒，在保证卫生的前提下让婴幼儿自由地去探索世界。但由于婴幼儿自身的免疫力比较差，抵抗能力弱，适应外界环境能力较差，照护人员要对婴幼儿的生活环境中的物品进行消毒，保证“四具”的清洁卫生。

二、“四具”的消毒

(一)卧具的清洁和消毒

婴幼儿的卧具主要是婴幼儿的被褥与床，一般建议每周清洗一次，并在阳光下晾晒，起到杀菌的作用。清洗时使用经过国家有关部门检验合格的中性无磷的洗衣液(最好是婴儿专用)。被大小便污染过的被褥，则应当先清除污物后再进行清洗。婴儿床的清洁主要对婴儿床的扶手进行清洁消毒，一般建议每天用清洁的湿布擦，每周用沾有少量消毒液的湿布进行清洗一次。

(二)餐具清洁和消毒

(1)对奶瓶和奶嘴进行消毒的方法：先用刷子清除残留奶液，用流动的自来水冲洗；再进行高温消毒，可以用水煮沸(水面没过奶瓶)，奶嘴在水沸腾 3 分钟时取出，奶瓶在 10 分钟后取出，也可以放在微波炉中消毒，奶瓶与奶嘴分开放置，用高温加热 2 分钟。取出后放置在消毒的碗柜中，盖上干净纱布备用。

(2)消毒碗筷的方法：一般用流动自来水洗净。伤寒或细菌性痢疾患者的碗筷，应煮沸 10～15 分钟，用清水洗净后再煮 5 分钟。病毒性肝炎患者的碗筷，则应煮沸 20～30 分钟，洗净后再煮沸 5 分钟。家中如有病患，建议婴幼儿的碗筷单独清洗消毒。

(三)玩具清洁和消毒

(1)婴幼儿玩具必须是经国家有关部门检验合格的玩具，不仅其安全性达标，而且要符合卫生标准，不宜携带细菌、病毒，易于清洗。

(2)要经常定时对婴儿的玩具进行清洗和晾晒。

(四) 家具清洁和消毒

(1)婴幼儿的手、口的动作比较多，自我控制能力较差，所以在婴幼儿活动范围内的家具要每天进行清洁和消毒。

(2)可以用干净的湿布擦拭灰尘，使用经过国家有关机构检验合格的家具消毒剂进行消毒。

三、注意事项

在日常就餐时，我们经常会用开水烫碗筷，认为这样会起到杀菌消毒的效果。婴幼儿的“四具”用开水烫能不能起到杀菌消毒的作用呢？有关专家认为，用开水烫碗，达不到杀菌的效果，只能将餐具上的灰尘除掉。高温消毒要真正达到效果必须具备两个条件：一个是作用的温度，另一个是作用的时间。一般来说，致病性大肠杆菌、沙门氏菌、霍乱弧菌等，多数要经 100℃高温作用 1～3 分钟或 80℃加热 10 分钟后才能死亡。所以，吃饭前用开水烫碗，只能杀死极少数的微生物，煮沸、流通蒸汽或使用红外线消毒碗柜等才是有效的方法。

另外，用餐巾纸擦拭，起不到消毒的作用。还有不少人觉得湿纸巾有消毒成分，用它来擦碗，这其实是不对的。因为湿纸巾中含有润肤剂等多种化学成分，不一定都能入口，用其擦碗反倒增加了安全隐患。因此，在对婴幼儿的“四具”进行消毒时应使用科学的方法。

（朱晨晨）

第二章　健康促进与照护

第一节　健康促进

学习单元1　出牙期照护

学习目标

- 了解乳牙萌出时间、顺序。
- 熟悉出牙期常见不适。
- 掌握出牙日常护理。

知识要求

人的一生有两副牙，一副乳牙，一副恒牙。小儿的乳牙约在出生后4～10个月开始萌出。一般来说，6个月左右萌出第一颗乳牙，如果12个月后尚未萌出者为乳牙萌出延迟。小儿2～2.5岁牙出齐，共20颗。最先萌出的乳牙为下面中间的一对门齿，然后是上面中间的一对门齿，随后按照"从下到上，由前向后"的顺序逐步萌出。

多数小儿出牙无特殊反应，但也有少数孩子会出现低热、暂时性流涎、烦躁、睡眠不安等症状。小儿牙齿生长得好坏不仅关系到面部的美观，还会直接影响他们的生长发育。因此，照护员或家长做好对小儿出牙前后的护理极为关键。

一、日常护理

(一)保持口腔清洁

出牙期小儿要特别注意口腔清洁。方法很简单，即在喂奶或食用其他辅食后喝几口白开水，用以冲洗口腔内残留的食物残渣。切忌让小儿含着盛有奶液或其他饮品的奶瓶入睡。

(二)进行牙床锻炼

出牙期的小儿会出现经常性流涎、牙龈痒、抓什么咬什么的现象。这时可以使用由硅胶制成的牙齿训练器，让小儿放在口中咀嚼，以锻炼小儿的颌骨和牙床，使牙齿萌出后排列整齐；也可以买磨牙饼，用以促进牙齿萌出。

(三)加强营养供给

在小儿出牙时期，营养不足会导致出牙推迟或牙质差。因此，除全面加强营养外，还应特别注意添加维生素 D 及钙、磷等微量元素。最简便的方法就是多抱小儿去户外晒太阳。因皮肤中的 7-脱氢胆固醇经太阳中紫外线照射可转变为维生素 D_3，这是人体所需维生素 D 的主要来源。

(四)清洁已经长出的乳牙

从小儿开始萌出第一颗乳牙后，就必须每天清洁。可用专用指套或棉签为小儿清洁乳牙。等到乳牙长齐后，还应该教小儿刷牙，必要时需用牙线帮助清洁牙缝。

【案例】

孩子出牙晚怎么回事?

宝宝 11 个月了还没有长牙，比他小的孩子都长牙了，我们也给他补钙了，还是没用。请问这是怎么回事?

点评：牙齿萌出的早晚和遗传因素、身体发育以及牙胚的位置都有一定的关系。不是说晚萌出或者早萌出几个月就认为这个孩子的萌出是不正常的。一般来说小儿的乳牙约在出生后 4～10 个月开始萌出，平均为 6 个月。如果超过 12 个月尚未萌出则称为乳牙萌出延迟。如果 12 个月还未长牙，但是其他发育都正常，也不必太担心，只有极个别情况是由于代谢紊乱而出牙迟。但通常这不会只表现在牙齿上，也会在其他方面表现出来，如夜啼、出汗、枕秃等。如果有这些现象，建议去医院诊治。

二、出牙期常见不适

1. 发热

有些小儿在牙齿刚萌出时，会出现不同程度的发热。只要体温不超过 38℃，且精神好、食欲旺盛，就无需特殊处理，多给小儿喝些开水即可；如果体温超过 38.5℃，并伴有烦躁哭闹、拒奶等现象，则应及时就诊，请医生检查是否合并有其他感染。

2.腹泻

有些小儿出牙时会有腹泻。当小儿大便次数增多但水分不多时,应暂时停止给小儿添加其他辅食,以细、烂面条或粥等易消化食物为主,并注意餐具的消毒;若每天腹泻次数多于10次且水分较多,应及时就医。

3.流涎(俗称流口水)

多为出牙期的暂时性表现,应为小儿戴口水巾,及时擦干流出的口水。

4.烦躁

当出牙前出现啼哭、烦躁不安等症状时,一般只要给以磨牙饼让小儿咬并同时转移其注意力,小儿就会安静下来。另外,佝偻病、克汀病、营养不良等都可引起出牙延迟,牙质欠佳。如果小儿超过12个月还未出牙,应到医院查明原因,及早诊治。

❖ 相关链接

奶瓶龋

一种由小儿睡眠时不断吸吮奶瓶而造成的龋齿,医学上称为奶瓶龋(又称哺乳龋)。表现为上颌乳切牙(即门牙)的唇侧面,及邻面的大面积龋坏,牙齿患龋病后不能自愈(即不能再长好)。由于乳牙的钙化程度低,所以患龋后病情进展迅速,破坏面积广,并且治疗效果差。

常见原因:

(1)长期用奶瓶人工喂养,瓶塞贴附于上颌乳前牙。

(2)奶瓶内多喂牛奶、砂糖、果汁等易产酸发酵的饮料。

(3)乳牙萌出不久,乳牙的牙质薄、矿化程度差,表面结构不成熟,使其抗龋力弱。

(4)人工喂养时,哺乳时的吸吮动作不如母乳喂养者活跃。

(5)有的孩子喜欢长时间叼着奶瓶或含着奶瓶睡觉,而当婴幼儿入睡后,唾液分泌减少或停止、吞咽功能减弱。

(6)口腔的自洁、稀释、中和作用均下降,发酵的碳水化合物存留在口腔中,并环绕在牙齿周围,很容易发生龋齿。

技能要求

正确帮助不同年龄宝宝刷牙

1.周岁前

每天最好固定一个时间,洗净手后,将宝宝抱在怀里。一只手托住宝宝的头部,另一只手手指缠上用温开水湿润的纱布为宝宝清洁牙齿和按摩牙龈,每天一次即可。也可以用指套牙刷为孩子清洁牙齿。

2.周岁至三岁

满1周岁后,就可以用牙刷为宝宝刷牙了。但有两点注意:一是牙刷的选择。一定要选用1～3岁这个年龄段的婴幼儿专用牙刷,牙刷头特别小,适合孩子的口腔;刷毛软而且刷毛的头经过磨圆处理,不会损伤孩子的牙齿和牙龈。二是牙膏的选择。3岁之前,孩子的吞咽功能还不完善,容易误吞,所以不建议使用儿童含氟牙膏,可以蘸温开水、淡盐水、淡茶水等刷牙,也可以选用能吞咽的婴幼儿牙膏刷牙。

3.三岁后

3岁的孩子已经会漱口,会吐出牙膏,基本上不会出现误吞的危险。可以开始使用含氟的儿童牙膏,但每次使用的量以不超过豌豆粒大小为宜。牙刷也要选用相应年龄段的牙刷。从这时开始,家长可以逐渐培养孩子的刷牙能力。不过,6岁以前,单靠孩子自己是无法把牙齿彻底刷干净的,刷牙的工作主要还得由父母来承担。

相关链接

小牙刷的保养

每次刷牙后,牙刷应用流动的水冲洗。因为牙膏、食物残渣及细菌都会黏附在牙刷上。如果不彻底清洗牙刷,下一次刷牙时没有得到清理的细菌又重新回到口腔中去了。牙刷在两次使用之间必须保持干燥。否则细菌会在潮湿的环境中繁殖。如果牙刷没用多久就有分叉的现象,就表示刷牙太用力了,以后刷牙应该注意。

选择孩子专用的牙膏。3岁以上的孩子可使用含氟牙膏。因为含氟牙膏不仅能够抑制细菌的生长,而且可以提高牙齿的硬度,增强牙齿的抗酸能力,预防龋齿。口腔专家提醒:3岁之前禁止使用含氟牙膏,因为宝宝自制力差,容易吞咽牙膏;3～6岁应在大人指导下慎重使用,7岁以上可以使用,但不得将牙膏吞进腹中,刷完牙后要把牙膏漱干净。一定注意牙膏使用量,每次只使用黄豆粒般大小,最多不超过1cm。高氟地区的孩子,使用含氟牙膏时要先经过医生同意。

选用合适的小漱口杯。要选择做工精细,重量较轻的杯子,尤其是杯口的处理应圆滑,不能划伤孩子的嘴唇。

学习单元2 学步期照护

学习目标

◆ 了解学步分期及特点。

◆ 熟悉学步促进措施。

◆ 掌握学步安全管理。

知识要求

独立行走，是小儿生长发育过程中重要的发展里程碑之一，也是大部分家长很期待、很难忘的。小儿有自己的时间表，每个小儿能独立行走的时间都可能不相同，其表现与小儿的智能、体能以及家长的教养能力都没有必然关系。

一、学步分期

1. 第一期(8～9 个月)

这个时期幼儿开始学习扶站、扶站起、扶走、扶跳练习腿部力量。此阶段还可以多练习爬行。爬行可以为幼儿将来的平衡及协调能力打下坚实的基础。当小儿爬行熟练时，就逐渐学会从坐位趴下，从趴下到坐起，再到会爬到各类家具的边沿扶物站起并利用家具练习扶站、扶走。此阶段家长可以站在小儿的后方扶住其腋下或扶站、扶跳。

2. 第二期(11～12 个月)

这个时期是小儿开始学习扶物蹲起、单手扶站、独立站的时间。在此阶段家长可训练小儿学习扶站蹲起，可将玩具放在地上，让小儿自己捡起来。也可练习扶物蹦跳，双手扶栏杆向前走，单手扶栏杆向前走。此阶段可以让小儿推小椅子走；或家长抓住木棍的两端，让小儿双手抓住棍子的中间，家长缓慢地一步一步后退，让小儿练习迈步向前走，别忘了边退边鼓励小儿；然后可以让小儿练习单独站、独自蹲起、手脚并用爬楼梯；还可以教小儿如何从低矮的床上爬下来，可以让他后退爬到床边，然后慢慢地挪动下床直到脚着地站立。

3. 第三期(12～13 个月)

这个时期小儿独站稳、可开始不扶物独自蹲起。此时小儿扶着东西能够行走，有的小儿放开手也能走两三步。在此阶段可以让小儿练习手脚并用地爬楼梯，练习重心转换；可以让小儿拉着家长的一只手走；也可以让小儿推着推行用学步车慢慢向前走，开始时家长可以控制方向及速度，并在一边保护，等小儿掌握速度后可试着松手，只在一旁保护，练习开始时仅可以直线走，熟练后可以拐弯走；或让小儿慢慢从爸爸的这一头走到妈妈的那一头。

4. 第四期(14～18 个月)

大多数小儿越走越稳，逐渐学会倒着走及跑，对四周事物的探索逐渐增强。此阶段可以让小儿多走不平的路，上下坡以锻炼平衡能力。为小儿选鞋子时一定要注意尺寸合适。如果尺寸太小刚刚合适，就可能挤压小儿的脚，影响脚部的血液循环，甚至使脚型产生异常变化，也影响走路姿势。如果尺寸太大，小儿一活动就掉下来，还容易摔倒。所以，大小适宜的鞋，应该是小儿穿上鞋站起来时脚尖前有半个拇指大小的空间。此外，由于小儿的脚长得特别快，通常穿 3 个月左右就需要换鞋了。

❖ 相关链接

如何选择鞋子？

刚学会走路的小儿，骨骼发育尚未成熟，脚型胖瘦不一，足背有高有低。穿着不合适的鞋子会影响走路的姿势，还会造成足部关节受压不均匀，使关节受损并影响足部的发育。根据小儿脚发育的特点，选鞋子要按小儿的脚型，选择柔软透气好的鞋面，鞋底不宜太薄太软，最好前面1/3可以弯曲，后2/3固定不动。鞋的前端为圆头，不会挤压足趾，鞋子的长度比实际足长1.5cm，鞋子后跟略高些，有利于足弓的形成。

二、提供安全学步条件

小儿的运动发育是一个自然的过程，只要提供适合运动的安全环境，小儿就会自然而然地学会各种运动。

1. 选择平坦的路面

刚开始练走路时，一定要选择平坦的路面。若是在开始学走路时，小儿由于路面不平而被绊倒，会挫伤小儿学走路的积极性。最好先在铺设有地垫的地面行走，这样即使摔了也不会太疼。要选择防滑的袜子，以减少摔伤。

2. 营造安全的居家学步环境

学步时家里应多设置一些可以扶的稳当的矮家具，如茶几、沙发、稳一点的椅子等，以便小儿练习扶站、扶走、扶蹲起、扶蹦跳。另外，小儿可能到的地方都要注意安全防护。比如插座要用透明胶纸贴好以防触电；所有具危险性的物品放置高处或移走，如热水壶、水杯等要放到小儿够不到的地方。锐利的墙边、家具的尖角等要用防撞条、防撞角贴好，楼梯要用防护门、防护栏、防护网等保护好。房门、柜门及抽屉可以安装防夹手装置。容易误吞的药片及小东西要收好等。另外，成人应特别留意小儿的小床要远离窗户，窗台旁不要放小凳子，以免小儿爬上去而导致跌伤。

三、做好适当的示范和促进

运动的学习中，示范和促进还是必要的。成人可有意识地让小儿和略大一点的小朋友一起走走玩玩。小儿会通过观察，揣摩和模仿，练习学走路。小儿拉着成人的手走，同自己独立走完全不同。就算拉着他的手走得很好，自己走可能就不行了，拉手走只能用于练习迈步。时机成熟时，设法引导小儿独立迈步。如让小儿靠墙站好，成人退后两步，伸开双手鼓励小儿，叫他走过来找成人，当小儿第一次迈步时，成人需要向前迎一下，避免他第一次尝试时摔倒。

【案例】

学步车使用不当危害大

童童刚满1岁，自他7个月大时，就特别喜欢坐在学步车里玩耍，只要一把他放进学步车，他就高兴得手舞足蹈。前两天，妈妈发现童童走路姿势有些难看，腿有些弯，便带童童到医院检查。医生发现童童双脚并拢站立后，两个膝盖间距4厘米，属于轻微的O型腿。医生分析，是童童过多依赖学步车而导致腿部发育畸形，成为轻度O型腿。

点评：

学步车是下面安有轮子，孩子被围着站在中间的一种学步工具。很多妈妈愿意把宝宝放入学步车内，认为这样既省劲又可以防止小孩摔倒。但实际上，长期依赖学步车对宝宝的成长可能不利。

一是使用学步车不利于锻炼孩子的平衡能力，孩子一走动，车子就跟着移动，所以学步车中的孩子无须自主把握平衡。

二是学步车内的孩子学步时是用脚尖移步的，依附着学步车实现了行走。这时候孩子的脚跟基本不用力，而且腰部和胯部均被保护，无需用力，大腿肌肉得不到加强锻炼而力量较弱。过多使用学步车会让宝宝习惯性地形成前脚掌着地的走路姿势。加之孩子骨骼还没有完全发育到能支撑身体的全部重量，过早使用学步车让孩子站立，可能导致下肢畸形，出现O型腿、X型腿等情况。

有专家说学步车是让父母偷懒、孩子吃亏的东西，不赞成孩子用学步车学走路。最科学的方式是借助凳子等最简单的器具正常学习。学步车应该恰当使用，尽量少用或不用，尤其不能过早、过多地使用。

学习单元3　眼睛照护

学习目标

◆ 了解眼睛照护重要性。

◆ 熟悉眼睛日常护理。

◆ 掌握滴眼药水法及涂眼药膏法。

知识要求

眼睛是心灵的窗户，也是小儿和外界交流感情的最重要渠道。因此，要倍加爱护。小儿眼部照护注意事项如下。

1. 防感染

小儿要有自己的专用脸盆和毛巾，并定期消毒。不可以用成人的毛巾或直接用手去擦小儿的眼睛。给小儿清洗眼部的时候，先把几个棉球在湿水里沾湿，再挤干水分，每一只眼睛都要换一个新的棉球，从内眼角向外眼角擦。平时也要注意及时将分泌物擦去，如果分泌物过多，可用消毒棉签或毛巾清理。

2. 防噪声

噪声能使小儿眼睛对光亮度的敏感性降低，视力清晰度的稳定性下降，使色觉、色视野发生异常，眼睛对运动物体的对称性平衡反应失灵。因此，小儿居室环境要保持安静，不要摆放高噪声的家用电器，看电视或听歌曲时，不要把声音放得太大。

3. 防强光

小儿睡眠要充足，一般可以不开灯。如要开灯，灯光亦不要太强，尽量不要让光线直射。免得灯光刺激眼睛，影响小儿睡眠。小儿到户外活动要防止太阳直射眼睛。婴幼儿照相时也不能用闪光灯照相，因为闪光灯的强光会损伤视网膜。

4. 防“近物”

如果把玩具放得特别近，小儿的眼睛可能因较长时间地向中间旋转，而发展成内斜视。应把玩具挂在围栏周围，并经常更换位置和方向。看色彩鲜明的玩具，多看户外风光，有助于提高小儿的视力。

5. 防睡姿

小儿睡眠的位置要经常更换，切不可长时间地向一边睡。有些母亲总是让小儿睡在自己身旁或床里面，使小儿总是向母亲方向看，日久后会形成斜视。

6. 防电视

当家里的电视机开着时，显像管会发出一定量的X线，小儿对X线特别敏感。如果大人抱着孩子看电视，使小儿吸收过多的X线，小儿则会出现乏力、食欲不振、营养不良、白细胞减少、发育迟缓等现象。

7. 防疲劳

长时间、近距离地用眼，会导致孩子的视力直线下降。在此期间，要特别注意限制孩子近距离作业的时间。一般每次不应超过30分钟。经常带小儿向远处眺望，引导小儿努力辨认远处的一个目标，这样有利于眼部肌肉的放松，预防近视眼。

8. 防异物

小儿的瞬目反射尚不健全，防止眼内出现异物也很重要，如小儿所处的环境应清洁、湿润；打扫卫生时应及时将小儿抱开；小儿躺在床上时不要清理床铺，以免飞尘或床上的灰尘进入小儿眼内；外出时如遇刮风，用纱布罩住小儿面部，以免沙尘进入眼睛；洗澡时也应该注意避免浴液刺激眼睛。要防止尘沙、小虫进入眼睛。若异物入眼，不要用手揉擦，要用干净的棉签蘸温水冲洗眼睛。

9. 防外伤

人的眼球部分暴露在眼眶的外面，易遭受外界各种致伤因素而损伤，由于儿童的自我保护能力差，受眼外伤的机会相对较多，不要给孩子玩任何带有锐角的玩具。学走路时要小心预防眼外伤。不要让他拿刀、剪、针等尖锐物体，带锐角的家具也最好能把角包上，以免因走路不稳摔倒而让锐器刺伤眼球。另外，厨房里的开水、热油、火苗，家里的宠物，节假日的鞭炮都可能给孩子的眼睛造成损伤。

技能要求

滴眼药法

1. 操作准备

照护员洗净双手，备好眼药水、无菌棉签、棉球、弯盘。核对姓名、眼别，检查药液有无混浊、沉淀、变色等变质现象。

2. 操作步骤

(1)备齐用物，携至床旁，向患儿解释。

(2)患儿取坐位或仰卧位，头稍后仰，眼睛向上注视。

(3)用棉签拭去眼部分泌物，左手拇指和食指将上下眼睑轻轻分开。

(4)右手持眼药液瓶打开瓶盖，瓶盖倒置于操作台，先弃去 1～2 滴眼药液，在距离眼睛 1～2cm处，向眼内滴入 1～2 滴眼药液，轻提上眼睑使药液充满结膜囊内，用棉签擦去溢出来的药液，嘱患者轻轻闭眼 1～2 分钟。

3. 注意事项

(1)滴时药瓶口不能接触到眼睑，也不要将药液直接滴在角膜(即黑眼珠)上。因为角膜上有丰富的感觉神经末梢，药液接触角膜会使孩子眨眼，将药液向外流出。

(2)如果是涂眼药膏，因为眼药膏吸收较慢，作用时间较长，一般在睡觉前涂。将药膏挤出少许，从眼睛的内眦(内眼角)向外眦置于下穹隆内，合起上下眼睑，再用手轻轻按揉数秒，以帮助眼药膏在眼内扩散，然后用消毒干棉签轻轻擦净眼睛边药膏。

【案例】

近视眼夫妻的孩子

我和爱人都是近视眼，而且近视度数均在 600 度以上。自孩子出生以来，我们一直很注意保护她的眼睛。现在，我家宝宝已经 31 个月了，正是可以学习一些知识的时候。我们想给她看一些知识片，又担心电视、电脑会伤害她的眼睛。如果只给她看书，一方面觉得学习形式有些单调，另一方面，孩子对书的兴趣要比对电视、电脑的兴趣小一些。请问我们应该怎么办?

点评:如果夫妻双方都是高度近视,那么遗传的概率是非常高的。如果夫妻双方有一方是高度近视,或者有近视的家族史,那么孩子患近视的概率也比一般的孩子要高很多。对于两岁半的孩子来讲,早期不宜过度用眼,如过早接触电视、电脑等。

(骆海燕　冯敏华)

第二节　体格锻炼

学习单元1　户外活动

学习目标

- ◆ 了解户外活动目的。
- ◆ 熟悉户外活动内容。
- ◆ 掌握户外活动安全管理。

知识要求

户外活动可以让小儿有更多的机会认识环境。另外,通过阳光、空气的刺激,还可以增强机体对外界环境突然变化的适应能力,增加机体的新陈代谢,从而达到促进婴幼儿生长发育和预防佝偻病的目的。

1.活动前准备

带上一瓶水,给小儿带上替换的尿布,一条略大的毯子,一些适合小儿年龄的玩具。

2.活动时间

6个月以内小儿户外活动时间由开始的每日1～2次,每次5～10分钟,逐渐延长到1～2小时;6个月到1岁的小儿可延长到3小时。1岁以后的小儿户外活动的时间应更长,次数也可增加。年长儿除了恶劣天气外,应多在户外玩耍。

3.活动内容

可以将毯子铺展在草地上,让小儿在毯子上训练各种适合其年龄特点的动作。如抬头、翻身、爬行等。照护员可以与小儿一起玩适合孩子年龄的游戏。也可让小儿听音乐、听故事。较大小儿还可以让他赤脚,在照护员帮助下学走路。

4.注意事项

(1)冬天应选择阳光充足、无风的晴天,春秋天避免大风,夏天避免烈日强光。阴雨大雾天不宜进行户外活动。

(2)户外活动时,衣着适宜,避免穿衣过多、过热,应根据气候的变化增减衣着。经常少穿一些也是一种锻炼,应从小养成习惯。俗话说“若要小儿安,常带三分饥与寒。”

(3)活动时间、内容应根据小儿年龄、个体差异和不同季节灵活掌握。要观察小儿在活动中的反应和情绪,注意安全,不使之疲劳。

(4)患病期间不宜户外活动。

学习单元2 抚 触

学习目标

◆ 了解抚触的目的。

◆ 熟悉抚触的注意事项。

◆ 掌握抚触操作技能。

技能要求

一、操作准备

(1)环境准备:保持适宜的房间温度(26℃左右),避免对流风。室内安静、清洁,可以播放轻音乐作背景。

(2)用物准备:大毛巾、尿布、替换的衣物、润肤油。

(3)抚触人员自身准备:摘掉手上首饰剪指甲、洗手,倒一些小儿润肤油于掌心,并相互揉搓使双手温暖。

二、操作步骤

携带所需用物至床旁,放置于操作台右上角,平铺大毛巾,小儿采取舒适的体位。

步骤1 头部

(1)用手轻轻捧起小儿的脸,同时以平静、轻柔的声音和他说话。说话时,眼睛看着小儿,用双手从两侧向下抚摩小儿的脸。

(2)用两手拇指从前额中央交替着向额头上部滑动。

(3)用两手拇指从前额中央向脸的两侧颞部滑动,双手拇指指腹轻轻划360°按摩太阳穴(图2-2-1)。

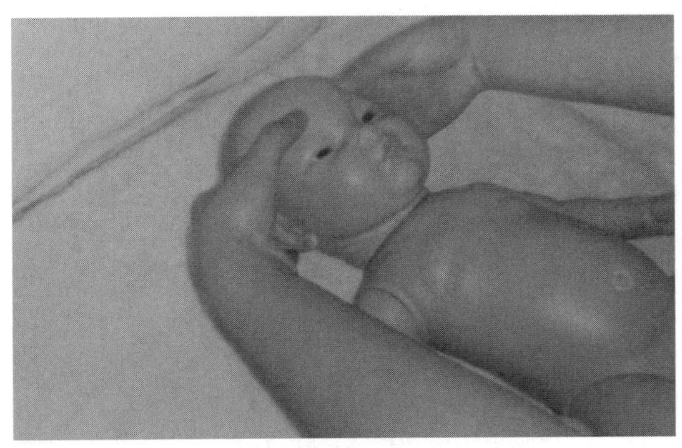

图 2-2-1　展展眉

(4)轻轻捧住头部，用拇指在小儿上唇画一个笑容，用同一方法按摩下唇。

(5)用拇指抚摩小儿的耳朵。用拇指和食指轻轻按压耳朵，从最上面按到耳垂。

(6)两手掌面从前额发际向上、后滑动，至后下发际，并停止于两耳后乳突处，轻轻按压(图 2-2-2)。

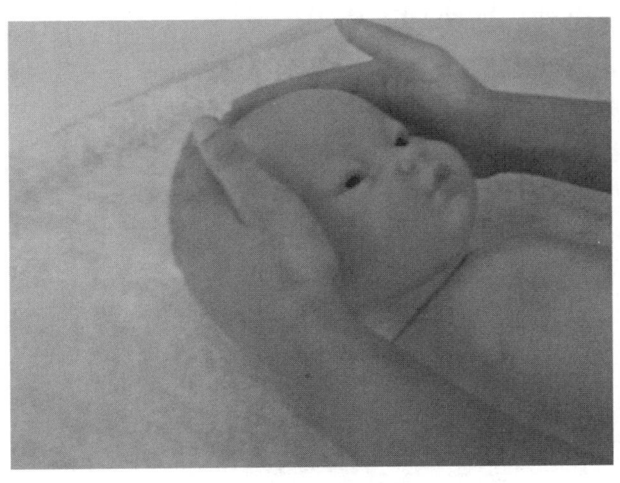

图 2-2-2　摸摸头

步骤 2　胸部(敞开小儿衣服)

(1)两手指聚拢分别交替着从胸部的外下侧向对侧的外上侧滑动至脖颈后面，在经过乳头处时要注意避开乳头(图 2-2-3)。

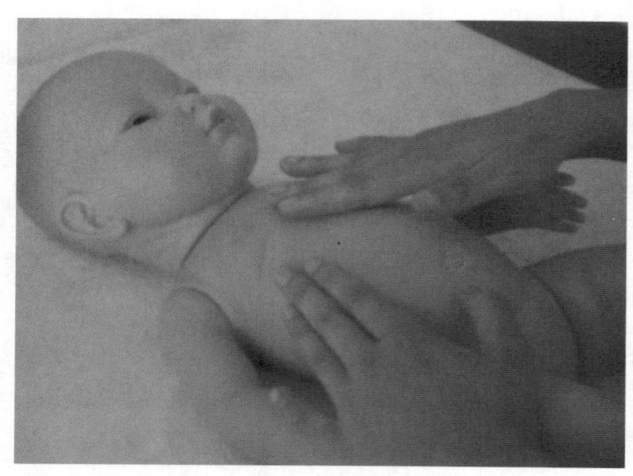

图 2-2-3　交叉胸，避乳头

(2)两只手交替使用，要保持动作的连贯，没有另一只手接替，手就不能放开。这样，小儿就不会感到手的变换了。

步骤 3　腹部（去除前端尿布垫在小儿臀底下，暴露腹部）

(1)腹部按摩总是沿顺时针方向进行，和肠的蠕动方向保持一致。操作者两手尽可能放平手掌，分别从小儿腹部的右下侧经中上腹滑向左上腹至右下腹，划一个开口朝下的半圈，两手交替进行(图 2-2-4)。

(2)按摩小儿腹部时动作要特别轻柔，因为膀胱就在这个部位。如果压力过大，会使小儿感到不适。

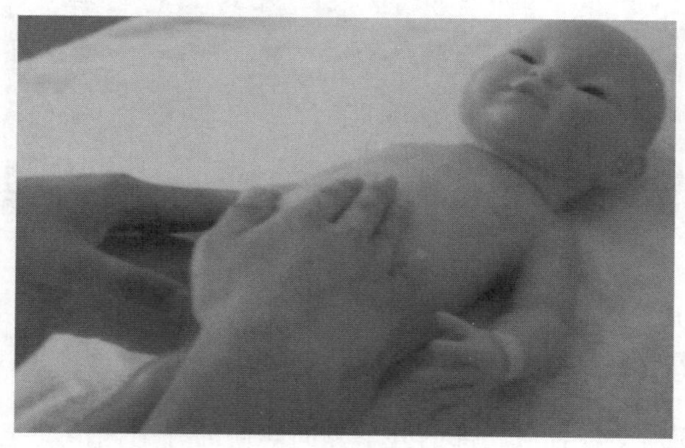

图 2-2-4　旋转肚，画半圆

步骤 4　上肢

1. 手臂

先按摩小儿的左臂。用左手托住小儿左手，右手从左上肢近端，边挤边滑向远端，再阶段性挤压或环绕揉搓肌肉(沿胳膊划到指尖)。用右手抓住小儿左手端，左手从左上肢近端，边挤边滑向远端，再阶段性挤压或环绕揉搓肌肉（沿胳膊划到指尖）。交替使用双手按摩。

2.手

（1）两手拇指指腹从掌面跟侧依次推向指侧，使小儿的小手张开。

（2）再用聚拢的两手指腹按摩小儿的手腕背至手指。

（3）用左手托住小儿的手，右手的拇指和食指、中指轻轻捏住小儿的手指，从小指开始依次转动，提捏每个手指，保持动作流畅（图 2-2-5）。

右上肢：重复上述步骤，按摩小儿的整手臂到每个手指。

下肢：与上肢相同。

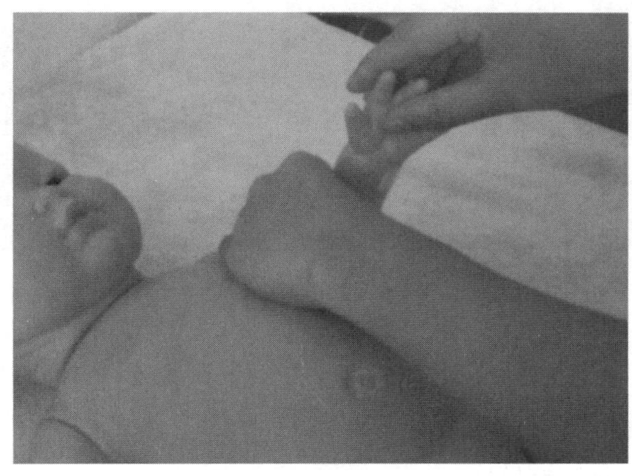

图 2-2-5　捏捏手

步骤 5　背部

（1）小儿呈俯卧位，头侧位。

（2）以脊椎为中分线，双手分别放在脊椎两侧，沿脊柱向两侧滑动。按摩时，要五指并拢，使掌根到手指成为一个整体，把注意力集中在手上，保持力度均匀。

（3）以脊柱为中线，双手食指与中指并拢，由上而下滑行至直至骶尾部（图 2-2-6）。

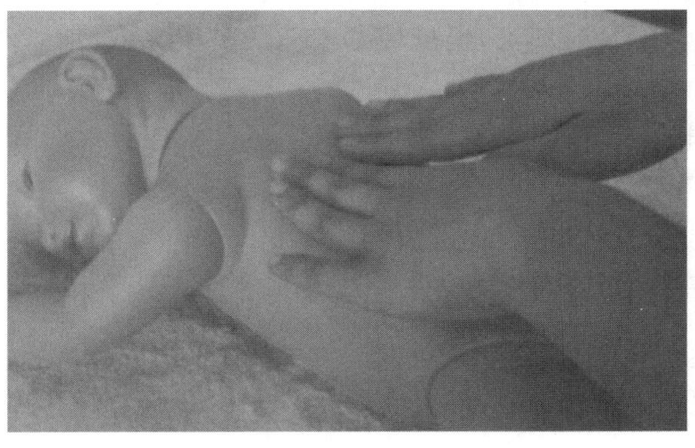

图 2-2-6　横摸背，竖摸背

步骤6 臀部

(1)小儿呈俯卧位。

(2)操作者两手尽可能放平手掌,分别从小儿骶尾部开始,呈扇形向两侧划个大圈(图2-2-7)。

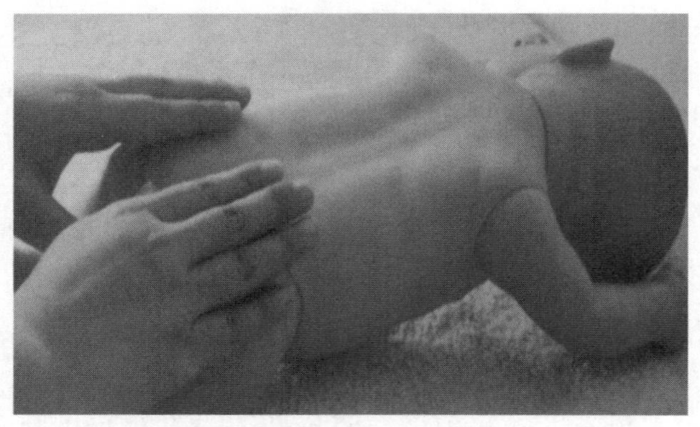

图2-2-7 臀部画个大圈

附:抚触口诀

头部:展展眉;笑一笑;摸摸头。

胸部:交叉胸;顺时针,旋转肚。

四肢:捏捏手;捏捏脚。

背部:横摸背;竖摸背。

边按边数数,小儿快长大。

三、注意事项

(1)选择小儿充分休息,情绪稳定时抚触。以哺乳后1小时进行抚触为宜,当小儿觉得疲劳、饥渴或烦躁时都不适宜抚触。小儿情绪反应激烈时,也须停止抚触。

(2)每次抚触15～20分钟即可,也可根据小儿的需要,一旦感觉小儿满足即可以停止。

(3)抚触中注意用指腹的力量,开始时动作要轻、柔、连贯,然后逐渐增加压力,让小儿慢慢适应。

(4)抚触中需进行语言交流,传递爱与关怀。

(5)避免让小儿的眼睛接触润肤油。

新生儿抚触

❖ 相关链接

抚触目的

1. 促进生长发育

(1)促进小儿的血液循环,加速新陈代谢。

(2)加快免疫系统的完善,提高免疫力。

(3)通过对小儿全身皮肤、感官的刺激,促进小儿神经系统的发育和智力发育。

2. 促进身心健康

(1)使小儿情绪稳定,心情愉快,获得深度睡眠,有助于小儿的身心健康。

(2)增进母子间情感交流。

学习单元 3 三浴锻炼

学习目标

◆ 了解三浴锻炼原理。

◆ 熟悉三浴锻炼目的。

◆ 掌握三浴锻炼操作要领。

知识要求

三浴锻炼是指有系统、有步骤地利用自然因素,如空气、阳光、水给小儿进行空气浴、日光浴和水浴锻炼的方法。其效果较好,一般在进行过户外活动,冷水洗手、洗脸的基础上逐步开展。

一、空气浴

空气浴主要是利用人体皮肤之间的温差刺激机体,通过神经系统的反射作用,促进机体新陈代谢,增强小儿对外界环境冷热的适应、调节的功能,减少呼吸道疾病的发生。

进行空气浴锻炼应从夏季开始,逐渐过渡到冬季。这样气温由热到冷逐渐下降,使机体有一个逐步适应的过程。空气浴锻炼应先自室内开始,适应后再转到室外进行。

开始气温一般为 20℃,4～5 天下降 1℃,逐渐下降到最低温度 14～16℃,体弱儿不低于 15℃。锻炼的时间自 2～3 分钟开始,逐渐延长到 30 分钟。空气浴可与其他锻炼方法相结合进行,如夏季结合冲洗和淋浴,冬季结合游戏及体操。

利用空气进行锻炼，开始时产生冷的感觉属于正常反应，锻炼过程中要仔细观察小儿的反应，一旦发现有面色苍白、寒战反应应停止进行。

二、日光浴

日光中的紫外线可使皮肤中的7-脱氢胆固醇转变为维生素 D_3，预防佝偻病的发生。适当的日光照射可扩张血管，加速血液循环，刺激骨髓的造血机能，增强机体的新陈代谢，促进儿童的生长发育。

1岁以上的小儿即可以进行日光浴。日光浴最好是选择在清洁、平坦、干燥、空气流畅又避开强风的地方。一般朝南或朝东南方向。日光浴应尽量在裸体状态下进行。头部可带上宽边凉帽和有色的护目镜，避免日光直射。日光浴的时间在夏季可安排在8:00～9:00，春、秋季在11:00～12:00，日光浴不宜在空腹或饭后1小时内进行。日光照射时间开始每次持续时间为3～5分钟，逐渐延长至15～20分钟。日光浴每天1次，连续6天后休息1天，一般锻炼满4周为一个阶段。日光浴锻炼后应及时补充水分，不要立即进餐。

三、水浴

水浴主要是利用水的温度和水的机械作用给人以刺激，促进血液循环和新陈代谢，提高体温的调节功能。水浴锻炼的方法比其他利用自然因素锻炼的方法容易控制强度，便于照顾个体的特点，一年四季均可进行。

水浴锻炼的方式很多，有浸浴、擦浴、冲淋浴以及天然浴场游泳等。后两种适合3岁以上小儿。

(1)温水浸浴：小儿体温调节功能尚不完善，体表面积相对较大，故较适宜温水浸浴。用一较大的盆盛水，水量以小儿半卧位时锁骨以下全浸入水中为宜。浸浴锻炼时室温应保持在20～21℃，水温为33～35℃，每次浸泡时间不超过5分钟。浸浴结束后随即擦干，用温暖毛巾包裹。浸浴锻炼每天1次，应常年坚持，不宜中断。

(2)冷水擦浴：是冷水锻炼中刺激作用比较温和的一种方法。适合6个月以上小儿，操作简单。用湿毛巾擦至皮肤潮红为止。擦浴的顺序按上肢、下肢、胸腹部、背部顺序依次进行，擦四肢的时候应向心性进行，即由手臂部向肩部，由足部向腹股沟部。每次擦浴持续时间为5～6分钟。

学习单元4　被动操

学习目标

- ◆ 了解给小儿做被动操目的。
- ◆ 熟悉小儿被动操注意事项。
- ◆ 掌握小儿被动操操作技能。

知识要求

小儿被动操是完全在成人的帮助下完成的小儿体操，主要锻炼胸、臂、腿部肌肉，锻炼肘关节、肩关节、膝关节、髋关节及其韧带的功能，适合自主活动能力较差的0～6个月的小儿。长期坚持做小儿被动操可以促进小儿大运动的发育，使孩子初步的、无意的、无秩序的动作，逐步形成和发展为有目的的协调动作。做操时伴随着音乐和爱抚，让小儿接触多维空间，促进左右脑平衡发展，从而促进小儿智力的发育，也可以使小儿安定情绪，改善睡眠。小儿被动操也可以促进新陈代谢，改善血液循环及呼吸功能，完善免疫系统，提高免疫力。

技能要求

1.操作准备

(1)做操前应开窗通风，保持空气新鲜。

(2)室温保持在26℃较为适宜。

(3)做操可以在床上或在桌子上铺上垫子和床单。

(4)摘掉手表和首饰，洗干净双手不留指甲，冬天应将手温暖后再做操。

(5)准备播放音乐。

(6)给小儿穿好纸尿裤，脱去外衣，少穿些衣服，便于小儿活动。

(7)准备几个小儿喜欢的玩具，要平滑无刺，便于小儿抓取。

(8)要掌握体操的锻炼强度。

2.操作步骤

预备姿势：小儿仰卧位，操作者立于小儿足端，双手握住小儿的腕关节，把拇指放在小儿手掌内，使其握拳，两臂放于身体两侧。

第一节：扩胸运动

第一拍两臂左右分开，与身体呈90°角，掌心向上。第二拍两臂胸前交叉。第三拍同第一拍，第四拍同第二拍，左右手轮换。

第二节：屈肘运动

第一拍向上弯曲左臂肘关节，第二拍向下伸直左肘关节。第三、第四拍换右侧，同第一、第二拍屈、伸右肘关节。

第三节：肩关节运动

第一、第二、第三拍握住小儿左手，贴紧身体，由内向外做圆形的旋转肩关节动作，第四拍还原。第五、第六、第七拍握住小儿右手，做与左手相同的动作，第八拍还原。

第四节：上肢运动

第一拍两臂左右分开，与身体呈90°角，掌心向上，第二拍两臂胸前交叉，第三拍双手向上举过头，掌心向上，动作轻柔，第四拍还原。

第五节：伸屈踝关节运动

左手握住小儿左侧踝关节，右手握住小儿左足前掌部，第一拍足尖向上，屈曲踝关节，第二拍足尖向下,伸直踝关节,重复八拍。第二个八拍换右侧,同第一个八拍,屈伸右踝关节。

第六节:下肢伸屈运动

双手握住小儿两小腿,第一拍屈曲左侧膝关节,第二拍还原。第三拍屈曲右侧膝关节,第四拍还原。交替屈伸膝关节,做踏车样动作。

第七节:举腿运动

小儿两下肢伸直平放,操作者两手掌心向下,握住小儿两膝关节。第一、第二拍两下肢伸直上举90°,第三、第四拍还原。

第八节:翻身运动

小儿仰卧位,两手交叉放于胸前。第一、第二拍操作者右手放于小儿胸前,左手垫于小儿颈背部,帮助小儿从仰卧位转为左侧卧位。第三、第四拍还原。第五至第八拍方法同前,帮助小儿从仰卧位转为右侧卧位。

3.注意事项

(1)小儿被动操适合0~6个月的婴儿,共八节,每节重复2个八拍。

(2)选择小儿充分休息,情绪稳定时做被动操,以哺乳后1小时进行为宜。当小儿觉得疲劳、饥渴或烦躁时都不适宜操作。

(3)操作应在安全的平台上进行,如床、铺有地垫的地板或铺有软垫的操作台面。

(4)小儿被动操是完全在操作者帮助下完成的,有规范性的操作手法。操作者应注意操作部位、手法、力度、方向,避免损伤小儿关节、韧带。

(5)随时关注小儿的反应,需进行语言和情感的交流。

学习单元5　主被动操

学习目标

◆ 了解给小儿做主被动操目的。
◆ 熟悉小儿主被动操注意事项。
◆ 掌握小儿主被动操操作技能。

知识要求

小儿主被动操是在成人的适当扶持下,加入小儿的部分主动动作完成的。小儿主被动操的动作主要有锻炼四肢肌肉、关节的运动,锻炼腹肌、腰肌以及脊柱的桥形运动、拾物运动,为站立和行走做准备的立起、扶腋步行、双脚跳跃等动作。主被动操适用于7~12个月的小儿。这个时期的小儿,已经有了初步的自主活动的能力,能自由转动头部,自己翻身,独坐片刻,双下肢已能负重,并上下跳动。小儿每天进行主被动操的训练,可活动全身的肌肉、关节,为爬行、站立和行走打下基础,亦可以促进小儿神经心理的发育。

技能要求

1.操作准备

(1)做操前应开窗通风,保持空气新鲜。

(2)室温保持在26℃。

(3)做操地点可以选择床上或是在桌子上铺上垫子和床单。

(4)摘掉手表和首饰,洗干净双手不留指甲,冬天应将手温暖后再做操。

(5)准备播放音乐。

(6)给小儿穿好纸尿裤,脱去外衣,少穿些衣服,便于小儿活动。

(7)准备几个小儿喜欢的玩具,要平滑无刺,便于小儿抓取。

(8)要掌握体操的锻炼强度。

2.操作步骤

预备姿势

小儿仰卧位,操作者立于小儿足端,双手握住小儿的腕关节,把拇指放在小儿手掌内,使其握拳,两臂放于身体两侧。

第一节 起坐运动

第一、第二拍将小儿双臂拉向胸前,双手距离与肩同宽,轻轻拉引小儿使其背部离开床面,拉时用力不要过猛,让小儿自己用劲坐起来。第三、第四拍一手握住小儿两手臂,另一手扶住小儿颈背部,还原。

第二节 起立运动

小儿俯卧位,操作者双手握住其肘部。第一、第二拍让小儿先跪坐着,再扶小儿站起,逐渐让小儿自己站起。第三、第四拍让小儿由跪坐至俯卧位,还原。

第三节 提腿运动

小儿俯卧位,双手放于胸前,用肘部支撑身体,使上腹部离开台面。第一、第二拍操作者双手握住小儿双踝关节,将小儿两腿向上抬起成推车状,动作轻柔、缓和。第三、第四拍还原。

第四节 弯腰运动

小儿背朝操作者直立,操作者左手扶住小儿两膝,右手扶住其腹部。在小儿前方放一个玩具。第一、第二拍让小儿弯腰前倾,捡起玩具。第三、第四拍直立还原,让小儿逐渐自己前倾直立。若小儿有困难,操作者左手可移至其前胸,帮助小儿直立。

第五节 托腰运动

小儿仰卧位,操作者右手托住小儿腰部,左手按住其踝部。第一、第二拍托起小儿腰部,使其腹部挺起成桥形。第三、第四拍还原。

第六节 游泳运动

小儿俯卧位,操作者双手托住小儿胸腹部,使其稍离开台面悬空。按节拍前后摆动,活动小儿四肢,做游泳动作。

第七节 跳跃运动

小儿与操作者面对面,操作者双手扶住小儿腋下。第一拍托起小儿离开床面,轻轻跳跃。第二拍还原,使小儿前脚掌接触台面。

第八节　扶走运动

小儿站立,操作者站其背后,双手扶住小儿腋下、前臂或手腕。第一至第四拍,扶小儿使其按节拍左右腿轮流向前迈出,学迈步行走。第五至第八拍,扶小儿使其按节拍左右腿轮流向后跨走。

3.注意事项

(1)婴儿主被动操适合7～12个月的婴儿,共八节,每节重复2个八拍。

(2)选择婴儿充分休息,情绪稳定时做主被动操,以哺乳后1小时进行为宜。当婴儿觉得疲劳、饥渴或烦躁时不宜进行。

(3)操作应在安全的平台上进行,如床上、铺有地垫的地板上或铺有软垫的操作台面上。

(4)婴儿主被动操是在成人的适当扶持下,加入婴儿的部分主动动作完成的,有规范的操作手法。操作者应注意操作部位、手法、力度、方向,避免损伤婴儿关节、韧带。

(5)随时关注婴儿的反应,进行语言和情感的交流。

(骆海燕)

第三节　常见疾病与症状照护

学习单元1　发热

学习目标

◆ 了解发热常见原因。
◆ 熟悉发热一般护理。
◆ 掌握体温测量法、降温贴使用法、温水擦浴法等。

知识要求

发热是小儿最常见的一种症状。致病微生物(如细菌、病毒等)侵入人体释放致热物,经血流刺激体温调节中枢或让体温调节中枢失去正常调节功能而使体温升高。体温超过正常体温0.5℃以上称为发热。

一、原因

(一)感染性发热

这是人体对感染的一种反应。发热可使人体抗体数量增加,抵抗力增强。发热是一种防卫反应，小儿常见的感染有呼吸道及消化道感染、中耳炎、急性传染病。

(二)非感染性发热

非感染性发热包括室温过高，小儿包裹太紧、捂得太热，预防接种后、手术后等的反应。

二、一般护理

(1)让孩子卧床休息，多饮开水；孩子被褥不能太多太厚，出汗要及时擦干。室内空气要流通，但不能吹对流风，以防着凉。

(2)按医嘱按时服药，不要自己滥用退热药。一般 3 个月以下的小儿体温调节中枢发育不完善，服用退热药易发生虚脱，故不宜随便使用。

(3)服用退热药后 30 分钟左右给孩子测一次体温，观察服药后的药效情况。如果孩子不能很快退热，可能药效尚未发挥。若孩子病情没有显著恶化，可耐心护理，不要急于一天连续几次去医院。

(4)发热期间应注意孩子的饮食和营养，以易消化的流质、半流质的食物为宜，饮食宜清淡。

(5)发热期间护理人员做好物理降温如温水浴、酒精擦浴、冰袋冷敷等，同时还要随时观察患儿精神状态，注意有无抽搐、虚脱现象。如果有先兆现象立即送医院处理。

技能要求

体温测量法

一、操作准备

(1)准备体温计、小毛巾。若测肛温，另备润滑剂(凡士林或液状石蜡)、卫生纸。

(2)环境清洁宽敞，温度适宜。酌情关闭门窗。

(3)照护员洁净双手，去除装饰品，指甲平短，不涂指甲油。

二、操作方法

方法 1　肛表测量体温法

正常直肠温度 36.5～37.5℃。

测体温步骤：

(1)选择肛表。肛表的水银头短、粗，口表水银头长、细。

(2)检查体温表的质量。水银头是否有裂缝，体温表是否完整。

(3)将体温表的水银柱轻轻甩至35℃以下。在体温表水银球一段涂上油类,如凡士林、甘油、植物油等,使之润滑。

(4)小儿体位。将小儿仰卧屈腿露出臀部或把小儿侧卧于成人怀中,一手放在成人身后。成人一手扶抱小儿头、上身,另一手将小儿屈腿露出臀部。

(5)显露肛门,将肛表轻轻插入肛门(女婴当心别误插入阴道),肛表插入肛门3～4cm,相当于国标的1/3～1/2,不要过深。用手扶住体温表,防止打碎体温表刺伤小儿肛门或体温表完全进入肛门内。

(6)测3～5分钟后取出肛表,用软纸擦干净再读数。看读数时要横持肛表缓缓转动,取水平线位置看水银柱所示的温度刻度。

方法2　腋表测量体温法

正常腋下温度为35.5～36.5℃。

测量体温步骤:

(1)检查体温表质量。水银头是否有裂缝,体温表是否完整。

(2)将体温表的水银柱甩至35℃以下。

(3)将小儿腋窝皮肤上的汗液擦干。

(4)将体温表水银球的一端放在腋窝中间,上臂紧贴胸壁。

(5)测量时间5～10分钟。

(6)取出体温表读数。

腋表测量体温法

方法3　耳鼓膜测量体温法

检查电子体温计是否完好。

测量体温步骤:

(1)患儿取舒适体位,选择适宜的一侧测量。

(2)套上清洁保护套以确保准确的读数。

(3)按下电源钮,启动液晶显示屏。

耳鼓膜测量体温法

(4)当准备测量的记号显示时,可开始使用体温计。

(5)拉直患儿耳道(1岁以下小儿将耳郭向后拉,1岁以上小儿将耳郭向后上方拉)。

(6)将测量头轻轻插入耳道与之吻合,按下测量钮,听到提示音后放开并读数。

三、注意事项

(1)小儿刚洗完澡、吃奶、喝水、吃饭后,不要马上测量体温,应过30分钟以后再测量。

(2)小儿哭闹时,应等他安静下来再测量。

(3)如果所测体温与小儿情况不符,需要重新测量。

(4)体温表用完后用75%酒精消毒备用,电子体温计每次测量体温后要更换保护套。

技能要求

降温贴使用

1.操作准备

(1)准备好降温贴,检查包装是否完整。

(2)环境清洁宽敞,温度适宜。酌情关闭门窗。

(3)照护员洁净双手,去除装饰品,指甲平短,不涂指甲油。

2.操作步骤

(1)依使用部位的面积,剪成适当大小后使用。

(2)撕开透明的塑料膜,将冷冻凝胶面密贴在额头部位。

(3)为了保持卫生及冷冻效果,每片仅使用一次。

(4)根据环境温度不同,每片退热贴可连续使用 4~8 小时。

(5)为加快降温速度,可加用数贴同时贴在人体左右颈动脉、左右腋下动脉、左右股动脉处。

3.注意事项

(1)皮肤有异状处(伤口、湿疹、斑疹等)及眼睛四周,请勿使用。

(2)开封后要尽快使用,以免降低冷却效果。

(3)若使用中或使用后,皮肤有肿胀、发炎等异常现象,应立即停止使用,并请教医生。

(4)幼儿及孩童要在成人监督下,才可以使用。避免误食及贴在口上。

(5)眼睛四周及嘴部请勿使用。

(6)皮肤有湿疹、发红创伤及过敏请勿使用。

(7)外用贴剂,请勿误食,儿童应在家长监护下使用。

技能要求

指导患儿家长拍背

拍背不仅能促使患儿肺部和支气管内的痰液松动,向大气管引流并排出,而且可促进心脏和肺部的血液循环,有利于支气管炎症的吸收,使疾病能早期痊愈。

拍背法

(1)患儿取坐位。

(2)指导家长一手五指稍屈,握成空手拳状,轻轻地拍打患儿前胸、侧胸、背部。拍击的力量不宜过大,要从上而下,由外向内,依次进行。每侧至少拍 3~5 分钟,每日拍 2~3 次。拍背时要避开脊柱及腰部。

指导患儿有效咳嗽咳痰

指导患儿有效咳嗽咳痰

患儿患呼吸道疾病时，痰液黏稠，不易咳出。可指导具有较好理解能力的患儿进行有效咳嗽。患儿取坐位或者立位，鼓励患儿深吸一口气，并屏气 2 秒钟，缓慢吐气，然后咳嗽，胸腹并用，重复 1～3 分钟。

技能要求

温水擦浴

擦浴能使毛细血管扩张，血流加快，散热增加，从而有效地降温。

1.擦浴方法

准备一小盆温水，水温比体温低 1℃，用小毛巾为发热患儿擦浴以达到物理降温目的。

擦浴时将宝宝放置在床上，从一侧颈部开始，自上而下，沿手臂外侧，擦至手背，再从腋窝擦至肘窝到掌心，换对侧擦浴，下肢可从宝宝大腿外侧擦至足背，再从腹股沟擦至腘窝，然后至足背。

2.注意事项

温水擦浴

每次擦浴以 5～10 分钟为宜。擦腋窝、肘窝、腹股沟、腘窝时可稍用力，反复来回几次。对于精神好的宝宝，可将宝宝置于浴盆中进行洗浴，方法同擦浴。

【案例】

酒精擦浴使用不当可致命

女孩名“囡囡”，周岁，白天玩得太累，当晚睡得特别“老实”。次日凌晨 4 点多钟家长发现小儿发高烧，具体温度不详。于是，家长便打开一瓶酒，用纸巾蘸着酒，小心翼翼地为这个刚满周岁的孩子擦洗起来。头部，颈部，腋窝，大腿根，手心，脚心，前胸，后背，均被他们仔仔细细擦了个遍。半个多小时后，孩子的“烧”有些减退了，忙得满身是汗的家长也不由得长舒了一口气。然而，就在这时候，家长发现躺在自己怀里一直昏睡不醒的囡囡，突然面色潮红，烦躁不安，同时还伴有恶心呕吐。不一会儿，囡囡又出现了四肢抽搐，并且呼吸不畅，喉咙里像塞着什么东西。急送医院急诊科抢救，无奈孩子去世，死因酒精中毒性脑病。

点评：孩子酒精中毒的主要原因，在于用酒精为孩子擦浴退烧不当。要知道，婴幼儿的皮肤比较娇嫩，毛细血管丰富，因此，用酒精擦浴退烧时，应选用含量为 25%～35% 的酒精。而家长却用五十度以上的酒为孩子擦浴，并且，擦拭时间较长，擦拭面积又大，致使酒精经皮肤大量吸收入血，造成脑及脑膜充血水肿，引起精神兴奋，出现烦躁不安、恶心呕吐、呼吸困难等酒精中毒症状。再加上家长没及时为孩子救治，致使孩子因呼吸麻痹、重度缺氧而死亡。

（舒尔平　骆海燕）

学习单元2　婴幼儿湿疹

学习目标

◆ 了解湿疹原因。
◆ 熟悉湿疹分型。
◆ 掌握湿疹预防与护理。

知识要求

一、病因

湿疹是由致敏物引起的变态反应性皮肤损害。

二、临床表现

婴幼儿一般于出生后2个月左右开始发病，6个月后达最高峰。湿疹常发生于两侧面颊、头皮、额部、下颌、眉间，严重者可扩散到其他部位。起初皮肤发红，然后出现密集丘疹或丘疱疹，搔抓后出现糜烂渗液、结痂。患儿会因为痒而哭闹，睡眠也会受到影响。

按皮肤损害分为三型：

1.脂溢型

多见于1～3月龄的小小儿，其前额、颊部、眉间皮肤潮红，被覆黄色油腻性鳞屑，头顶部可有较厚的黄浆液痂。之后，颏下、后颈、腋及腹股沟可有擦烂、潮红及渗出。其母孕期常常有脂溢性皮炎或较严重的痤疮。患儿一般在6个月后改善饮食时可以自愈。

2.渗出型

多见于3～6月龄肥胖的小儿。先出现于头面部。除口鼻周围不易发生外，两面颊可见对称性小米粒大红色小丘疹，间有小水疱及红斑，基底浮肿，片状糜烂渗出，黄浆液性结痂较厚。因抓痒常见出血，有黄棕色软痂皮。剥去痂皮后露出鲜红色湿烂面，呈颗粒状，表面易出血。如不及时治疗，可向躯干、四肢及全身蔓延，并可继发感染。

3. 干燥型

多见于6个月～1岁小儿，或发生在湿疹急性亚急性期以后。皮肤表现为丘疹、红肿、硬性糠皮样脱屑及鳞屑结痂，无渗出，常见于面部、躯干及四肢伸侧面。往往合并不同程度的营养不良。

三、预防与护理

(1)寻找过敏原，避免接触致敏物。

(2)不要用热水、肥皂擦洗小儿皮肤，喂奶后用毛巾擦净脸部。

(3)不穿化纤织物，内衣应为松软宽大的棉织品。

(4)局部按医嘱涂药，不能擅自长期使用。

学习单元3　尿布疹

学习目标

- 了解尿布疹原因。
- 熟悉尿布疹常见表现
- 掌握尿布疹护理与预防。

知识要求

1. 病因

小儿臀部长时间浸泡在尿液中或裹湿尿布，皮肤受到尿液刺激，臀部会出现红色的小疹子或皮肤变得比较粗糙，称作“尿布疹”或“红屁股”。

2. 临床表现

尿布疹的外观并不完全相同。患儿的皮肤可能会有些肿胀和发热。有些患儿只是在很小的一块区域内长一些红点；也可能会比较严重，出现一碰就疼的肿块，并分散到肚子和大腿上。

3. 预防与护理

(1)使患儿的屁股保持干爽，尿布被尿湿或弄脏后尽快更换。每次换尿布时，彻底清洗患儿的生殖器区域。洗完后，用软毛巾或纸巾吸干水分。

(2)每次换尿布时使用起隔离作用的软膏，它会在患儿的皮肤上形成一个保护层。油膏型的产品，会妨碍患儿皮肤透气，也不利于渗出物的排除，建议不作为首选使用。

(3)如果患儿的尿布疹看起来像是重度或已被感染(有水疱、有脓疱、渗出黄色液体或溃烂)，则要去医院就诊。

学习单元4 急性上呼吸道感染

学习目标

◆ 了解急性上呼吸道感染常见原因。
◆ 熟悉轻、重型急性上呼吸道感染临床表现。
◆ 掌握急性上呼吸道感染日常护理与预防。

知识要求

1. 病因

急性上呼吸道感染多数由病毒引起。小儿免疫系统发育不成熟，护理不当，穿衣服过多或过少，居室通风差，缺少户外活动，同居者吸烟等，均可导致小儿呼吸道感染。

2. 临床表现

症状有轻有重。轻者不发热，只有流鼻涕、鼻塞、打喷嚏、咽喉红肿、流泪等症；重者发热、咳嗽、咽痛、食欲减退、睡眠不安、消化功能紊乱，有呕吐、腹泻等症状以及小儿表现哭闹。

3. 预防与护理

(1)不去人多拥挤的公共场所。
(2)加强体育锻炼增强体质，多进行户外活动接触阳光。
(3)居室开窗通风，冬季也需要经常开窗户换气，保持空气新鲜。
(4)不在小儿居室吸烟。
(5)根据气温变化为小儿增减衣服，及时擦干汗水。
(6)照护员及乳母感冒时，需戴口罩接触小儿。
(7)患儿多喝水，多休息，食用清淡易消化食物。

相关链接

冬季室内更要常开窗通气

寒冷的冬季，人们为了御寒常把门窗关得紧紧的。但密闭门窗的结果：一是容易传染上疾病，二是容易呼吸到室内的污染空气。现代医学研究认为，在正常人咽喉部的黏膜上，寄居着上百种细菌和病毒，在谈话、咳嗽、打喷嚏时，这些病菌都会随唾沫飞溅到四周空气中。寒冷的冬季，如果门窗长久关闭，室内细菌便会越积越多，容易造成传染。

在冬季，如果一个人待在房内24小时不换新鲜空气，室内二氧化碳含量就会增高。在空气中二氧化碳急剧增加而氧气大为减少的情况下，往往会出现头晕、乏力、胸闷、烦躁等现象。在室内空气污染方面,各种新型建筑、装饰材料和家用化学品给人带来的危害,也在不知不觉中发生。

勤开门窗是解决空气污染、净化环境的一种最有效最简单的方法。特别是冬季,经常开窗通气,并不需要很长时间,比如:80 平方米的居室,开窗时间一般有 30 分钟就足够了。门窗不要对开,避免对流风,风口不直接朝向人坐卧的地方。由于玻璃能吸收日光中的紫外线,要打开窗户,让日光直接照到室内,紫外线也能充分起到消毒、杀毒的作用。这样既无伤风受寒之虑,又可使室内被污染的空气及时排出,室外新鲜空气也会源源而来。

学习单元 5　急性支气管炎

学习目标

- 了解急性支气管炎原因。
- 熟悉急性支气管炎临床表现。
- 掌握急性支气管炎护理与预防。
- 掌握不同年龄小儿口服给药法。

知识要求

1. 病因

急性支气管炎大都继发于急性上呼吸道感染后,由病原体向下蔓延到支气管所致。病原体以病毒为主,少数为细菌,亦可在病毒感染的基础上继发细菌感染。

2. 临床表现

开始发病时只有上呼吸道感染症状,喷嚏、流鼻涕、轻微咳嗽。以后咳嗽加重,先是干咳,然后分泌物增加,呼吸时咽喉部有痰鸣音,并有发热、呕吐、腹泻等症状。

3. 预防与护理

(1)预防上呼吸道感染。经常开窗通风,室内不抽烟。

(2)加强体育锻炼,提高机体抗病能力。经常户外活动。

(3)按医嘱药物治疗。

技能要求

喂口服药

小儿患病后,口服药是小儿给药的主要途径,给不同年龄患儿喂药的方法有所不同。正确的喂药方法可使药物顺利进入小儿体内，达到疗效。

一、操作准备

照护员洗净双手。备好药匙、药杯、调羹、温开水、小毛巾及所服用的药物。药物必须核对姓名、药名、用药剂量、给药的时间。过期的、变质的药物不能再用。药水应该摇匀服用，药片应研成粉末再加上些温开水调匀服用。严格按照医嘱正确备好药物。

二、操作步骤

步骤 1　喂服前

抱起小儿，围上围嘴。

步骤 2　喂服

小儿喂药：照护员左手固定小儿前额部，右手用小药杯或匙将药液从小儿口角旁沿着舌下慢慢地倒入，待小儿咽下药液后才能拿开药杯或匙。如果小儿较大，常因为药物的味道难吃而哭闹拒绝服药。此时，照护员将小儿抱起使之半躺在照护员身上，小儿头部稍高，固定好小儿手脚。然后用小药杯或匙紧贴小儿口角，让药液慢慢倒入口中，等小儿有了吞咽动作后再移开药杯或匙，缓缓倒入药液并让其吞咽下(图 2-2-8)。

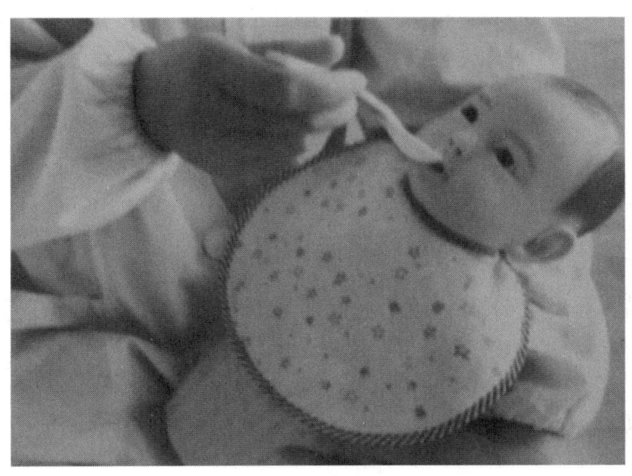

图 2-2-8　小儿喂药

幼儿及学龄前儿童喂药：向小儿说明服药的必要性，鼓励小儿自行用药杯服药。如果患儿拒绝，可用左手轻轻捏其双颊，右手拿药杯从患儿口角倒入口内，停留片刻，直至其咽下药物。然后再喂少量温开水，清洁口腔。

步骤 3　喂服后

(1)服药后再喂一些温开水。如果喂咳嗽糖浆，喂后不必加喂开水或少喂水。

(2)喂药完毕将患儿竖直抱起,轻轻拍背部排除胃内空气,避免因为哭闹吞入较多空气而将药液吐出来。

三、注意事项

(1)通常服药时间在进食前30分钟到1小时。有利于药物吸收和避免服药导致呕吐。

小儿口服给药

(2)对胃有刺激性的药物应在进食后1小时喂服。

(3)患儿拒绝服药时不能捏鼻硬灌,以免吸入气管。

(4)如果喂药后患儿随即将药物呕吐掉,应做适量补充。

(5)所喂服的药物味苦难吃,可加些糖。

学习单元6 肺 炎

学习目标

- ◆ 了解肺炎原因。
- ◆ 熟悉肺炎临床表现。
- ◆ 掌握肺炎护理与预防。
- ◆ 掌握拍背法。

知识要求

一、病因

肺炎多数由细菌(如肺炎球菌、金黄色葡萄球菌)、病毒、支原体等引起。小儿呼吸道防御机制未发育完善,容易患肺炎。

二、临床表现

起病急,先有1～2天上呼吸道感染症状,伴有低热,然后为高热,咳嗽加重,气急,烦躁不安,面色苍白,食欲减退;小小儿常见呛奶。重者呼吸困难,鼻翼翕动,口唇青紫,出现三凹征等。

三、预防与护理

(1)预防上呼吸道感染。

(2)经常户外活动,加强体育锻炼,提高机体抗病能力。

(3)患儿应多休息并饮用足够的水。

(4)常变换患儿的体位,多拍背,促使痰液排出。

(5)加强营养,提供容易消化的食物及足量的维生素。进食可少量饮水。

(6)注意观察患儿的呼吸情况,有异常情况应立即送医院。

相关链接

拍背法

在患儿咳嗽的间隙,让患儿侧卧或抱起侧卧。家长一手五指稍屈,握成空手拳状或者用拍背器,轻轻地拍打患儿前胸、侧胸、背部。拍左侧向左侧卧,两侧交替进行。拍击的力量不宜过大,要从上而下,由外向内,依次进行。

每侧至少拍3～5分钟,每日拍2～3次。拍背法不仅能促使患儿肺部和支气管内的痰液松动,向大气管引流并排出,而且可促进心脏和肺部的血液循环,有利于支气管炎症的吸收,使疾病在早期痊愈。

学习单元7　口腔炎

学习目标

◆ 了解不同类型口腔炎原因。

◆ 熟悉口腔炎分类及其临床表现。

◆ 掌握不同类型口腔炎护理及预防。

知识要求

疱疹性口炎

1.病因

疱疹性口腔炎由疱疹病毒引起,往往同时伴有呼吸道、消化道症状。

2.临床表现

(1)多见于小儿骤起发热,拒食,流涎,烦躁。

(2)疱疹分布于咽部、悬雍垂前旁,有时在舌、唇内面、颊及舌下黏膜也可见到。先为红色小点,迅速转为疱疹,疱疹破裂后形成黄色浅溃疡,常伴有齿龈炎与颌下淋巴结炎。

3.预防与护理

(1)增强小儿抵抗力,加强营养,预防病毒感染,保持口腔清洁。

(2)勤喂水,进食流质,并宜温凉。

单纯性口腔炎

1.病因

单纯性口腔炎多由食物、药物刺激、上消化道炎症、胃肠功能紊乱或口腔不洁等引起。

2.临床表现

口腔黏膜充血,水肿,口涎增多,黏膜表层剥蚀疼痛,拒绝进食,哭闹,低热。

3.预防与护理

(1)保持口腔清洁,用淡盐水清洗口腔。

(2)不用刺激性药物或食物,适当补充维生素。

(3)按医嘱用药。

学习单元8 龋　齿

学习目标

- 了解龋齿原因及牙齿的日常护理。
- 熟悉龋齿不同时期特点。
- 掌握不同年龄小儿刷牙的协助方法。

知识要求

1.病因

口腔不洁。尤其睡觉前进食以及睡前含奶瓶奶嘴,或含着母亲的乳头,滞留于牙面上的食物或乳汁发酵,引发细菌感染腐蚀牙面引起龋齿。龋齿多见于牙结构不良者。

2.临床表现

龋齿如果侵蚀浅层,仅见牙齿表面有褐色或黑色斑点及小窝。侵及深层时有酸痛等不适感,遇冷、热、酸、苦味等时不适感更甚。

3.预防与护理

(1)清洁牙齿。乳牙刚萌出时,照护员应洗净双手,用食指缠上消毒纱布,对乳牙的唇舌面一个一个进行清洁。

(2)训练咀嚼。用饼干、面包干、牙训器等让小儿进行咀嚼、吞咽训练,及时添加辅助食品。

(3)喂奶进食后,给小儿饮少量温开水,清洁牙齿。

(4)不要让小儿含奶瓶上的奶嘴或含着母亲的乳头睡觉。

(5)半年进行一次口腔检查,发现龋齿及时进行治疗。

学习单元9　打　嗝

学习目标

- ◆ 了解打嗝原因。
- ◆ 熟悉打嗝临床表现。
- ◆ 掌握小儿打嗝的处理与观察。

知识要求

1. 病因

小儿神经系统发育不完善,不能很好地协调膈肌运动,一旦受到轻微刺激(如冷空气、进食太快),膈肌突然收缩,空气迅速吸入而发出打嗝声。

2. 临床表现

小儿发出“嗝,嗝”响声。打嗝现象会随着小儿年龄增长、神经系统发育不断完善而逐渐好转。

3. 护理

(1)打嗝后吃些母乳、牛乳或温开水等使膈肌放松,打嗝就会停止。

(2)如果小儿一般情况较差且病重,出现打嗝应速送医院诊治。

【案例】

孩子爱打嗝

我女儿出生四十天了,其他方面都还挺好的,就是老爱打嗝,有时甚至十来分钟才能停下来。请问老打嗝会不会有什么问题?该怎么止嗝好?

点评:有的小儿出生后会经常出现打嗝现象,家长不知就里,常会担心宝宝是否受到惊吓了或是有什么毛病。事实上,宝宝常打嗝,是他们神经系统尚未发育成熟,影响了控制膈肌运动的膈神经所致。故当宝宝受到轻微的刺激(如遇冷空气、进食过快等)时,就会发生膈肌的突然收缩,以致打嗝。实际上,早在胚胎时期,宝宝便已经会打嗝了。这是小儿正常的生理现象,不足为怪。

当宝宝打嗝时,其实有很多方法可以帮助缓解或消除。譬如,给宝宝吸食母乳、喂点温开水,或抱起宝宝轻拍其背;也可以用手指弹宝宝脚底板,借其哭声消除打嗝。一般来说,随着宝宝逐渐长大，这种频繁打嗝的现象会逐渐消失，但每个宝宝神经发育成熟的时间长短不一，有时可能要等到七八个月后才能缓解直至消失。

学习单元10　溢奶与呕吐

学习目标

- ◆ 了解溢奶与呕吐的区别。
- ◆ 熟悉溢奶与呕吐的临床表现。
- ◆ 掌握溢奶与呕吐时的处理。

知识要求

溢　奶

1. 原因

溢奶主要是由于1岁以内小儿胃呈水平位，贲门括约肌松，幽门括约肌紧，胃容量小，摄入奶液后胃扩张，或吃奶时空气吸入较多或摄入奶量稍多，容易发生溢奶。

2. 临床表现

喂奶后从嘴边溢出一种非强烈的、无压力的、非喷射性的奶汁称作溢奶。每天溢奶1次或多次，每次溢出奶量极少，不影响小儿的生长发育。随着年龄增长，胃的位置逐渐垂直，贲门括约肌肌力加强，溢奶次数会逐渐减少，常于7～8个月停止，少数可持续到1岁左右。

3. 护理

喂奶姿势正确，减少空气吸入。喂奶后竖着抱小儿轻拍背部，排出空气。

呕　吐

呕吐是指大口吐出胃内容物。

1. 原因

常见于人工喂养不当、先天性肥大型幽门狭窄、肠套叠、肠梗阻、先天性巨结肠、嵌顿性腹股沟疝、脑膜炎、肺炎、败血症、呼吸道道感染等。

2. 护理

(1)小儿反复呕吐，应去医院就诊。

(2)呕吐时立即把小儿头侧睡,以免呕吐物吸入气管,造成窒息或吸入性肺炎。

(3)暂时停止进食。

技能要求

溢奶处理

新生儿溢奶的情况几乎避免不了,拍嗝只能有效地减少这种情况的发生,不能完全避免。所以出现这种情况的时候不要焦急,但是要尽量避免呛奶。溢奶处理主要分为三个步骤:喂奶后护理(即吃完奶的处理)、溢奶时处理、溢奶后处理。

1.操作步骤

(1)喂奶后护理:主要是拍嗝,避免溢奶。

1)哺乳完以后应该把小儿轻轻竖着抱起来,让小儿头部靠在妈妈的肩部,妈妈一手托着小儿的臀部,一手呈空心状从腰部由下向上轻叩小儿背部,使小儿将吃奶时吞入胃内的气体排出,一般拍5～10分钟。

2)若无气体排出,可给小儿换个姿势,但动作一定要轻,继续拍5～10分钟(具体情况因人而异),拍完后将小儿放到床上,应以右侧卧位为宜。

(2)溢奶时处理:主要是及时清理口腔及鼻腔中溢出的奶。

1)如小儿为仰睡,溢奶时可先将其侧过身,让溢出的奶流出来,以免呛人气管。

2)如小儿嘴角或鼻腔有奶流出,应首先用干净的毛巾把溢出的奶擦拭干净,然后把小儿轻轻抱起,按上述拍嗝时的体位(竖抱)拍其背部一会儿,待小儿安静下来(睡熟)再放下。

(3)溢奶后处理:将擦拭过奶的毛巾及被弄湿的小儿衣服、小被褥等清洗以后,晾干备用。

2.注意事项

(1)每次喂完奶后均应拍嗝,时间长短因人而异。

(2)小儿每次吃完奶后应以右侧卧位为宜。

(3)溢奶后一定要及时清理干净口、鼻中溢出的奶,以防吸入气管。

【案例】

溢奶、呕吐奶大不同

阳阳已有6个月了,仍有吐奶现象;与出生时相比,体重不增反而下降。爷爷奶奶着急了,催着爸爸妈妈带他去检查。结果诊断宝宝患有先天性幽门管肥厚。询问妈妈获悉:她一直认为宝宝是常见的溢奶现象。孩子大了自然没事,所以一直未予重视。

点评:经常有家长混淆溢奶与呕吐奶。实际上二者是有区别的。溢奶不是病,主要是由小儿消化系统的解剖生理特点决定的。小儿胃的位置是横着的,呈水平状态,胃容量很小,胃的肌肉薄弱，胃神经功能发育不成熟，胃贲门（紧接食管处）括约肌较松弛，关闭功能不健全；而胃幽门（紧接小肠处）括约肌较紧张，进入胃的食物不易通过。当小儿吃奶过多、过饱；或哭闹较久，空吸奶头或吸手指，以及乳头过大、凹陷，在吮吸时咽入空气；喂养姿势、方法不当；喂奶后过早翻动，如抱着逗乐、摇动摇篮、换尿布等，在胃蠕动时就容易发生奶液从口角边往外溢，即溢奶。

排除不合理的喂养、咳嗽、哭吵等原因，呕吐通常都是很多疾病的一种临床表现。呕吐指奶液强而有力地由嘴巴喷出，奶水距离嘴边较远，有时可见黄绿色胆汁，甚至吐出咖啡色液，通常表明存在病患。若有下列情况者，更要警惕：孩子生下来就呕吐，且无胎便排出，并伴有腹胀；出生后2～3周开始，呈进行性、持续性呕吐奶；呕吐奶频繁、量多，呈喷射状呕吐，同时表情痛苦，哭声尖叫，或精神萎靡不振等。这些情况多由消化道的先天畸形、幽门痉挛、肥大性幽门狭窄、脑膜炎、颅内血肿、败血症或其他感染而引起，应及时到医院诊治，否则会延误病情，造成严重后果。

学习单元 11　腹泻病

学习目标

- 了解腹泻病原因。
- 熟悉不同程度脱水的表现。
- 掌握腹泻病的饮食护理与皮肤护理。

知识要求

一、病因

腹泻病大多由各类肠道致病原（如病毒、细菌）引起，称为感染性腹泻病或肠炎。非感染性腹泻病由食物不消化、过敏、不耐受、气候变化引起。

二、临床表现

表现为24小时内有3次或3次以上不成形大便或水样便、黏液便或脓血便。按病情可分为以下几类。

(1)轻度患者无脱水、中毒症状，小儿一般情况良好。

(2)中度患者有轻、中度脱水或轻度中毒症状。小儿略有烦躁、易激惹，哭时泪少，口舌干燥，口渴欲喝水，眼窝下陷，皮肤弹性稍差。

(3)重型者重度脱水或有明显中毒及电解质紊乱症状。小儿烦躁，精神萎靡、嗜睡、面色苍白、高热或体温不升。哭而无泪，尿液少或无，口唇非常干燥，眼窝明显下陷，皮肤弹性差。

三、预防与护理

1.护理

(1)要预防脱水。当小儿有脱水症状时就口服补液盐。

(2)预防营养不良。

(3)小儿病情不见好转或反而加重时应立即送医院就诊。

(4)小儿如患急性腹泻伴有脱水和中毒症状，或迁延性腹泻及慢性腹泻均需要及时去医院诊治。

(5)记录大便次数及性质，记录尿量、次数及进入量。保持臀部清洁。

2.预防

(1)提倡母乳喂养。

(2)合理添加辅食。

(3)注意饮食卫生。

(4)加强体格锻炼，增强免疫力。

相关链接

腹泻时进食还是禁食?

腹泻即我们常说的拉肚子。有不少人认为，拉肚子的时候要少吃，否则情况会更严重。甚至有人认为拉肚子时禁食可以让肠子排空，从而达到止泻的目的。这些认识比较片面。拉肚子的时候，身体仍需要补充水和能量，但肚子里的水和食物没有经过充分吸收，就随腹泻流失了。拉肚子时，不要完全“禁食”，而应适当“进食”，否则会导致脱水和低血糖等并发症，加重疾病。

“禁食”还是“进食”，要根据病情区别对待。在急性水泻期的第一天内可暂时禁食，减少食物对肠道的刺激，并使肠道得以休息。必要时由静脉输液，以防失水过多而脱水。发病初期宜清淡流质饮食，比如果汁、米汤、薄面汤等，以淡为主。早期禁牛奶、蔗糖等易产气的流质饮食。有些患儿的肠道缺乏乳糖酶，对牛奶中的乳糖不能耐受，在进食牛奶后，常加重腹泻。

待排便次数减少，症状有所缓解，改为低脂流质饮食，少渣、细软易消化的半流质饮食，如大米粥、藕粉、烂面条、面片等。拉肚子的时候可以选择水、糖分和其他有营养易消化的食物，但糖分不可太浓，因为高浓度的糖分会从血液中吸收大量水分，加重脱水。

拉肚子基本停止后，可供给低脂少渣半流质饮食或软食，少量多餐，以利于消化，如面条、粥、馒头、烂米饭、瘦肉泥等。仍应适当限制含粗纤维多的蔬菜水果等，以后逐渐过渡到普食。多补充维生素B和维生素C，如鲜橘汁、番茄汁、菜汤等。禁酒，忌肥肉、坚硬及含粗纤维多的蔬菜，忌生冷瓜果、油脂多的点心及冷饮等。

学习单元12　肠套叠

学习目标

◆ 了解肠套叠原因。

◆ 熟悉肠套叠临床特点。

◆ 掌握肠套叠观察与预防。

知识要求

1. 病因

小儿肠系膜发育不完善，活动度大，不易固定，肠蠕动节律发生紊乱就可引起一部分肠管套入邻近肠管中，引起肠套叠。如食物性质突然改变、环境气候变化、腹泻等都可以引起肠套叠，多见于肥胖儿，男婴比女婴多见。

2. 临床表现

突然起病，阵发性哭闹，腹痛，呕吐，进食后呕吐更为频繁。6～12小时出现便血，大便似果酱样，腹部可摸到香肠样套叠的肿块。

3. 预防与护理

(1)一旦发现小儿有阵发性哭闹，呕吐，应立即送医院诊治。

(2)注意合理喂养。

(3)根据气温变化及时为小儿增减衣服。

(4)预防肠道疾病。

【案例】

无故腹痛警惕肠套叠

9个多月的小儿——佳佳无缘无故突然哭闹起来，呈阵发性，伴有呕吐，吐出食物。这样一阵儿哭闹，一阵儿呕吐，又一阵儿好转，折腾了好几番，妈妈连忙送佳佳到市儿童医院。在急诊处，医生诊断为小儿肠套叠，立即住院治疗。

点评：肠套叠是小儿的一种常见急性腹痛性疾病，是由于近端肠管套入远端肠管，以小肠套入结肠为多见，少数为小肠套入小肠。小儿肠套叠多为原发性，其病因及发生机理尚不十分清楚，可能是小儿肠肌兴奋性增强，肠蠕动节律紊乱，使痉挛部位的近端肠管被推入远端肠管内而形成。

激发小儿肠管痉挛而发生肠套叠的因素主要是与饮食异常改变有关。医学专家指出，

9～10个月的小儿好发肠套叠，可能是这一时期小儿饮食由流体改为固体，如果这一改变过程过快，缺少一个过渡阶段，就有可能使肠蠕动规律发生紊乱，其节律发生失调，从而成为肠套叠的重要诱因。因此，在小儿快到断奶期时，一定要把握好孩子的饮食结构和饮食状态，逐渐过渡，不可一下子就由平日的流体饮食转为固体饮食。另外，对这一时期小儿的突发腹痛、呕吐，特别是吐后缓解，不久又复发，腹痛伴严重呕吐甚至吐出胆汁，或出现黏液血便、果酱样便时，应及时考虑肠套叠的可能，毫不迟疑地送孩子去医院检查与治疗，防止引起严重并发症而有生命危险。

一旦确诊肠套叠应将其复位。早期可采取灌肠复位，无需手术复位；但若发病已超过48小时或灌肠复位失败，则应改用手术复位。因此，越早送患儿去医院住院越好，千万不要耽搁。

学习单元 13　便　秘

学习目标

- 了解便秘概念。
- 熟悉便秘原因。
- 掌握便秘护理与预防及开塞露的使用方法。

知识要求

一般2天以上无大便，大便干燥发硬，有排便困难称为便秘。

1. 病因

(1)饮食不足或质量不当。食物中蛋白质过多，纤维素太少，饮水量太少或小儿乳量不足。

(2)局部因素。肛周炎、肛裂，由排便疼痛而致便秘。

(3)腹壁或肠壁肌肉张力低下，多见于营养不良、佝偻病。

(4)肠道畸形。先天性巨结肠、先天性直肠狭窄，各种类型的肠梗阻及肛门狭窄等。

2. 预防与护理

(1)饮食因素引起的可以多喂些水，乳量不足者应喂饱。增加纤维素量。

(2)用手在小儿腹部做顺时针方向按摩。

(3)用肥皂头、棉签刺激肛门，使产生便意，促使排便，无效者可以用开塞露从肛门注入。但是以上肛门直肠刺激方法不能常用。

(4)从小培养小儿良好的饮食、排便习惯。

(5)小儿应多运动以促进肠蠕动。

(6)疾病因素引起的便秘，应尽早去医院检查治疗。

技能要求

开塞露使用法

常见的开塞露有两种制剂，一种是甘油制剂，另一种是甘露醇、硫酸镁制剂。两种制剂成分不同，但原理基本一样，都是利用甘油或山梨醇的高浓度，即高渗作用，软化大便，刺激肠壁，反射性地引起排便反应，再加上其具有润滑作用，能使大便容易排出。

1.操作准备

照护员洗净双手。备好开塞露、卫生纸、便盆。核对姓名、药名、用药剂量、给药的时间。过期的、变质的开塞露不能再用。

2.操作步骤

(1)协助患儿将裤子脱至膝盖处取俯卧位或采取侧卧位，使臀部靠近床沿，将卫生纸垫于臀下，并适度垫高臀部。

(2)剪去开塞露顶端，挤出少许甘油润滑开塞露入肛门段。

(3)持开塞露球部，缓慢插入肛门，至开塞露颈部，快速挤压开塞露球部。同时嘱患儿深吸气。

(4)挤尽后，一手持卫生纸按摩肛门处，一手快速拔出开塞露外壳。并嘱患儿保持原体位十分钟左右。

(5)对于主诉腹胀有便意者，应指导其继续吸气，并协助按摩肛门部。

3.注意事项

(1)刺破或剪开后的注药导管的开口应光滑，以免擦伤肛门或直肠。

(2)对开塞露过敏者禁用，过敏体质者慎用。

(3)开塞露是通过刺激肠壁引起排便反射来帮助排便，如果经常使用，直肠被刺激次数越多，敏感性就越差。直肠一旦适应了该药物就不再有反应，所以不宜常用。

学习单元 14　急性中耳炎

学习目标

- 了解急性中耳炎原因。
- 熟悉急性中耳炎临床表现。
- 掌握急性中耳炎护理与预防。
- 掌握正确的滴耳药法。
- 掌握正确的擤鼻涕法。

知识要求

1.病因

小儿咽鼓管短而宽、平直,管腔平时开放,常会因为呼吸道感染、急性传染病引起急性中耳炎。另外,小儿溢奶、呕吐物、游泳等细菌也可经咽鼓管进入中耳而引起炎症。

2.临床表现

常在急性上呼吸道感染后的几天,热度持续不退。小儿用手抓耳或摇头,哭闹、烦躁,能说话的小儿会诉说耳痛。等中耳的脓液积聚达一定程度后,鼓膜向外突破穿孔,脓液外流,热度下降,耳痛减轻,患儿也会比较安静,不吵闹。

3.预防与护理

(1)保持口腔及鼻咽部清洁卫生,避免上呼吸道感染。

(2)教会小儿正确擤鼻涕方法。

(3)不要躺着喂奶。

(4)游泳、盥洗时用棉花塞住两个耳朵的外耳道,防止水流入。

(5)小儿有中耳炎症时应及时去医院诊治。

技能要求

滴耳药法

1.操作准备

照护员洗净双手。备好耳药水、无菌棉签、棉球、弯盘。

2.操作步骤

(1)备齐用物,携至床旁,向患儿解释。

(2)用无菌棉签轻轻擦净外道分泌物。

(3)左手牵引耳廓,右手持药瓶将药液轻轻沿外耳道后壁,滴入3～5滴,轻压耳屏,使药液沿耳道壁缓缓注入耳内,嘱患者保持原位5～10分钟,用棉球堵塞外耳道。

3.注意事项

(1)滴耳药的温度以接近体温为宜,以免刺激迷路引起眩晕、恶心等不适反应。如果药液太凉(特别是冬天),滴药前可适当加温提高药液的温度。

(2)滴药时须将外耳道按一定方向拉直,年长儿向后上方牵引,小小儿向后下方牵引。

(3)如双耳均须滴药,在滴完一侧数分钟后再滴另一侧,软化耵聍滴药后3～4天取出。不宜双侧同时进行。

❖ 相关链接

正确擤鼻涕　减轻并发症

小儿鼻炎的季节性比较明显，大多数发生在秋冬季节，主要症状为连续打喷嚏、鼻痒、鼻塞、流清水样鼻涕，可伴有头痛。如不及时控制，可诱发鼻窦炎、咽炎、支气管炎和顽固性头痛等。严重者可导致记忆力减退，智力发育障碍，影响小儿的学习和生长发育，长期鼻塞和张口呼吸还会影响面部和胸部的发育等。

父母要学会为小儿擤鼻涕的正确方法。正确的方法是：分别堵住一侧鼻孔，把鼻涕擤干净。

平时要多饮白开水和果汁，使鼻分泌物软化，减少呼吸道分泌物的堵塞。若分泌量过多，可以用热水、蒸汽雾化熏鼻。家里应经常开窗通风，保持空气清新流动。还要保持室内空气相对湿度，夜间可在孩子床头放一盆水。

学习单元 15　鼻出血

学习目标

- 了解鼻出血常见原因。
- 熟悉鼻出血错误的处理方法。
- 掌握鼻出血正确止血法。

知识要求

1. 病因

鼻出血又称“鼻衄”，是由全身或局部疾病所表现的一个特殊体征，是耳鼻喉科常见的急诊之一。一年四季均可发病，在气候干燥时发病更多。尤其是小儿发病较多。小儿鼻出血很可能由挖鼻、鼻腔异物或急性传染病、高热、血液病等引起。鼻出血一般多为单侧。量少的反复涕中带有血丝。量多的可以由单侧的鼻孔涌出，也可以从另一侧鼻孔和口中同时流出，若将血液咽下，则可发生呕血。如出现过多，可以发生休克（面色苍白、出冷汗、脉搏快而弱、血压降低）。

2. 预防与护理

（1）对于大多数发生鼻中隔前下方易出血区的鼻出血，可以用拇指和食指紧捏住两侧鼻翼或使用消毒棉花在上面滴药（0.5%麻黄素）放入鼻腔内压迫，同时将头部略向下、向前低，最多 10 分钟就可达到止血目的。

(2)在炎夏和秋冬气候干燥时应多吃水果和青菜,室内要保持一定的相对湿度。鼻内可涂液体石蜡或在医生指导下红霉素眼膏。

3.注意事项

在鼻出血时,最好不要仰头或仰卧。这样鼻内血液向后流至口咽部,看起来好像鼻出血"少了"或"不流了"。其实,血都经后鼻孔流到口咽部而咽到胃里去了。这种假象容易使人失去警惕而耽误治疗,如发生休克可危及生命。

学习单元16　哭　闹

学习目标

- 了解病理性哭闹常见原因。
- 熟悉生理性哭闹常见原因。
- 掌握小儿哭闹的识别与护理。

知识要求

小儿哭闹有生理性哭闹和病理性哭闹两种。

1.生理性哭闹原因

(1)饿、渴。多见于3个月以内的小儿,没有吃饱,或口渴时小儿会哭闹。

(2)冷、热、湿、痒。小儿过冷、过热或尿布潮湿引起不适。因为湿疹、多汗、虫咬等皮肤瘙痒而哭。

(3)排尿、排便感。便意的刺激会使有些小儿哭闹。

(4)睡眠不足。

2.病理性哭闹原因

(1)口腔溃疡。喂食时小儿会哭。

(2)腹痛。常因外科性疾病引起。

(3)鼻塞。感冒鼻塞引起小儿吮奶而哭。

(4)头痛。各种原因引起的头痛而哭闹。

(5)耳朵、皮肤感染疼痛而引起小儿哭闹。

(6)发热及其他病理情况。

3.护理

小儿哭闹一定要仔细寻找原因,及时发现生理性哭闹原因并加以解决。如果有病理性哭闹应及时送医院诊治。

学习单元 17　带患儿就医

学习目标

◆ 了解正确带患儿就医的意义。
◆ 熟悉带患儿就医的基本流程。
◆ 掌握带患儿就医的注意事项。

知识要求

(1)小儿容易患的疾病以常见病为主,最好就近就医。大医院距离较远,会增加路上的劳顿,加之大医院病人较多,就诊等候时间较长,会增加交叉感染的机会。

(2)出现疑难病症、需要到权威医院就诊时,应事先了解有关专家或专业门诊的时间和就诊情况。

(3)看病时,要向医生说明小儿就诊的原因,包括主要症状和发病时间,叙述病情时一定要实事求是,切不可以随意夸大病情。

(4)下次就诊时应带全上次患病过程的就诊记录。如有腹泻,一般需要做粪便检查。

(5)在医生进行过必要的检查后,对疾病做出诊断并开出处方时,要将小儿有某些药物的过敏史及时告诉医生,避免取药后不能用。

(骆海燕　冯敏华)

第三章　安全照护

第一节　安全隐患与预防

学习单元 1　卧室、客厅、厨房中的安全隐患与预防

学习目标

◆ 熟悉卧室、客厅、厨房中常见的安全隐患范围。
◆ 掌握预防卧室、客厅、厨房中安全隐患的方法。

知识要求

一、相关知识

意外伤害是 21 世纪威胁儿童生命和幸福的一个严重问题，目前已经成为我国及世界各国 0～14 岁儿童的第一位死因。需要注意的是，有超过 40%的意外伤害事件就发生在家里，发生在成人的监护之下。意外伤害事件的例子举不胜举，一般严重伤害的发生，对儿童而言，其影响是一生的。因此，了解家庭中常见的安全隐患，及时预防这些安全隐患的发生，对婴幼儿的健康成长就显得非常重要。作为成人或监护人，我们需要知道的是家庭中的哪些地方会存在安全隐患，这些安全隐患要如何预防才不会发生，以及安全隐患发生后我们应如何应对。

二、常见安全隐患的识别与预防

(一)卧室安全隐患

当前,无论是家长还是医生都倾向于孩子自己睡婴儿床,因此,婴儿床的安全必须有保障。在购买婴儿床时,需要注意:婴儿床的栏杆之间的间距不能超过3厘米,否则会卡住婴幼儿的手脚发生危险。床垫与床架必须严丝合缝,不能超过两个手指的宽度,否则同样会卡住孩子手脚。活动床栏一边必须能够安全锁死,旧的小床最容易发生的问题的就是栏杆的锁住系统有问题。若锁住系统不安全,容易被婴幼儿弄松,会出现婴幼儿从床上掉下来等现象。婴儿床上切忌放太多的毛巾被、毛绒玩具,以免阻塞婴幼儿的呼吸道,造成窒息。另外,如果是买二手婴儿床,要注意木质床架不掉漆,没有毛刺等,避免因这些细节问题发生意外。

有时家长会因工作或一些急事外出一会儿,而把婴幼儿独自留在卧室内,这是不安全的,可能会发生意料不到的事故,如可能哭昏、跌伤、撞伤、重物压伤等。如果没有邻居托付时,还是带婴幼儿走为好。

(二)客厅安全隐患

(1)现在家庭中楼梯越来越多,稍不注意,婴幼儿就会摸爬到楼梯上,极容易滚落下来。因此,最好在楼梯处装上安全栏杆,防止婴幼儿攀爬。

(2)婴幼儿天生具有探索的欲望,喜欢把手指或物品插入插座,会有触电或短路的危险。因此,家庭中的插座要更换成安全插座,防止触电事故的发生。

(3)手指被门夹住是婴幼儿常见的安全事故之一。在开关门时要先确认孩子的方位,再开关门。或为保险起见,可以考虑安装安全挡门器。

(4)现在很多城市家庭都居住在较高的楼层,为安全起见,绝对不要让婴幼儿单独在阳台玩耍,最好是在阳台门口加围栏;此外,阳台上绝对不要有垫脚的东西。

(5)很多室内常见的绿色植物和鲜花,其汁液有毒,如果误食会中毒,例如马蹄莲。尤其是会结出漂亮果实的植物,对于婴幼儿来说是很有诱惑力的,因此,应把这些绿色植物放在孩子够不到的地方。

(6)室内的一些家具的边角处会比较尖锐,很容易造成婴幼儿的撞伤或擦伤,现在市面上有出售各种边角的防护套,可以考虑把家里所有有角的家具套起来,以免造成婴幼儿的撞伤或擦伤。

(三)厨房安全隐患

婴幼儿的好奇心很容易在厨房得到满足。但对婴幼儿来说,厨房里的器具件件都存在安全隐患。在孩子未满3岁前,应尽量避免让孩子进厨房,更不可带着孩子炒菜、做家务。在厨房中常见的安全隐患如下:

(1)婴幼儿很容易被柜子里的瓶瓶罐罐所吸引,所以,厨房的柜子都要锁上,不能让婴幼儿轻易打开。

(2)婴幼儿单独进厨房,容易玩火造成烧伤,特别是冬季的火炉、电炉四周都要安排防护罩。

(3)厨房里的刀具、玻璃等其他尖锐利器,容易被孩子找到,孩子玩耍摆弄,会造成意外事故。所以,厨房里的尖锐利器要妥善放置好。

学习单元2　食品、交通中的安全隐患与预防

学习目标

◆ 熟悉食品、交通中常见的安全隐患。

◆ 掌握预防食品、交通中安全隐患的方法。

一、食品安全隐患

近年来,以孩子为主要消费对象的食品如雨后春笋般涌现。婴幼儿食品费用已成为家庭的重要开支项目之一,零食在孩子们膳食中的比例越来越大。但在儿童食品的消费中存在着一些健康安全方面的问题,不能不重视。婴幼儿食品存在安全隐患也是家长或监护人所不能忽视的问题。

(1)食品中的添加剂"三精"未得到足够重视。"三精"指糖精、香精、食用色精。"三精"在食品中的使用还是有国家标准规定的,很多儿童食品也确实有符合有关标准。但食之过量,会引起一些副作用。

(2)不少家长或监护人往往分不清乳制品与乳酸菌类饮料。乳酸菌类适用于肠胃不太好的婴幼儿。选择不当,反而会引起肠胃不适等症状,而且乳酸饮料不能代替奶。

(3)过分迷信洋食品。现在很多家长都十分相信外国进口的婴幼儿食品,认为进口的食品都是健康无害的,实际情况真是如此吗?从有关部门的抽查结果可以看出,进口儿童食品也并非完美,食品出现安全问题的例子也较多见。其实,如今的国产儿童食品质量相比前几年有了很大的进步,国家的质检部门也做出了很多努力,国产的很多婴幼儿食品都达到出口标准。所以家长或监护人在为婴幼儿选择食品的时候不能迷信于一个"洋"字。

(4)婴幼儿生长发育所需要的热能、蛋白质、维生素和矿物质主要是通过一日三餐来获得的。有部分家长会给婴幼儿吃些营养滋补品,实际上完全没有必要。各种滋补营养品的摄入量本来就很小,其中对身体真正有益的成分很少,有些甚至具有副作用。

(5)吃大量巧克力、甜点和冷饮。甜味是人出生后本能喜爱的味道,其他味觉是后天形成的。如果一味沉溺于甜味之中,会造成宝宝的味觉发育不良,无法感受天然食物的清淡滋味,甚至影响到大脑的发育。同时,甜食、冷饮中含有大量糖分,其出众的口感主要依赖添加剂,而这类食品中维生素、矿物质含量低,会加剧营养不平衡的状况,引起宝宝虚胖。

二、交通安全隐患

婴幼儿外出时一般都在家长或监护人的照顾之下，但有些时候安全事故也都是在家长或监护人的眼皮底下发生的。因此，家长或监护人在带婴幼儿外出时需要注意以下几点：

(1)家长带婴幼儿乘车外出时，需要给孩子配备合适的约束装置，如安全座椅，或配合儿童坐垫使用安全带等，不要让婴儿随意将头、手伸出车窗外，关闭车窗与儿童锁。

(2)在车辆行驶的过程中，不要让婴幼儿在车辆上吃东西，无论是刹车还是颠簸摇晃，婴儿都可能噎着，严重的会导致窒息。

(3)家长或监护人下车办事时，不要将婴幼儿独自留在车内。封闭的车厢内气温升高，会令婴幼儿心脏负担加重，产生窒息等症状。停放的汽车对于周围的儿童也会产生危险。驾驶者在启动车子之前，一定要观察清楚车辆周围的情况，特别是车后方，以免发生意外。

三、其他安全隐患

(1)凡是成人服用的药品或有毒的外用药、农药、老鼠药、灭蝇药等，都要放在婴幼儿拿不到的地方，最好放置在柜中、抽屉里加锁保管，以免婴幼儿误服中毒。

(2)近年来，饲养宠物的家庭越来越多，儿童被宠物咬伤的病例越来越多，犬伤已成为常见的伤害之一。因此，养宠物的家庭应特别注意在发情期、产仔期让婴幼儿远离宠物。孩子和宠物在一起玩耍时，家长一定要陪伴在旁，婴幼儿做出危险的动作时，一定要制止。如果婴幼儿无意中弄痛了宠物，宠物会下意识地做出攻击行为，此时，家长要注意保护婴幼儿。如果被宠物抓伤或咬伤，应马上将伤口残留的血液挤出并用消毒剂清洁伤口，简单包扎后，马上带孩子就医，并在医生的遗嘱下给孩子注射相应疫苗。

(3)在婴幼儿学习走路时，很多家长都会给婴幼儿买学步车。在购买学步车时，家长要仔细检查学步车的每一个车轮，确保它们能360°旋转。此外，学步车要在平整的地方上给婴幼儿学步，特别注意不能让学步车滑向台阶。婴幼儿在学步车上时，成人一定要在边上看护。

(4)婴幼儿的玩具安全：那些小的、能取下来的部件，例如娃娃的眼睛、头发、纽扣等都是危险物品。应防止孩子误食窒息。应选择适合孩子不同年龄阶段的玩具，要看玩具的性质和种类。可以找一些相关的指导书籍看，或者注意玩具上的安全警示。把玩具损坏或不安全的部位扔掉。确保玩具的质地无毒、不易碎、没有噪声。

(5)爷爷奶奶的零钱包、妈妈的化妆包、爸爸的公文包，外出时带的旅行箱，或是来家中做客的朋友的皮包，里面的某些东西都可能给宝宝带来中毒、窒息、割伤的危险。比如，药物、零钱、硬糖、笔帽、图钉、指甲油、弯刀。当大人忙于谈话聊天时，婴幼儿几秒钟就可能把他认为新奇的东西放到嘴里，所以，这种安全隐患需要家长特别注意。

（朱晨晨）

第二节 意外伤害和事故处理

学习单元 1 摔 伤

学习目标

- 了解摔伤常见原因。
- 熟悉摔伤的常见症状。
- 掌握摔伤的应急措施。

知识要求

一、摔伤的常见原因与症状

小儿摔伤的症状轻重视摔跤跌倒的情况而定。如果小儿是正面跌倒,可能会摔伤嘴,使下唇被上颚牙齿割伤,引起出血;如果是从高处滚落下来,还有可能伤到四肢,轻则擦伤皮肤,重则导致肢体骨折。

二、应急措施

小儿摔伤后情况常常比较严重,幼儿照护人员必须尽快采取有效措施,降低危险,减轻小儿的疼痛感。

1. 摔伤嘴唇

如果小儿摔伤嘴唇,要立即压住小儿的伤口止血。如果伤得不严重,先检查小儿的牙齿是否松动、移位或断裂,然后检查嘴唇周围的皮肤是否伤到。被碰伤的嘴唇内侧及周围皮肤通常容易裂开,应轻压片刻或将冰块放在伤处,以减轻肿胀。如果嘴唇裂开严重,应立即拨打 120 或直接带小儿去医院就诊处理。

2. 摔伤四肢

由于地面有水或打蜡,小儿滑倒或跌倒,摔伤胳膊和腿的事情很常见。遇到这种情况,应先将小儿的伤口四周用清水洗干净,再用酒精或双氧水消毒,消毒后用药棉、纱布把伤口周围擦干,再用干净的纱布或手帕暂时包扎伤口。

如果伤口内有沙土或玻璃碴、金属屑等异物,要先用干净的纱布将异物轻轻擦拭出来。同时,包扎伤口时,一定要用消毒纱布和绷带包扎,再用胶布固定。

学习单元2 烫 伤

学习目标

◆ 了解小儿烫伤的分度。

◆ 熟悉不同程度小儿烫伤的临床表现。

◆ 掌握小儿烫伤的紧急处理。

知识要求

1.烫伤的分度

(1)Ⅰ度:表皮红、肿痛、无水泡,2~3天后症状消失,不留疤痕。

(2)Ⅱ度:真皮受损,皮肤淡红或苍白,有水泡含浆液,疼痛明显。

(3)Ⅲ度:皮肤、皮下组织以至于肌肉、骨骼受损。皮肤干、呈灰白色或黑色,无水泡,无痛觉。这一级烫伤可引起全身一系列病理生理的改变,愈后留下会疤痕。

2.急救处理

(1)迅速将小儿脱离热源。

(2)立即用大量流动冷水冲淋(或浸)。

(3)轻度烫伤的情况,局部可以涂上蓝油烃烫伤膏或火烫膏。

(4)水泡不能挑破,以免感染。

(5)如果衣服和皮肤粘在一起,切勿撕拉,只能将未粘上的部分剪去,黏附的部分留在皮肤上。

(6)如果烫伤范围大、程度深或烫伤处在要害部位,应立即及送医院处理。

(7)如遇强酸、强碱灼伤,应立即脱去被浸渍的衣服,用吸水性强的材料(干毛巾、面纸等)吸干皮肤上溶液,再用大量清水冲20分钟以上,及时送医院。

学习单元3 宠物咬伤

学习目标

◆ 了解宠物咬伤的危害。

◆ 熟悉宠物咬伤的常见原因。

◆ 掌握宠物咬伤的处理。

知识要求

1.伤口处理

(1)立即挤压出伤口处的血液。

(2)用3%～5%肥皂水或1∶1000新洁尔灭反复清洗伤口(但两者不可同时使用),做到全面彻底。

(3)用大量灭菌生理盐水冲洗伤口至少20分钟,然后用灭菌纱布吸干。

(4)洗涤后,用40%～70%酒精涂擦伤口3遍以上,再用2%碘酊涂擦伤口,伤口一般不需包扎。

2.救治

(1)立即送医院治疗。

(2)积极配合医生治疗,做到用药及时、足量。

(3)治疗过程中出现异常反应,立即就医。

(4)注意事项。小儿如被犬或其他动物(包括貌似健康的犬或其他动物)咬伤、抓伤等,都应送小儿去医院处理。

(骆海燕 冯敏华)

学习单元4 气管异物梗阻

学习目标

- ◆ 了解气管异物的常见原因。
- ◆ 熟悉气管异物的处理与预防。
- ◆ 掌握气管异物的急救处理。

知识要求

常见异物有花生米、瓜子、豆类、糖球、小瓶盖、塑料凳。呼吸道异物,如果处理不当或处理不及时,能造成小儿窒息死亡。必须抢救及时,解除气道阻塞,所以,做好家庭的防范与处理很重要。

婴幼儿气道异物梗阻的表现:呼吸浅表、越来越重的呼吸困难、无力咳嗽、口唇鼻周发紫、哭声无力、不能说话或呼吸。

技能要求

1. 婴儿气道异物梗阻现场急救

用背部叩击和胸部冲击联合操作法。

(1)婴儿面朝下，骑跨在救护者前臂上，头低足高体位。操作者前臂支撑在自己的大腿上，一手固定婴儿双侧下颌角。

(2)用另一手掌跟部用力向内、向上叩击婴儿两肩胛骨之间的背部4～5次。

(3)背部叩击后，将一手放于婴儿背部托住头，另一手托住婴儿下颌，翻转婴儿为仰卧位，并将手支撑在操作者大腿上，保持婴儿头低脚位。

(4)用食指、中指快速冲击婴儿两乳头连线下一横指处4～5次。

(5)检查口腔，发现异物，立即用手取出。

(6)如异物未排出，继续背部叩击和胸部冲击，直到宝宝吐出异物。

2. 儿童气道异物梗阻——海式冲击法

婴儿气道异物梗阻急救法

如患儿为1岁以上的儿童，且意识清晰，采用海式冲击法之立位腹部冲击法。

(1)操作者从患儿身后环抱其腰部，让患儿弯腰、头部前倾。

(2)一手握空心拳，放于腹部正中脐上两横指处。

(3)另一手握住此拳，快速向上、向内冲击5次，使一股气流猛然从气管中冲出，将异物排出。

(4)如异物未排出，继续重复，到患儿吐出异物为止。

如儿童发生气道异物梗阻已意识不清晰，不能配合站立，应将其躺倒卧位，再行腹部冲击法。

学习单元5　正确拨打120

学习目标

◆ 了解正确拨打120的意义。

◆ 熟悉配合120人员急救的方法与内容。

◆ 掌握拨打120时和急救人员的主要沟通内容与要求。

知识要求

我国统一的急救电话号码为120。为了使患儿能得到及时的运送和救治，在拨打120时要注意：

(1)拨打120电话时,切勿惊慌,保持镇静,讲话清晰、简练易懂。

(2)讲清患儿所在的详细地址。如"× ×区××路×弄×号×室",不能因泣不成声而诉说不全,也不能只交待在某商场旁边等模糊的地址。

(3)说清患儿的主要病情或伤情,如呕血、昏迷或从楼梯上跌下等,使救护人员能做好相应的急救准备。

(4)提供畅通的联系方式,一旦救护人员找不到地点时,就可与呼救人继续联系。

(5)若有成批伤员或中毒患儿,必须报告事故缘由,比如楼房倒塌、毒气泄漏、食物农药中毒等,并报告罹患人员的大致数目,以便120调集救护车辆、报告政府部门及通知各医院救援人员集中到出事地点。

(6)挂断电话后,应有人在有明显标志处的社区、住宅门口或农村交叉路口等候,并引导救护车的出入。

另外,在拨打急救电话之后、急救人员到达之前,现场人员可以采取一些基本的急救措施,为挽救患儿生命获得先机。

(1)及时接应救护车。当听到救护车警笛声时,应站在阳台上或窗口,向急救人员招手呼唤,或直接派人与急救人员在约好的地点提前等待接车。若20分钟内救护车仍未出现,可再拨打120。

(2)做好搬运准备。疏通搬运患儿的通道。需要搬运患儿时,如果是深夜电梯停运的楼房,应先与物业沟通好,让他们打开电梯;若是走楼梯,则应尽量清理楼道,移除影响搬运的杂物,方便担架快速通行。

(3)采取初步急救。如果患儿昏迷,应将患儿就地放平,解开紧扣的衣领,使其头偏向一侧,出现呕吐时,及时清理口鼻呕吐物。如果病人呼吸、心跳停止,要立即给予胸外心脏按压、人工呼吸。如果患者疑似骨折,不要随意挪动伤者,避免造成二次伤害。

(4)积极配合急救。协助急救人员开展现场救助,提供相关信息、物品,协助安全转运。准备好医疗费用、医保(农合)本、衣物等。若是服药中毒的患者,要把可疑的药品、容器带上;若是断肢的伤员,要带上离断的肢体等。急救人员到达现场后,会针对患儿情况进行初步检查、处理,然后决定是否立即转运,院前急救原则是就近、就急,在患者病情允许的情况下,可考虑家属意愿,优先考虑就近原则。抢救患儿时,家属要理解配合,听从急救医生意见,因为有的情况下,应等患儿病情稍稳定再转送医院,否则易加重病情。

(5)需要提示的是,如果是路人碰上车祸等事故拨打的120,应留守到急救人员到达之后再离开。如此,既能及早指引120准确找到事发地,又可向急救人员提供宝贵的一手资料。等救护车时不要把患儿提前搀扶或抬出来,以免影响救治。应尽量提前接救护车,见到救护车时主动挥手示意接应。

(6)如果病情较轻或是不需急救的疾病或伤情,建议最好自行去医院,以免浪费宝贵的公共急救医疗资源。

学习单元6　婴儿、儿童的心肺复苏术

学习目标

◆ 掌握婴儿、儿童心肺复苏术的操作技能。

◆ 熟悉婴儿、儿童心肺复苏术注意事项。

知识要求

婴儿、儿童心肺复苏术

心肺复苏中，小于1岁者称为婴儿(但不包括新生儿)，1～8岁者称为儿童。

首先应确认环境安全，做好操作者自身的防护。

1.判断患儿意识、呼吸

操作者用手拍婴儿足底，观察有无啼哭等反应。如为儿童，可以轻拍重喊“孩子，你怎么啦”；如无反应，判断为意识丧失。马上评估呼吸：观察患儿鼻翼和胸廓有无起伏。评估时间5～10秒(口中轻念1001、1002……1010)。

2.呼救、请他人拨打120

拨打120时，要讲清具体位置、患儿情况，不要急于挂断电话。

3.胸外心脏按压

(1)部位：操作者两手指放于婴儿胸部正中，紧贴两乳头连线下方一指。如为儿童，则按压部位为胸部正中乳头水平连线。

(2)频率：100～120次/分，按压与放松时间相等。

(3)按压胸廓深度：婴儿约为4厘米，儿童约为5厘米。每次按压后让胸廓完全回弹。

4.开放气道

首先观察口鼻有无异物，如有异物，立即清除。仰头举颏法开放气道：一手压低前额，另一手中指和食指向上托起患儿下巴，至鼻孔朝天。患儿耳垂与下颌角的连线与地面构成的角度：婴儿大约为30°，儿童大约为60°。

5.建立呼吸

对婴儿施救，采取口对口鼻吹气；对儿童施救，采取口对口吹气。应缓慢吹气(大于1秒钟)，看见胸廓抬起即可。如单人抢救，按压与通气比例为30∶2；如双人抢救，按压与通气比例为15∶2。

6.评估复苏的效果

心肺复苏成功标志：

(1)患儿面色、口唇、手指甲床、皮肤等处色泽转红。

(2)能触到患儿大动脉搏动(如肱动脉等),有自主呼吸。

(3)患儿可出现四肢活动等。

心肺复苏操作注意事项:

(1)胸外按压应确保足够的速度与深度。

(2)尽量减少胸外按压中断的时间和次数,如需换人,中断时间不应超过 5～10 秒。

(3)患者应置于硬板床上或地面上,不要放在松软的床上。

婴儿心肺复苏术

(冯敏华　骆海燕)

第四章　启蒙教育

第一节　训练婴幼儿动作技能

学习单元1　婴幼儿的大动作技能训练

学习目标

- 了解动作技能训练的相关知识。
- 掌握婴幼儿大动作技能训练的操作方法。

知识要求

一、动作技能训练相关知识

0～3岁婴幼儿的动作技能主要包括大动作和精细动作两个方面。大动作技能训练的基本内容包括抬头、翻身、爬、坐、走、跑、跳、攀登、平衡、投掷等；精细动作包括摸、抓、拿、握、敲、捏、取、撕、拼、插等。训练方法以体操训练或动作为主，辅以简单轻巧的玩具和游戏。

二、大动作技能训练

婴幼儿身体的本能行为需要通过游戏加以训练而逐步发展完善起来。益智健身操就是根据婴幼儿的生理特点和游戏规则，配合优美的音乐而设计的，可以促进婴幼儿血液循环与呼吸功能，增强新陈代谢，锻炼骨骼肌肉和身体活动的协调性、灵活性。

益智健身操分为被动操、主被动操和模仿操等形式，经过培训、合格的幼儿照护人员也可以直接指导家长来完成。

1. 爬行训练

(1)婴儿爬行能力的发展要经过三个阶段

抵足爬行：用手抵婴幼儿的两只脚，使之呈蛙形，可趁势以腹部为支点向前爬行。

手膝爬行：8～12 个月的婴儿能够用手和膝盖支撑身体爬行。

手足爬行：1 岁左右的婴儿能够用双手和两脚掌支撑身体，向前爬行。

(2)四肢协调爬行训练：让婴幼儿手膝着地，腹部离开床面，四肢协调爬行。如果腹部不能离开床面或不能向前移动，可用手托住或用长围巾兜住婴儿腹部，用玩具引导其进行爬行训练。

(3)爬行游戏：当婴儿会用手膝爬行后，就可以做爬行游戏了。如做一些爬直线、爬上下斜坡、爬台阶的练习。

2. 直立和开步行走

学会直立和开步行走是幼儿身心发展过程中的一次大的飞跃。婴儿能够独立地移动自己的身体，活动范围的增加，接触的事物也增多，对其智力发展有不可替代的促进作用。学会站是开步行走的先决条件，会站不一定会走。婴儿用双脚支撑起自己的身体重量时需要肌肉力量使踝部、膝部、腰部、颈部克服地心的引力，保持身体平衡需要前庭平衡系统充分配合。

婴儿经过俯卧、翻身、爬行等阶段的训练，对重力的作用、方位的改变以及关节的活动都有了体验，为站立和行走打下了基础。一般情况下，5～6 个月可以在成人腿上跳跃；9 个月时用手扶物可以站立；11～12 个月婴儿可扶着家具移步。

(1)学会站立

适合年龄：9～12 个月。

每次时间：1～2 分钟。

每天次数：3～5 次(随着练习的进行，每天练习的次数可以逐渐增加)。

动作说明：

攀物站起：把婴儿抱到椅子、桌子、沙发旁边，诱导婴儿扶着东西站起来。

双膝站起：成人盘腿坐在地上，让婴儿坐在腿上，帮助其站起来再坐下，反复练习。

座椅站起：让婴儿坐在高度适当的椅子上，练习站起来再坐下。

(2)走

适合年龄：12～16 个月。

每次时间：1～2 分钟。

每天次数：不限(一般根据婴幼儿的个体情况，次数一般不限制，但每次的时间不宜过长)。

(3)移步行走

让幼儿站在成人的脚面上，成人的两手托扶着幼儿腋下，迈着适合的小步子带动幼儿两只脚向前走。

扶着东西走：让幼儿扶着墙壁或家具练习走路。

推小车走：让幼儿推着小车练习走路。

跨越障碍：在地面上摆一些书、枕头之类的障碍物，让幼儿跨越过去，可以练习单脚站立的能力。

注意事项：每次练习的时间不宜过长，但练习的次数可逐渐增加。

患有佝偻病的幼儿，不宜长时间练习走路，预防下肢骨骼变形。

3.跑

1岁半左右的幼儿，当行走自如时就会开始练习跑。跑不稳时，常常自己停不下来。训练时可以分成几步进行：

适合年龄：1.5～3岁。

每次时间：3～10分钟。

每天次数：3～5次。

动作说明：

抱着跑：成人抱着幼儿变换不同速度、方向跑，增强婴儿耳内的半规管的适应能力。

牵手跑：成人和幼儿面对面，牵着婴幼儿的两只手，慢慢向后退，待其适应后只牵一只手，跑时不要用力握幼儿的手，尽量让其自己掌握平衡。

逗着跑：用一只皮球或叮当作响的铁罐用力向前滚动作为目标，成人与幼儿一起抢。

放手跑：成人在距离幼儿2米的地方蹲下来，鼓励幼儿快速跑过来，到达以后将婴儿抱起来。

自行停稳跑：在幼儿跑时喊口令"一、二、三停"，使其渐渐学会将身体伸直、步子放慢，平稳地停下来。

4.跳

适合年龄：2～3岁。

每次时间：1～2分钟。

跳的形式有很多，如背着跳、原地跳、从高处跳、立定跳等。但幼儿的骨骼发育尚未成熟，特别是骨盆的发育尚未定型，因此在练习跳的时候要注意安全、适度，避免幼儿骨盆发育变形。

5.攀爬

几乎每个幼儿都喜欢攀爬，其主要原因是通过攀爬幼儿可以学习和掌握空间，是婴幼儿认识空间的主要途径之一。攀爬可以训练手脚能力、协调身体的能力和前庭平衡系统，培养幼儿的勇气和胆量。

适合年龄：1～3岁。

训练用具：椅子、桌子、沙发、床。

注意事项：给幼儿提供练习攀爬的机会，同时做好安全保护。

(1)1岁时可以训练爬椅子并转过身来坐下。

(2)2岁时可以训练爬上椅子、桌子拿玩具。

(3)3岁时能够在攀爬架上做钻、爬、攀爬动作。

6.球类游戏

球是婴幼儿最感兴趣的玩具之一，年龄不同，球的玩法也有所不同。国外有研究指出，球类玩具对婴幼儿身体协调能力、空间智力的发展都有非常明显的促进作用。球类游戏的基本动作包括滚、接、扔、踢、拍、投等。通过训练这些基本动作，可以锻炼手臂和身体的协调平衡功能。

适合年龄:1～3 岁。

每天时间:1～5 分钟。

训练用具:不同规格的球。

动作说明:

滚球:成人与幼儿面对面坐下,将球相互推给对方,在用手抓球、推球的过程中,训练幼儿的手眼协调能力。

踢球:把球放在地上,让幼儿踢着球走。

三、注意事项

(1)训练运动技能要循序渐进,不可操之过急。

(2)运动训练的内容要适应婴幼儿的年龄特点。

(3)锻炼的强度、时间要根据每个婴幼儿的具体情况来定。

(4)运动要全面锻炼,并每日坚持。

(5)运动过程要游戏化,在快乐中得到锻炼。

学习单元 2　婴幼儿的精细动作技能训练

学习目标

◆ 了解动作技能训练的相关知识。

◆ 掌握婴幼儿精细动作技能训练的操作方法。

知识要求

婴幼儿精细动作的发展主要体现在手指、手掌、手腕等部位的活动能力。“心灵手巧”说明手的灵活性可以对人的一生带来重要的影响,良好的操作能力能够体现人的基本素质,是学习特殊技能的前提条件。

0～3 岁是婴幼儿精细动作能力发展极为迅速的时期。婴幼儿最初是用手来感知事物的属性和事物间的关系的。精细动作的发展顺序为,从用满手抓握到用拇指与其他四指对握,再到拇指与食指对握,意味着婴幼儿大脑神经、骨骼肌肉、感觉统合的成熟程度。精细动作训练主要包括抓握、捏取、压搓、折叠、捆绑、对击、点指等方面的操作能力。

(一)精细动作发展的一般顺序

(1)0～6 个月的婴儿能做抓、握的动作。

(2)6～12 个月婴儿能做敲打的动作。

(3)1～2 岁婴幼儿应围绕自己吃饭、穿衣、洗澡等日常生活行为训练。

(4)2～3 岁婴幼儿应多做组合玩具、拼图、画画等方面的训练。

(二)手部基本训练

1.手部按摩

从出生后就开始对婴儿的肩膀、手臂、手心、手背、手指、手腕进行按摩,可促进肌肉放松和血液循环。

2.触摸、抓握训练

准备一些婴儿可以抓满手的东西进行触摸抓握训练。将铃铛、海绵、橡皮玩具等,塞满婴儿双手,张开后再把东西塞进去,反复练习握掌、伸掌的动作。

举例:

游戏名称:取物训练。

每次时间:1～2 分钟。

每天次数:不限。

在家里摆一些小巧玲珑的东西来吸引婴幼儿的注意,如小块积木、塑料球、小铃铛等玩具,最好形状、颜色、质地各不相同,抓握的距离也经常变化。通过接触各种不同质地、形状的东西,丰富婴幼儿的触觉经验,锻炼手的抓握能力。

3.敲击训练

准备一些可以相互敲打的玩具,让婴幼儿可以随时拿过来相互敲打。市场上有很多可敲击的玩具,能发出不同的声音,都能用来训练婴幼儿的敲击能力。

(三)双手协调训练

练习时间:随时随地。

练习方法:结合日常生活。

举例:

(1)双手抱物:喝牛奶时,让婴儿自己两手握住奶瓶,自己送到嘴里,喝完后自己拿开。

(2)捏取练习:在给婴幼儿添加固体食物时,可以把饼干或其他食物分成小块,放在干净的盘子里,让婴幼儿自己捏着吃,练习拇指、食指的对捏。

(3)撕纸练习:给婴幼儿准备各种不同质地、颜色的纸让婴幼儿随意撕。

(四)手眼协调训练

练习用具:各种玩具。

每次时间:1～3 分钟。

每天次数:不限。

举例:

(1)造型组合:搭积木,搭成不同的形状。

(2)穿珠子:让婴幼儿把中间有洞的珠子,用一条线穿起来。穿珠子的练习难度较大,一般适合年龄稍大一点的幼儿。

(3)涂鸦:准备纸和笔,1 岁以内的婴儿可在纸上随意乱画;1 岁半左右可以模仿画直线、方框等形状;2 岁以前的婴幼儿,可以用蜡笔、油画棒、彩色水笔等在不同材质的纸上涂鸦。

(4)学用筷子:当婴幼儿能够熟练地使用勺子后就可以让其练习使用筷子。给婴幼儿准备一双小巧的玩具筷子。指导婴幼儿用拇、食、中指操纵第一根筷子,用中指和无名指控制第二根筷子,练习用筷子夹起枣、花生和糖果。

(五)注意事项

(1)婴幼儿身体控制能力不强时,不要提早训练精细动作。

(2)训练要生活化、游戏化。

(3)玩具、用具的选择要注意安全,如是否有尖锐的边角,涂漆是否安全,有无合格证书等。

(朱晨晨)

第二节　训练婴幼儿语言技能

学习目标

- 了解语言发展的相关知识。
- 掌握婴幼儿语言训练的操作方法。

一、相关知识

0～3 岁是学习语言的最佳时期,特别是口头语言。大脑皮质的语言区特别敏感,容易对听到的语言进行记录和整理。语言是婴幼儿与同伴和成人之间进行沟通的工具,面部表情、肢体动作和哭、笑声,都可以正确表达婴幼儿的感受和需求。众多研究表明,语言发展的水平与智力的发育存在一定的相关性。因此,训练婴幼儿的语言技能有非常重要的意义。

二、语言技能的发展训练

1. 引导婴儿发音

(1)语言准备期:0～1 岁是婴幼儿语言发展的准备期,包括语言产生和理解两方面的准备。新生儿会用哭声表达需要别人关爱的需求,4 个月后能主动发出笑声,并与成人进行应答。这时成人要多面对面与婴幼儿说话,让婴儿模仿成人的口型,逐步学会发音、发声。

(2)模仿婴儿声音:婴儿睡醒后或高兴时会发出“啊、呀”的声音。这时发声的口型与啼哭不同,成人可以用同样的声调进行模仿,给婴儿积极的反应,与婴儿进行相互交流。

(3)多与婴幼儿面对面说话:成人可以经常呼唤婴儿的名字,帮助其做出相应的反应,与婴儿讲自己正在做的事情,让婴儿模仿成人的口型进行发音,使婴儿能够逐步控制嘴巴和舌头的肌肉，掌握发声的技巧。

2.帮助婴幼儿理解语言

尽量把与婴幼儿生活有关的人、动作、物品名称和使用的动词联系起来，帮助婴幼儿理解语言的含义。如成人在洗衣服的时候，告诉婴幼儿妈妈正在洗衣服，什么是衣服，什么是水等，并用手指着所说的物体，帮助婴幼儿理解语言的含义。

3.语言训练的方法

（1）婴幼儿指认训练：帮助婴幼儿认识自己的器官。开始成人可以利用自己的身体教婴儿进行辨认，如说“鼻子”，就用手指一下自己的鼻子。多次训练后，可以让婴幼儿指认自己的器官，如说“耳朵”，就拿婴幼儿的手去摸他自己的耳朵。

帮助婴幼儿认识家人，告诉婴幼儿这是爸爸，那是妈妈，爸爸叫什么名字，在哪上班。反复训练后，由成人问：谁是爸爸？妈妈在哪？

（2）看图说话：成人把婴幼儿抱在怀里或让其坐在腿上，选择一些自然科学方面的图片书，一边看一边讲。介绍内容时要言简意赅，如这是什么动物、植物之类的。成人要注意把培养婴幼儿看书当作一种乐趣、一种游戏，帮助婴幼儿练习说话，营造一个语言学习的氛围。

（3）感受实物：物体的选择应是婴幼儿比较熟悉的东西，在生活中能够经常见到。如认识台灯，可以抱着婴幼儿坐在台灯前，拉着婴幼儿的小手去摸灯罩，把灯打开再关上，反复几次，增加婴幼儿的兴趣。然后抱婴幼儿走到另一个房间，问“台灯在哪？”观察婴幼儿是否用眼睛寻找，如果找到了，就要及时给予奖励。

（4）学儿歌：练习儿歌和童谣是婴幼儿学习语言较好的方法之一，一些朗朗上口的儿歌既押韵有趣又容易记忆，对幼儿语言的发展大有裨益。

（5）亲子阅读：亲子阅读的形式既可以增加父母与幼儿之间的情感联系，建立亲子依恋，又能为幼儿语言能力的发展营造一个良好的语言环境。在家庭中，每天开展亲子阅读对幼儿的语言发展和智力发育有着非常重要的作用。

（朱晨晨）

第三节　训练婴幼儿认知能力

学习单元1　能通过游戏训练婴幼儿视觉

学习目标

◆ 了解婴幼儿视觉发展特点。

◆ 能通过游戏促进婴幼儿视觉发展。

知识要求

一、婴幼儿视觉、知觉的特点

曾经有研究者对婴幼儿做过一个试验，发现新生儿对瞳孔反射光有一定的反应。婴幼儿自出生开始，就能感觉到眼前的光线，还能根据光的不同明度有不同反应，只是敏感性低于成人。另外，临床专家证明，幼儿视觉敏感期内如果被蒙住眼睛，有可能造成婴幼儿失明。因为在这样的情况下，虽然他们视觉神经正常，但是无法接收外界的信息，因此导致视知觉障碍。宝宝出生后，视敏度迅速发展，但是宝宝的初步视觉感知只有黑、白、灰三色。

二、视觉、知觉提高的方法

婴幼儿视力的发展在 6 个月左右显著，照护员可以选择颜色、形状大小不一的玩具，供幼儿抓握，感知玩具的大小。还可以用玩具的颜色刺激宝宝的视觉发展。

三、初生儿的视觉训练

(1)追视移动光点，拿玩具在宝宝面前移动，引导宝宝视线跟着玩具移动。

(2)给宝宝看白纸上的黑字或者单页单幅的插图。

(3)给宝宝看黑白相间的图案。

四、婴儿视觉训练

3～4 个月的婴幼儿开始能分辨彩色的物体，红色的物体尤其能激发孩子的兴趣。而稍大点的宝宝，如 4～9 个月左右的宝宝开始对暖色调的物体比较感兴趣，如橙色、黄色等。

可将婴儿房布置成彩色的充满童趣的环境，添加些彩绘或者喷画，提供彩色的图片给宝宝阅览。

五、形状颜色认知训练

1.认识红色

红色是一个很抽象的概念，对红色的认识有助于发展宝宝的概括能力。

(1)照护员计划好时间以及频率，定时与宝宝开展认识颜色的游戏。先认红色，如照护员拿着一个红色的玩具，并告知幼儿“这是一个红色的玩具”，接着问“红色在哪里?”，幼儿便会指向“玩具”。接着再对宝宝说“苹果也是红色的”，宝宝会表现出疑惑的表情，这时，照护员可再拿出各种红色的球或者其他玩具，并告诉宝宝这些也是“红色”。

(2)把宝宝平时红色的穿戴用品放在一起，给宝宝一个认识红色比较集中的环境和氛围。

2. 认形状

认识形状的主要通过触觉与视觉的结合来实现。

照护员选择一个能认识形状的玩具，给幼儿示范将不同的玩具零件放入不同形状的洞穴中，此后这些玩具零件能够固定不动。然后由幼儿拿着这些零件逐个去试每个洞穴，当试验成功之后，幼儿的兴趣会高涨，这时，幼儿认识其他的形状也不是难事了。

另外，幼儿在拿着玩具零件的时候，他们也能通过触摸感受到各种形状的特征，从而真正认识这些形状。

学习单元 2　发展婴幼儿听觉

学习目标

- ◆ 掌握婴幼儿听觉发展特点。
- ◆ 能针对婴幼儿听力发展开展游戏活动。

知识要求

1. 给幼儿的音像资料读物一定要符合各年龄阶段幼儿的特征

和音像资料相关的读物一般包括 CD、DVD、录音机、视频动画等。2 岁以前的幼儿，尽量不要给他们放视频动画，以免造成视听混淆。因为这个年龄阶段的幼儿感知觉发展并不完善，以听力发展为主，而且动画对幼儿视力发展也不利。因此此阶段以讲故事或播放录音为主。2 岁以上的孩子，可适当播放动画，但每次时间不能超过 10 分钟。

2. 选择有声读物的质量要求

选择有声读物的质量必须保证音质清晰、语音流畅、效果好、背景音乐舒缓。另外，每次播放的时间也应该控制在 5～10 分钟。

3. 婴幼儿听说能力训练的要求

照护员与婴幼儿的对话要做到边做边说，将正在发生的事与幼儿交流。这样幼儿就能在感知觉统一的情况下认识事物的特性。另外，讲话时词汇简单、声音响亮、重复多次、反复刺激，可为幼儿的语言发展奠定基础。

技能要求

1. 让宝宝接触丰富的居家声音环境

打开宝宝的听觉环境，切勿将宝宝关在一个密闭的空间里面，让幼儿听到来自家庭的声音，比如开关门的声音、走路的声音、说话的声音、水龙头流水的声音等。这样有助于孩子听力的发展，能让他们体会到家的安全感。

2. 人为地创造声音刺激的环境

选择一些器皿或者随手可得的家具，有节奏地敲敲打打；可在幼儿床头挂上一串风铃，让他听得到清脆的声音；抱着宝宝贴在胸口，让宝宝听到母亲或者照护员的心跳声。

第四节　婴幼儿社会性的发展

学习单元 1　培养婴幼儿的沟通能力

学习目标

◆ 掌握孩子语言发展的特点。

◆ 能与孩子进行良好的沟通。

知识要求

1. 婴幼儿语言发展的特点

婴幼儿最初的语言是微笑。2～3 个月的宝宝，能对成人微笑；1 岁左右，宝宝会讲一些单词，会用字词表达；18～24 个月，可以双词表达；2～2.5 岁，会用简单句表达；2.5～3 岁，会用复杂句表达。

2. 婴幼儿自我意识的发展

(1)认识自己。0～4 个月对妈妈的镜像微笑、点头、发出声音，而不是对自己的镜像感兴趣；5～6 个月把镜子中的自己当同伴，甚至会去找镜子中的人；7～12 个月为“伴随行动”，对着镜子里自己的动作进行模仿；1 岁以后为“认识自我”阶段，对镜子中自己的五官开始感兴趣并开始认识自己；12～15 个月，能从照片中认出自己。

(2)学会自我评价并能用合适的词语去评价别人，同时能理解别人对自己的评价。

3. 亲子关系建立

用微笑关爱的眼神去关注孩子。经常和宝宝一起交流玩耍，如做拍手游戏、唱儿歌。还可以模仿各种小动物的动作，给宝宝提供学习的机会。在游戏的过程中，多观察宝宝的面部特征，及时了解他们的需求，对宝宝的行为和语言要给予及时的反馈和回复，这样才会激发他们沟通交流的兴趣与动机。

4. 玩伴关系的建立

宝宝在发展同伴关系的过程中，可以通过微笑、合作、交往等方式去提高自己的社会交往技能。

技能要求

培养婴幼儿的沟通能力

(1)和宝宝说话的时候,用关爱的眼神看着他们,语速要慢,吐字要清晰。

(2)和宝宝介绍手边的物体,训练其将抽象的概念和具体的事物联系起来,加深他们对相关概念的获得,比如"这是桌子"、"这是宝宝的小床"……

(3)照护员一定要理解宝宝说话的表述的意思,这样会给宝宝很大的满足感。

(4)家长或照护员做好榜样作用,比如早上起来说"宝宝,早上好",会说"对不起"、"谢谢"等,这些行为实际上是在给宝宝树立榜样,他们也会学着去主动和别人交流。

(5)在与他人交往时,训练和鼓励婴幼儿说"你好"。

(6)不管在哪个阶段,不管宝宝现在是否会说话,作为父母或者照护人员都要通过各种途径和方式去逗引宝宝说话。因为语言交流是促进宝宝和成人关系良性发展的重要途径。如在宝宝的一日工作或活动中(穿衣、喂奶、睡觉)都可以贯穿语言的交流,如"牛奶冲好咯,宝宝肚子饿不饿呀?"、"宝宝午睡时间到啦,我们一起来听个小故事好吗?"之类的。此时有可能宝宝还不会说话,但是你要相信,你所说的每一句话,宝宝都能听到,并以信息的形式储存在大脑里。

学习单元2　引导宝宝情绪的健康发展

学习目标

- ◆ 了解婴幼儿情绪情感特点。
- ◆ 掌握识别和应答婴幼儿情绪情感反应的方法及注意事项。

知识要求

(1)婴幼儿情绪发展与先天的气质有关,也与后天的成长环境密切相关。脑神经学研究表明,人的大脑相关部位负责情绪的控制和发泄。

(2)从生下来开始婴幼儿就具备情绪表现能力。情绪持续时间为8～10分钟。幼儿基本的情绪有微笑、哭、兴奋、害怕、惊讶等。宝宝不同的情绪表现体现了宝宝不同的需求,比如用哭声表达身体上的不适,用微笑的表情反应愉快舒适。

(3)情绪是幼儿进行情感交流的重要工具。情绪表达有多种形式,幼儿可以通过面部表情、肢体动作以及语音语调来表达自己的感受,因此成人要学会观察并反馈。

技能要求

引导宝宝情绪的方法

1. 抚摸宝宝

宝宝都渴望父母的拥抱和呵护，所以抚摸接触宝宝也是满足宝宝情绪交流的需要。在成人的怀抱中，宝宝能体验到安全感，感受到来自成人的爱，这样有利于宝宝情绪的健康发展。

2. 用表情引导宝宝

宝宝对成人的表情比较敏感。与自己接触亲密的成人是生气还是高兴，宝宝能很聪明地从照护员的表情中观察出来。因此照护员在引导宝宝情绪发展的时候，可以对着宝宝做很夸张的表情，比如“躲猫猫”，可以逗引宝宝发笑并使之感受到成人的关爱。

3. 多关注宝宝心理情绪的发展

比如多问“宝宝今天出去玩开不开心呀?”也可以和宝宝一起玩情绪表现小游戏。如给宝宝各种情绪的贴纸，告诉宝宝每一个贴纸表示什么样的心情，每当宝宝有这种情绪的时候可以贴上相应的贴纸。

4. 给幼儿提供尽量开阔的环境进行探索

幼儿照护人员可开辟家里的墙角或卧室的某个区域，设计成一个宽敞的游戏区供幼儿进行环境探索以及摸爬滚打的活动。

（黎秀云）

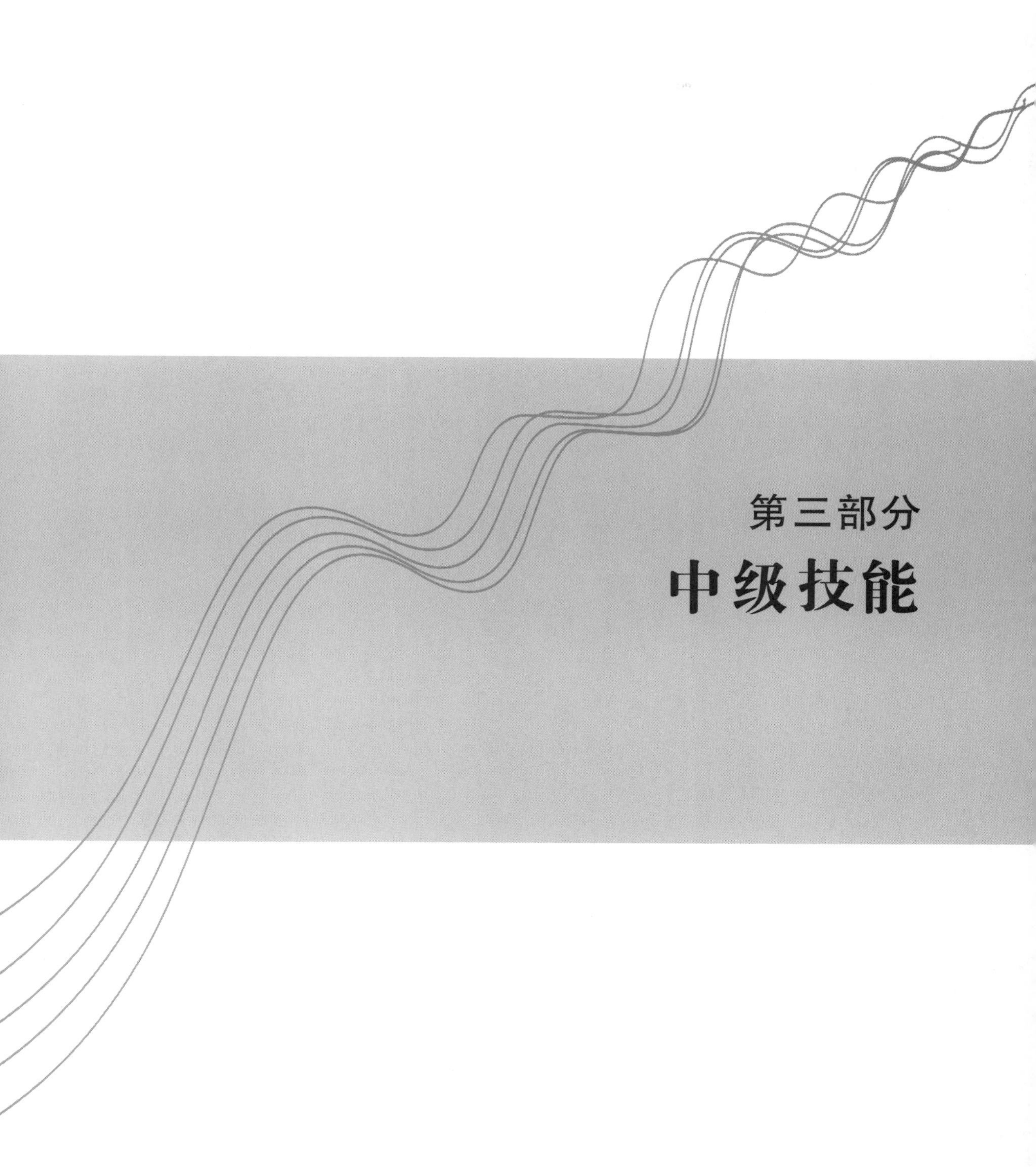

第三部分

中级技能

第一章　生活照护

第一节　婴幼儿一日膳食安排

学习目标

◆ 熟悉婴幼儿期辅食添加常见的问题。

◆ 掌握婴幼儿一日膳食安排。

知识要求

婴儿期辅食添加常见的问题：

1. 食物引入时间不当

过早引入半固体食物，会增加食物过敏、肠道感染的机会；过晚引入，会错过味觉、咀嚼功能发育关键年龄，造成断离母乳困难，进食行为异常，以致婴幼儿营养不足。引入半固体食物时错误采用奶瓶喂养，导致小儿不会主动咀嚼、吞咽饭菜。

2. 能量及营养素摄入不足

8～9 个月的婴儿如经常食用能量密度低的食物，如过稀的粥、蛋羹，婴儿可表现为体重增长不足、下降。

3. 进餐频繁

胃的排空与否与消化能力密切相关。婴儿进餐过于频繁，胃排空不足，会影响婴儿食欲。

4. 喂养困难

难以适应环境、过度敏感体质的婴儿进食时间不稳定，常常表现为喂养困难。

技能要求

一日膳食安排

7～12个月婴儿一天的膳食安排(供参考)：

6:00　母乳或配方奶150～200ml(半小时后鱼肝油)
9:00　母乳或配方奶150～200ml
10:00　果汁＋鸡蛋黄
12:00　鸡肝粥1小碗＋碎菜25～50g
15:00　母乳或配方奶150～200ml
17:00　果泥25～50g
18:00　面片,菜泥20g,鱼泥25g
21:00　母乳或配方奶150～200ml

(骆海燕　冯敏华)

第二节　婴幼儿生活作息安排与习惯培养

学习单元1　婴幼儿良好睡眠习惯的培养

学习目标

◆ 掌握婴幼儿良好睡眠习惯养成的方法。
◆ 掌握婴幼儿良好睡眠习惯养成的注意事项。

知识要求

一、婴幼儿良好睡眠习惯养成的方法

1.为婴幼儿营造适宜的睡眠条件

(1)卧室的环境应安静。睡觉时,拉上窗帘,室内的灯光暗一点,室温控制在20～23℃。窗帘的颜色不宜过深。

(2)床的软硬度应适中,最好选用木板床,以保证婴幼儿脊柱的正常发育。

(3)睡前将婴幼儿的脸、脚、臀部洗净。1岁前的婴儿可用凉开水漱口,并解好小便。换上宽松、柔软的睡衣。

(4)注意婴幼儿的睡姿、脸色。注意被子是否捂住口鼻。对容易惊哭、尿床、体弱的婴幼儿应加强观察,适时给予照料。如给体弱、多汗的婴幼儿背部垫上毛巾,等出汗后,及时更换。

2.为婴幼儿营造良好的身心条件

幼儿照护人员态度要和蔼,不要批评或恐吓婴幼儿,使其保持轻松愉快、平静的情绪。

3.婴幼儿睡眠充足的标准

自动醒来,精神状态良好;精力充沛,活泼好动,食欲正常;体重、身高能够按正常的生长速率增长。

二、培养良好婴幼儿睡眠的注意事项

(1)有规律地安排婴幼儿的睡眠程序,每次睡前应洗脸、洗手、洗脚、洗屁股。出牙的婴幼儿还要凉开水漱口或刷牙,养成爱护牙齿的良好习惯。

(2)养成早睡早起的习惯,按时入睡,醒即起床,可通过放音乐等将婴幼儿叫醒。经过一段时间后,婴幼儿会养成定时睡觉,自然醒来的好习惯。

(3)要控制好白天和夜间的睡眠时间,合理安排日间小睡,不宜过长。

(4)晚间不随意打扰婴幼儿安睡,不唤醒抱起。

(5)养成良好的睡姿,以右侧卧位为宜,既可减少对心脏的压迫,当奶水溢出时也不致呛奶。不用被子蒙头睡,不咬手指、被角,不需大人拍、摇、抱着入睡。

学习单元2　婴幼儿睡眠常见问题及处理

学习目标

◆ 了解婴幼儿睡眠常见问题的原因。

◆ 掌握婴幼儿睡眠常见问题的处理方法。

知识要求

一、夜惊

儿童夜惊,是指睡眠时所产生的一种惊恐反应,属于睡眠障碍。

1.儿童夜惊的主要原因

(1)精神紧张、焦虑不安。如新到陌生环境;受到成人的严厉责备或惩罚;睡前观看惊险

恐怖的电视或听到情节较紧张的故事等。

(2)不良的睡眠或饮食习惯,如睡眠时将手压在胸口上、晚餐过饱等。

(3)躯体患有疾病,如鼻咽部疾病、呼吸道疾病、肠道寄生虫病等。

2.幼儿夜惊的主要表现

睡眠中突然从床上坐起,两眼瞪直或紧闭,尖叫哭喊,出现十分恐惧、害怕、惊慌等神情。通常难以唤醒,对于他人的安抚、拥抱,一般不予理会。夜惊的发作可持续数分钟,发作后仍然能平静入睡,醒后完全遗忘。

3.幼儿夜惊的预防与矫治

(1)消除引起幼儿精神紧张、焦虑不安的各种因素。

(2)注意培养幼儿良好的睡眠习惯。

(3)预防和治疗躯体方面的疾病。随着幼儿年龄的增长,大多数幼儿的夜惊会自行消失,无需特殊处理。

二、梦魇

梦魇,是指以做噩梦为主要表现的一种睡眠障碍,俗称做噩梦。幼儿做噩梦时,处于极度的紧张、恐惧中,伴呼吸困难,自觉全身不能动弹,引起大声哭喊而惊醒。醒后仍表现出短暂的精神紧张、面色苍白等,对梦境有片断记忆,随后不多时。可以完全摆脱对梦境的恐惧情绪后,幼儿再度入睡。梦魇一般持续 2～3 分钟。

1.引起梦魇的主要原因

(1)精神紧张、焦虑不安。如白天精神过度紧张、兴奋;睡前看情节恐怖的电视等。

(2)不良的睡眠或饮食习惯,如睡眠时将手压在胸口上、睡前过多食物等。

(3)躯体患有疾病,如因患呼吸道疾病而睡眠时呼吸不畅等。

2.幼儿梦魇的预防与矫治

消除引起幼儿精神紧张、焦虑不安的各种因素,不要使用恐吓语言迫使幼儿入睡。如果患有躯体方面的疾病,应尽早进行治疗。

三、遗尿症

尿床对于较小的幼儿来说,是一种比较普遍的现象。但幼儿到了四五岁以后,仍然不能控制排尿,经常出现夜间尿床,白天尿裤现象,则应视为患有遗尿症。遗尿多发生于夜间,故也称作夜尿症。通常男幼儿多于女幼儿。

遗尿症分为器质性遗尿和功能性遗尿两类。器质性遗尿由躯体疾病引起遗尿,如膀胱炎、蛲虫病、糖尿病、大脑发育不全等。功能性遗尿指已排除各种躯体疾病的遗尿症。多由大脑皮层功能失调引起。诱因常为精神方面因素,如强烈的精神刺激;白天过度疲劳,引起夜间睡眠过深;没有养成良好的排尿习惯;有心理障碍等。

幼儿遗尿症的预防与矫治:

(1)对于患有躯体疾病的幼儿,应及早进行治疗。

(2)消除引起幼儿精神紧张的各种因素,包括幼儿因遗尿后产生的心理压力,不耻笑、责骂或体罚,应以温和、耐心的态度,帮助幼儿逐步树立起克服遗尿的信心。

(3)建立合理的作息制度,避免幼儿白天过累,晚间适当控制幼儿的饮水量。夜间定时唤醒幼儿排尿,加强自觉排尿的训练。

(4)配合行为治疗、药物治疗等。

学习单元3 婴幼儿良好大小便习惯养成

学习目标

◆ 掌握婴幼儿良好大小便习惯养成的方法。
◆ 掌握婴幼儿良好大小便习惯养成的注意事项。

知识要求

一、婴幼儿大小便的特点

(一)婴幼儿大便

婴幼儿粪便的次数和性质常反映胃肠道的健康状态,故观察粪便极其重要。正常大便含水80%,其余为黏液和食物残渣,包括一定量的中性脂肪、脂肪酸、未完全消化的蛋白质、淀粉和以钙盐为主的矿物质。

1.胎便

新生儿多数在出生24小时内排胎便。胎便呈墨绿色,略带黏液。它由脱落的上皮细胞、浓缩的消化液及胎儿时期吞入的羊水组成,一般2～3日排尽。

2.母乳喂养婴幼儿的粪便

未加辅食的母乳喂养儿的大便呈黄色或金黄色,半糊状,没有臭味,有时会出现稀薄,微带绿色,每天排便2～4次。加辅食后大便次数可减少。1周岁后大便次数一般情况下一天一次。

3.人工喂养婴幼儿的粪便

大便颜色淡黄,略干燥,质较硬,有臭味,有时便内易见酪蛋白凝块,每天大便1～2次,个别婴儿隔天一次。

(二)婴幼儿小便

不同年龄的婴幼儿,尿量和排尿次数不同。婴幼儿新陈代谢特别旺盛,年龄越小,热能和水代谢越活跃。但他们的膀胱小,所以排尿次数较多。

1.正常尿量

一般情况下，新生儿尿量每小时 1～3ml/kg，婴儿每日尿量 400～500ml。幼儿每日尿量 500～6000ml，学龄前期每日尿量 600～8000ml，学龄期 800～1400ml。尿量的多少取决于摄取水分的多少和周围气温的高低。

2.排尿次数

新生儿大多数出生后 24 小时内排尿。出生后头几天因摄入少，每天排尿 4～5 次；1 周后随着哺乳摄入量的增多，尿量增多，排尿次数增加至 20～25 次/日；1 岁时，排尿 15～16 次/日；学龄前期、学龄期排尿减少至 6～7 次/日。

3.排尿颜色与气味

出生后几天内，新生儿的尿液呈浓黄色，稍浑浊。1 个月后，尿液为淡黄色。如果婴幼儿水分摄取得少或流汗多，尿量会减少，尿色发黄。另外，如果服用了含有维生素 B_2 等黄色药剂，也会造成尿色发黄。平时应多喝些水。

二、培养婴幼儿良好大小便习惯的方法、注意事项

为了婴幼儿身心的发展，应训练婴幼儿定时大便、较早控制大便、主动坐盆等良好的排便习惯。1 岁以内婴幼儿不能有效控制大小便，以使用尿布为主。2 岁以后婴幼儿对膀胱和肛门收缩有一定的控制能力，要让婴幼儿熟悉便盆，逐步建立条件反射，养成良好习惯。

每个婴幼儿的生理成熟程度不同，大小便控制力有明显的差异。9 个月大的婴幼儿可培养坐盆排便：成人扶着婴幼儿用“嗯、嗯”声促使排便，坐盆时间不超过 5 分钟；如婴幼儿不配合，不要勉强。1 岁以后听见“嗯、嗯”。就知道朝便盆方向走去，并能坐在盆上。19 个月以后要学习控制大小便。2 岁以后培养婴幼儿主动如厕。提醒婴幼儿坐盆时不吃东西或玩耍。

学习单元 4　辨别婴幼儿异常的大小便

学习目标

◆ 学会初步辨别婴幼儿异常的大小便。

知识要求

一、识别小便异常

1.排尿异常

(1)少尿或无尿：婴幼儿时期 24 小时尿量少于 200ml 可称少尿，少于 50ml 称无尿。如

出现这种情况，要及时去医院就诊。

(2)尿失禁：即尿液潴留过多，使膀胱过度充盈，尿液被迫外溢，可由神经系统疾病等引起。

(3)尿急：一般多见于膀胱炎或尿道炎，有时也可由情绪紧张导致。

(4)多尿：可由饮水过多等引起。若发现长期尿量增多，伴口渴、多饮、多食而体重减轻的情况，需进一步检查。引起多尿的临床疾病包括儿童糖尿病、尿崩症、肾功能衰竭等。

(5)尿频：尿频对于2岁前婴幼儿是正常现象。次数过多可见于膀胱炎、膀胱结石、尿道口炎或神经紧张等。

(6)排尿疼痛：肾结石、膀胱结石、尿路感染等都可以引起排尿疼痛。

2.尿液异常

(1)血尿：尿液中含有红细胞者称血尿。出血量较多时肉眼可察见，尿液呈洗肉水样或血色，也可表现为镜下血尿，外观无异常。血尿是泌尿系统疾病中常见、重要的症状，必须重视，及时就诊检查，明确原因，进行治疗。能引起血尿的疾病很多，如肾炎、血液病、泌尿系统结石、炎症、肿瘤、变态反应性疾病等。

(2)脓尿：正常尿液透明，澄清。若尿液中白细胞增多，白细胞吞噬病毒或细菌而死亡，表现为尿液浑浊，称脓尿，提示泌尿系统感染。

(3)蛋白尿：新生儿期尿液可含有微量蛋白，正常小儿尿蛋白定性试验阴性。如持续出现蛋白尿，常表现尿液泡沫过多，应及时去医院就诊，可见于急性肾小球肾炎、肾病综合征、慢性肾小球肾炎等肾脏器质性疾病。

(4)糖尿：见于糖尿病、剧烈运动、情绪紧张、发热、惊厥、脑膜炎、脑损伤、甲状腺功能亢进、肾脏疾病等。

(5)乳糜尿：尿液呈乳白色，见于胸导管炎症、丝虫病等。

二、识别大便异常

粪便臭味重，多见于蛋白质摄入过多；粪便中泡沫较多，多见于碳水化合物消化不良，发酵、发酸；粪便外观呈奶油状，多为脂肪消化不良；粪便呈灰白色，多为胆道阻塞；粪便呈黑色，多为肠道上部出血或口服铁剂等导致，要加以鉴别；粪便中带有血丝，多由大便干燥、肛门破裂、直肠息肉等所致；若是脓血便，则可考虑肠道感染或细菌性痢疾。发现婴幼儿粪便异常，应及时到医院进行检查治疗。

学习单元5　培养婴幼儿良好的进餐习惯

学习目标

◆ 掌握婴幼儿良好进餐习惯养成的方法。

◆ 掌握婴幼儿良好进餐习惯养成的注意事项。

知识要求

进餐是人的生理需要。婴幼儿对食物的偏好以及进餐习惯会受到各种因素的影响。3岁以前是培养婴幼儿好习惯的重要时期，在这个时期建立一定条件的联系比较容易，形成习惯后也比较稳固，甚至会对他们的健康造成终生的影响，因此需要成人的正确引导和培养。

一、影响食欲的因素

食欲是生理因素和心理因素两方面共同作用的结果。生理刺激即依靠食物进入消化道，引起消化道的蠕动和消化液的分泌；心理刺激即食物的色香味和由此唤起的愉快的经验。两方面相吻合便产生旺盛的食欲。

婴幼儿的食欲有其变化的过程。1岁左右的婴儿生长发育旺盛，对食物的需要量逐渐增加，故食欲较旺盛。2～3岁的幼儿因活动范围逐步扩大，注意力经常集中在周围事物的探索和游戏之中，导致幼儿的食欲有所下降，并表现出时好时坏、波动的特点。4岁以后，幼儿的食欲基本稳定下来，饥饿时能主动摄食，保持着较好的食欲。但其食欲也会因种种原因出现波动，如患病、精神紧张、生气等，都会引起食欲降低。

二、保持婴幼儿良好食欲的方法

(1)幼儿饮食应多样化，注意其色、香、味、形，以吸引幼儿进食。

(2)进餐过程中不要批评幼儿，以免其产生不良情绪而影响进餐。

(3)尽早教会幼儿自己独立进餐，可提高幼儿进餐的兴趣。

(4)参加适量的体育活动，可使幼儿保持较好的食欲。

三、婴幼儿良好进餐习惯养成的方法、注意事项

1.养成文明进餐行为

应逐渐培养婴幼儿定时定点吃饭的习惯；饭前洗手，饭后擦嘴漱口；不挑食，不偏食，细嚼慢咽，不撒饭，不敲碗筷，咀嚼不出声等文明的进餐行为。

2.进餐时幼儿照护人员应仔细观察进餐行为

应仔细观察婴幼儿的进餐情绪、进餐速度、进餐量以及对食物的偏好，发现问题及时处理。当发现幼儿进餐时情绪低落、食欲较差时，应检查和询问幼儿是否身体不适，如发烧、牙疼、肚子疼等。对于挑食的幼儿应进行耐心引导，可让幼儿少量尝试该种食物。幼儿进餐时还容易出现不小心咬破嘴唇、舌头，打翻饭碗等现象，应给予耐心细致的帮助。

3.饭前或饭后不宜做剧烈的活动

为进餐前或后的半小时内不宜做剧烈的活动，以保证婴幼儿消化道的正常蠕动、消化液的正常分泌以及良好的食欲，可进行一些安静的活动，如念儿歌、听故事等，使婴幼儿的交感神经等平静下来，为进餐做好生理上的准备。

学习单元 6　培养婴幼儿良好的饮水习惯

学习目标

◆ 掌握培养婴幼儿良好的饮水习惯的方法。

知识要求

水是人体的重要组成部分，是维持人体正常活动的重要物质。小儿生长发育快、活动量大、机体新陈代谢旺盛，及时为婴幼儿补充所需的水分，对维护其健康是非常重要的。一般来说年龄越小，水在人体中所占比重越大。0～1 岁小儿每日所需水分 120～160ml/kg，1～3 岁小儿每日所需水分 100～140ml/kg。纯母乳喂养的婴儿 4 个月前一般无需额外喂水，4～6个月添加泥糊状辅食后可增喂少量温白开水。人工喂养的婴儿可喂一些温开水。

技能要求

(1)水温应控制在 35～40℃，夏天可饮凉开水。

(2)喂水应在两餐之间，水量一次不能过多，以免稀释胃液，不利于消化。

(3)如果婴幼儿尿量偏少，尿色深黄，大便过于干燥、便秘，说明其摄入量不够，应加喂温开水。

(4)勿以糖水、饮料代替温开水。

(5)8 个月内的婴儿可用奶瓶或小勺喂水，8 个月后让其学习用杯子饮水。

(6)水的摄入总量包括奶、汤类食物及水的摄入量。

学习单元 7　为婴幼儿制定科学合理的作息制度

学习目标

◆ 掌握为婴幼儿制定科学、合理作息制度的目的。

◆ 掌握为婴幼儿制定科学、合理作息制度的方法、注意事项。

知识要求

根据婴幼儿日常生活的基本需要，编制婴幼儿日常生活作息制度。有计划地安排好婴幼儿生活、运动锻炼和游戏活动，使婴幼儿建立良好的习惯，这是幼儿照护人员的重要工作之一。

一、编制婴幼儿作息制度的目的

1. 形成良好的生活规律

较小月龄的婴幼儿，神经系统发育尚未成熟，易疲劳，需要较多的睡眠时间。随着婴幼儿大脑皮质功能不断完善，婴幼儿睡眠时间减少，但活动时间增多，合理作息可以保护婴幼儿神经系统的正常发育。再以饮食为例，到了吃饭的时间，婴幼儿的大脑皮质就会发出相关信号，胃肠道消化液开始分泌，为消化食物做好充分的准备。如果保证婴幼儿每天在同一时间进食，就可使婴幼儿的胃肠功能得到合理的使用和较好的保护，减少胃肠道疾病的发生。

2. 满足婴幼儿多种活动的需要

婴幼儿的日常生活是多方面的，有生理性的需求，如睡眠、进食等；有体格发展的需要，如说话、走、跑、跳等；有社会性的需要，如与同伴玩耍、交往等，这些需要得到满足婴幼儿才能全面、健康地发展。这些活动都需要一定的时间，编制合理、科学的婴幼儿日常生活作息制度才可以保障实施。

3. 便于幼儿照护人员进行全日工作的安排

幼儿照护人员工作内容多，事无巨细，每一项都需要很强的责任心，一份日常作息的时间表可以保证幼儿照护人员工作的效率和质量。没有翔实的日常作息时间表，可能会造成手忙脚乱的混杂局面。

二、编制婴幼儿作息制度的方法、注意事项

编制婴幼儿作息制度时，必须从婴幼儿实际出发，综合考虑各项因素，以确保作息制度的合理性和适切性。主要依据以下几个方面内容。

1. 必须结合婴幼儿的年龄特点

婴幼儿正处于身体迅速发育时期，营养、睡眠及足够的户外活动时间都要保证。另一方面，不同年龄阶段的婴幼儿在生长发育上也存在较大差异。比如，婴儿每天睡眠的次数较多，每一次睡眠的时间较长，喂奶次数较多；随着年龄增长，其睡眠时间、进餐次数可以逐渐减少，而户外活动、游戏时间逐渐增多。

2. 必须结合婴幼儿的生理活动特点

神经生理学显示，人在从事某种活动时，大脑皮层中与活动相关的神经细胞处于兴奋和工作状态，而其他不相关的神经细胞处于抑制和休息状态。这种镶嵌式的活动方式，可以帮助大脑皮层各区域轮换休息，防止过度疲劳。而婴幼儿神经系统尚未发育成熟，如果持续进行某一类活动，就会引起大脑皮层相应区域神经细胞的疲劳。因此，制定作息制度时，应考虑不同类型的活动要轮换进行，动静交替、劳逸结合。比如，不能因为婴幼儿需要睡眠，就安

排一整块睡眠时间，而是在控制总量的前提下，把每一项的活动内容安排在适宜的时间，如较小婴幼儿可在午餐前、下午、傍晚各有一段睡眠时间。如幼儿进行动作游戏时，注意粗大动作练习和精细动作练习要交替，这样才能不使其感到疲劳。

3.家长同步参与和配合

婴幼儿作息制度的制定，其主要的任务之一就是帮助婴幼儿养成良好的生活习惯，这需要长期坚持。因此，家长的同步参与和配合是十分必要的，引导家长在节假日同样要安排好婴幼儿的一日生活，饮食、起居要规律，保持良好的生活习惯。

4.执行与调整相结合

婴幼儿作息制度建立后，应该认真实施，保证婴幼儿一日生活具有规律性、稳定性，促进良好生活习惯的养成。但作息制度并非一成不变，可根据季节的变化和家庭环境的实际进行调整。例如，夏季昼长夜短，可适当提前婴幼儿起床时间，延长午睡；冬季昼短夜长，可推迟起床时间，相应地缩短午睡。另外，由于婴幼儿家庭情况的不断变化，如外出等原因，也需要进行相应调整。

技能要求

应根据婴幼儿的生长发育特点进行餐具使用训练。3～4个月婴儿可以训练自己抱奶瓶喝奶，5～6个月自己拿饼干往嘴里塞，9～10个月学会自己捧杯喝水，1岁半学会自己拿勺吃饭，两岁以后就可以学会自己用筷子吃饭。

训练幼儿使用筷子

操作步骤：

步骤1　选幼儿专用的筷子，方便幼儿学习。

步骤2　大人可以右手拿筷子给幼儿做示范动作。

步骤3　幼儿进行模仿，坚持练习。

注意事项：

(1)筷子的使用属于精细动作，最好等婴幼儿2岁以后再尝试练习。

(2)学习使用餐具是一个循序渐进的过程，一定要有耐性，不要随便责怪婴幼儿，应给予必要的鼓励。

(3)训练时要结合婴幼儿的特点，反复练习，达成目的。

（冯敏华　骆海燕）

第三节　环境及物品清洁

学习单元 1　室内空气清新的保持

学习目标

- ◆ 认识保持空气清新的重要性。
- ◆ 掌握保持空气清新的方法。

知识要求

一、保持空气清新是婴幼儿生理发展的需要

婴幼儿胸廓呈圆筒状，肋骨呈水平位，膈肌位置较高，呼吸肌发育不成熟。再加上其生长发育速度较快，代谢旺盛，需氧量高，在呼吸系统尚未完善的情况下，只能增加呼吸频率来满足机体代谢需要。婴幼儿年龄越小，呼吸频率越快。因此，婴幼儿呼吸系统的发育与身体的正常运转需要清新的空气。

婴幼儿时期，正是大脑发育迅速的时期，需要合理、充足的营养给予补充，同时，大脑的正常发育也离不开氧气。婴幼儿大脑的需氧量占到全身需氧量的 50%，加之婴幼儿呼吸系统发育的不完善，必须要保证婴幼儿生活的环境空气新鲜。

据测试，在紧闭居室内，每立方米的细菌数可达数万个，这无疑对婴幼儿的呼吸系统、大脑发育甚至机体的健康运作都会产生不良的影响，特别是缺氧环境对大脑发育产生的影响，一般都是难以逆转的。因此，保持空气新鲜不仅仅是良好生活环境的需要，更是婴幼儿生理发展的需要。

二、保持室内空气清新的方法

1. 植物消除法

吊兰、芦荟、虎尾兰能大量吸收室内甲醛等污染物质，消除并防止室内空气污染；茉莉、丁香、金银花、牵牛花等花卉分泌出来的杀菌素能够杀死空气中的某些细菌，抑制结核、痢疾病原体和伤寒病菌的生长，使室内空气清洁卫生。茉莉、丁香、金银花、牵牛花等花卉能分泌杀菌素。因此，在房屋内可以种植一些植物来净化空气，但需要注意的是，并不是所有的植物都适宜在室内种植，特别是有婴幼儿的室内，如滴水观音有轻微毒性。因此，在选择植物种植时需要谨慎。

2. 空气净化器法

净化室内空气，彻底清洁与定期通风换气十分必要，当前空气净化器也是一个可行的选择。空气净化器能迅速去除室内空气中小至0.009微米的80余种固态及气态污染物，如细菌病毒、甲醛、苯、香烟烟雾等。

3. 竹炭吸附法

竹炭是一种以五年以上高山毛竹为原料，经千度高温煅烧，持久隔氧而成的一种新型的环保产品。它具有较强的吸附能力，去除异味，释放负离子，消除甲醛、苯等有害气体。

4. 加强通风法

一般家庭在春、夏、秋季，都应留通风口或经常开“小窗户”；冬季每天至少早、午、晚开窗10分钟左右。平时使用化学用剂后，不可马上关窗，至少通风换气半个小时。注意厨房里的空气卫生。每次烹饪完毕必开窗换气；在煎、炸食物时，更应加强通风。

三、注意事项

现在有很多家庭会使用一些空气清新剂来净化空气。实际上，空气清新剂一般都不能达到清新空气的目的，反而会污染空气。市场上流行的空气清新剂的成分，大多是由乙醚和芳香类香精等成分组成，这些成分释放到空气中后，会分解变质，本身就是一种污染物质。不同的空气清新剂，只是加入的香精不同，味道不一样而已。因此，在家中应尽量不要使用清新剂。

空气清新剂可能会造成的影响如下：

(1)污染环境：空气清新剂，实际上是掩盖了异味，并不能从根本上消除异味，所以其本身就是一种污染物质。且它自身分解后，又产生危害物质。有的空气清新剂中，还有一些杂质，会污染环境。

(2)引起过敏：空气清新剂中含有的成分，都是有机物，大多会引起过敏，对呼吸道也会产生一些强烈刺激。尤其是对于一些容易过敏的或者是过敏体质的人更是如此。

(3)导致严重疾病：空气清新剂中含有的芳香类物质，可以刺激人的神经系统，影响儿童的生长发育等。

学习单元2 婴幼儿物品消毒

学习目标

◆ 掌握婴幼儿物品的范围与消毒方法。

◆ 学习培养婴幼儿的卫生习惯的方法。

知识要求

一、婴幼儿物品消毒

尽管 0～3 岁婴幼儿与 3～6 岁幼儿的活动范围不同，但其生活所需物品基本类似。因此，在家中也可以参照幼儿园的各类物品消毒的方法。具体方法表见 3-1-1。

表 3-1-1　幼儿园班级各类物品消毒一览表

消毒对象	消毒剂	消毒时间	消毒方法
餐具	消毒柜或高温蒸煮	1 次/餐	洗净餐具，擦干，将餐具竖放在消毒柜内。餐具、水杯每餐消毒一次
水杯	消毒柜	2 次/日	
口杯架	250mg/L 有效氯消毒剂	1 次/日	每天早晨用 250mg/L 有效氯消毒剂专用抹布擦拭
擦手巾	1%消洗灵清洗干净后日光曝晒	2 次/周	用 1%消洗灵溶液浸泡 5 分钟，清洗干净后日光曝晒。平时随脏随洗
餐桌	250mg/L 有效氯消毒剂	1 次/餐前	先将桌面清洁处理后，再用 250mg/L 有效氯消毒剂溶液擦拭，10 分钟后用清水再擦 1 遍
活动室、睡眠室、走廊、楼梯	500mg/L 有效氯消毒剂	1 次/日	清洁地板后，再用 500mg/L 有效氯消毒剂拖把擦地，每周关闭门窗，紫外线消毒 1 小时
被套	日光照晒	1 次/月	1%消洗灵与洗衣粉混合使用洗涤干净
褥套、枕套		1 次/半月	1%消洗灵与洗衣粉混合使用洗涤干净
洗手台、水龙头	500mg/L 有效氯消毒剂	1 次/日	用除垢剂清洁水槽内及周边污垢后，再用 500mg/L 有效氯消毒剂擦洗
卫生间	来苏水溶液	1 次/日	清洗地面，保持清洁，用 5%来苏水溶液喷洒
扫除工具			清洗地面，保持扫除工具清洁卫生，用 5%来苏水溶液喷洒
玩具、图书	紫外线、250mg/L 有效氯消毒剂、紫外线	1 次/周	每月清洗干净后用 250mg/L 有效氯消毒剂溶液浸泡 5～30 分钟，液体面应超过物体面。平时随脏随洗。每周紫外线消毒 1 小时

二、婴幼儿卫生习惯的培养

个人的很多疾病除了外在环境的影响，还与体内环境有非常直接的关系。如个人免疫功能一旦受到破坏或减弱，各种疾病就会随之而来。个人体内环境又与其日常生活习惯有着非常紧密的关系，良好的卫生习惯不但对个人的身体健康有帮助，还会影响个人的心理健康。因此，要培养婴幼儿健康科学的卫生习惯。

（一）以身作则，营造健康卫生的生活环境

家长或其他监护人要培养婴幼儿的卫生习惯。首先自己要能做到，给孩子树立学习的榜样。如果家长都做不到遵守卫生规则，那么要纠正或养成婴幼儿的卫生习惯就非常困难了。此外，个人的卫生习惯与其生活环境也是密不可分的。如果家中的各种生活物品是干净、整洁的，那么在这样的环境中生活的孩子自然是讲卫生爱干净的。

（二）制定并严格执行卫生习惯

卫生习惯的养成要从生活中的小事做起，从婴幼儿时期就开始。例如，如果家长允许有时不洗澡，孩子就会认为可洗可不洗，当家长再次让他洗澡时，孩子就会不乐意。因此，在为孩子制定生活作息制度时，一旦确定下来就要坚持下去，并且要严格执行。如家长要求孩子去洗手，孩子简单在水龙头上冲下，敷衍了事，家长绝不能纵容，否则，就难以养成良好的卫生习惯。需要提出的是，在某些特殊情况下可以停止或坚持执行生活作息制度，如婴幼儿生病时，这时应以恢复健康为重点，等身体康复后继续执行。

（三）从生活中的琐事做起

健康科学的卫生习惯听起来很复杂，实际上都是由日常的生活琐事组成的，如饭前洗手、饭后漱口、勤洗澡换衣等。因此，养成良好卫生习惯不是什么大道理，就是从每天的生活琐事做起。

三、注意事项

在培养婴幼儿卫生习惯的过程中，需要注意以下几点：

（一）注重实践教育

现在大部分都是独生子女，包办代替的现象非常严重。可能使婴幼儿养成娇惯、胆小、专横的坏习惯。建议成人放手让婴幼儿去做力所能及的事情，成人可以在旁边给予引导和适时的帮助，让婴幼儿在实践中养成讲卫生的好习惯。

（二）注重理性教育

遇到婴幼儿做错事情，要根据婴幼儿理解水平给予讲解并告知应该如何去做。要多用肯定的口吻，比如“应该怎样……”、“要怎样……”，少用否定的口吻，比如“不准……”、“不允

许……”,遇事要多强调正面引导,这样才能给予婴幼儿正确的概念。如果需要示范,请成人一定要跟婴幼儿一起来做。

(三)适当的表扬和鼓励

每当婴幼儿有好的表现时,成人要给予及时的表扬和鼓励。如婴幼儿能够独立将垃圾丢进垃圾桶,这时成人应该及时表扬,但需要注意两点:一是表扬要具体,表扬具体的事件,如“宝宝真棒,会自己丢垃圾了,真不错”;二是表扬要及时,在婴幼儿完成一件事要及时给予表扬,如果时间过了太久再去表扬,效果就不明显了。

(四)注重言传身教

要求婴幼儿做到的,成人首先要做到,在生活中做好婴幼儿的榜样和导师。

(朱晨晨)

第二章　健康促进与照护

第一节　健康促进

学习单元 1　及早识别小儿龋病

学习目标

◆ 了解小儿龋病的概念。
◆ 熟悉龋齿临床表现。
◆ 掌握小儿龋齿的危害。

知识要求

龋病是牙齿硬组织逐渐被破坏的一种疾病，发病初始在牙冠（图 3-2-1）。如不及时治疗，病变继续发展，破坏牙冠表面，形成龋洞，称为龋齿。未经治疗的龋洞是不会自行愈合的，其发展可至牙冠完全破坏，仅残留牙根，最终导致牙齿丧失。龋病是细菌性疾病，它可以继发牙髓炎或根尖周炎，甚至引起牙槽骨和颌骨炎症。同时，龋齿的继发感染形成病灶，可导致或加重关节炎、心内膜炎、慢性肾炎或眼病等多种其他疾病。

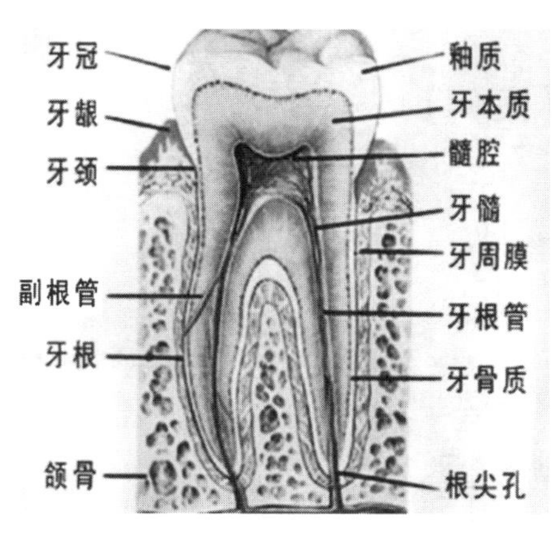

图 3-2-1　牙齿结构

龋病最容易发生在磨牙和双尖牙的颌面小窝、裂沟中，以及相邻牙齿的接触面。儿童发生在牙颈部的龋较少，在严重营养不良或某些全身性疾病使体质极度虚弱时可见到。根据龋齿破坏的程度，临床可分为浅龋、中龋和深龋。

1.浅龋

龋蚀破坏只在釉质内，初期表现为釉质出现褐色或黑褐色斑点或斑块，表面粗糙称初龋。继而表面破坏称为浅龋。初龋或浅龋没有自觉症状。早期不容易看到。只有发生在窝沟口时才可以看到，但儿童牙齿窝沟口处又容易有食物的色素沉着，医师检查不仔细会误诊或漏诊。

2.中龋

龋蚀已达到牙本质，形成牙本质浅层龋洞。患儿对冷水、冷气或甜、酸食物会感到牙齿疼痛，是牙本质对刺激感觉过敏的缘故。中龋及时得到治疗，效果良好。

3.深龋

龋蚀已达到牙本质深层，接近牙髓，或已影响牙髓，牙齿受破坏较大。患儿对冷、热、酸、甜都有痛感，特别对热敏感，刺激去掉以后，疼痛仍持续一定时间才逐渐消失，这时多数需要做牙髓治疗以保存牙齿。

深龋未经治疗，则继续发展感染牙髓或使牙髓坏死。细菌可以通过牙根到达根尖孔外，引起根尖周炎症，可能形成病灶感染。牙冠若已大部分破坏或只留残根，应将其拔除。

龋齿的危害：乳牙在儿童 12 岁左右换掉之前，仍会在口腔中存在较长时间，这段时间对乳牙的生长发育相当重要，如果保护不周会影响牙齿的咀嚼功能和面部美观。龋齿的危害主要在以下 3 个方面。

(1)牙齿的最大功能为咀嚼，当乳牙龋齿发生时会造成牙齿疼痛和病变，影响牙齿的咀嚼，还会造成儿童偏食，使儿童纤维类食物和蔬菜等食物摄入量减少，从而造成营养不良。此外，食物如果未经过有效咀嚼就吞咽会加重肠胃负担，引起消化不良和其他肠胃问题。

(2)如果乳牙在 3 岁之前因龋齿断折，会对儿童的发音造成影响。此外，儿童还会因乳牙发黑或断折而变得不愿说话、不喜欢笑，造成心理上的自卑，失去自信心。

(3)乳牙具有引导恒牙和颚骨生长的功能。乳门牙丧失过早会造成下颚骨前突，恒牙前交叉咬合。乳牙丧失过早会造成使恒牙丧失萌芽空间，造成恒牙排列不齐。

【案例】

宝宝龋齿怎么办？

我的宝宝在 1 岁半时上前牙有一黑褐色斑点。去医院检查，医生说是早期龋齿，需要治疗。我想孩子还小，治疗也不会配合，反正早晚要换牙的，还需要治疗吗？

点评：根据描述，可能是早期龋齿的初龋或浅龋阶段。婴幼儿早期龋齿应该尽早及时地进行治疗，认为孩子还小，早晚要换牙不用治疗的观点是不对的，会使龋齿进一步发展，危害性更大。

首先，乳牙龋齿严重地破坏了牙齿的结构，影响咀嚼和进食，进而影响营养的吸收和全身发育，同时会影响颚骨的发育；其次，严重的乳牙龋齿还会影响乳牙下面继承恒牙的发育和萌出，导致恒牙发育缺陷和萌出异常，最后导致牙齿排列不齐；龋齿不但影响美观，而且还会影响孩子说话和发音，对孩子的正常心理发育产生影响；若引起龋齿的变形链球菌进入血液循环系统，还会影响心脏、肾脏等全身器官。

学习单元2　学步期照护

学习目标

◆ 掌握学步车选购技巧。
◆ 熟悉学步带选购技巧。
◆ 掌握学步鞋选购技巧。

知识要求

一、学步车选购技巧

婴儿学步车来源于西方，是宝宝会走路之前的代步工具。婴儿学步车一般由底盘框架、上盘座椅、玩具音乐盒三部分组成，归属于玩具童车类。学步车可以适度辅助婴儿学习走路，带玩具的学步车也具有“娱乐”性功能，对于训练婴儿肢体动作的协调有一定的帮助。

在保证安全和正确使用的前提下，学步车为宝宝学走路提供了方便，也解放了妈妈的双手。但如果学步车选择不合适，也会对宝宝学习走路产生不良的影响。学步车选购应注意：

1. 是否检验合格

注意学步车上面是否贴有合格标识、商品标识及厂商资料等。因为婴儿学步车是目前统计中，较容易导致婴儿发生意外受伤的婴儿用品之一。因此父母亲在选择时，一定要考虑其安全性。

2. 选下盘较大型者

因为下盘大的话，其重心较低、不易翻车，相对比较稳固。而且在行走时碰撞距离婴儿较远，以及在防止婴儿拿或拉其他物品方面都是比较安全的。同时要选择轮子设计大且坚固的、能灵活活动的学步车。

3. 有无高低升降功能

有此功能的学步车，有助于调整适合婴儿的脚部的长度（以双脚触地为准）。会让孩子比较有安全感，也比较舒适。

【案例】

宝宝到几个月就可以用学步车了?

宝宝,7个月多了。可以用学步车了吗?

点评:不建议使用。一般来说"七会坐,八会爬",9个月大的小儿就会扶墙学走,10个月之前的小儿不建议使用学步车。小儿使用学步车必须满足三个条件:头部支撑力已足够,能够独立坐起和腰椎可以挺直,自己能扶着物品走路。

把小宝宝过早放进学步车里,就像让未成年的孩子驾驶轿车一样,是非常危险的事。英国曾有研究数据显示,婴儿用学步车时发生的伤害事故的概率远高于用其他婴儿用品。这是因为学步车让宝宝的速度过快、高度过高,危险也成倍增加了。

调查显示,大多数伤害事件的发生都是以下几个原因造成的:第一类,学步车的倾斜翻倒会使宝宝被摔到楼梯下,或者撞上家具、加热器或灶台等。第二类,由于使用学步车,宝宝可能会被过去触及不到的东西(比如蜡烛和热茶杯等)烫伤。第三类,学步车还可能让宝宝够到过去放在安全位置的物品,如香水、漱口水或酒精。

正像不少家长自认为的那样,人们都会错误地认为宝宝在自己的小"车"里忙着的时候是安全的,短时间内不用人照看。但事实上,当宝宝在婴儿学步车里的时候,反而需要特别警惕。让宝宝待在没有危险的房间的地板上,他才会更安全。并且,过多使用学步车甚至还可能会稍稍延缓他的发育。尽管统计数据令人担心,但完全禁止学步车也不现实。一些专家认为学步车应该是为10个月以上宝宝设计的。这个年龄段的宝宝已经能坐和爬,并且大人要注意控制宝宝的行动速度。另外,顾客购买婴儿学步车时,必须得到明确的安全使用指南。

二、学步带选购技巧

和学步车相比,学步带的优点在于它让宝宝更加主动地掌握平衡和迈步的技巧。父母只需轻轻地牵引着学步带,宝宝就能慢慢摸索到走路的技巧。但由于目前市面上学步带的品牌众多,质量优劣不一,如何选择学步带有技巧。

1.根据学步带的款式设计来挑选

目前市面上学步带基本上都使用提篮式的设计。款式主要分为两种:一种是护腰型,另一种是护腿型。其区别在于护腰型学步带的护围套在小儿的胸部,而护腿型学步带的护围套在小儿的大腿之间。相比较而言,无论是从科学性还是安全性,护腰型的学步带更适合小儿,原因是小儿在练习行走时主要是上身没有掌握好平衡,护腰型的学步带无疑能起到更好的辅助作用。反观护腿型学步带,保护的重点在下身,辅助效果一般,而且如果不慎买了劣质产品,还可能导致小儿摔倒,甚至引起小儿两腿间产生摩擦损伤。因此,还是建议尽可能选择护腰型的学步带。

2.根据学步带的安全设计来挑选

学步带作为小儿练习行走时的保护和辅助工具，安全性无疑非常重要，学步带是否安全主要取决于其背部的设计。质量好的学步带一般会在背部设有双重安全保护。首先，带有可调节的安全锁扣，可根据小儿的体型来调节大小，保证护围和小儿身体贴合；其次，背部设有魔术贴，使学步带双倍安全牢固，小儿在里面行走安全平稳，绝对不会摔倒。

3.根据学步带的材质面料来挑选

学步带的材质影响小儿使用的舒适感，目前质量好的学步带主要是纯棉面料，特点是穿着柔软舒服、卫生且易于清洗；除了以纯棉作为主要面料外，好的生产厂家还会在学步带护围的外层增加优质透气网布，内层添加高弹性海绵。其作用是使学步带更加柔软舒适，通爽透气，即使是在夏天学步小儿也不会感觉闷热不适。

【案例】

8个月可以用学步带吗?

宝宝，8个月了。可以用学步带了吗?会有不好影响吗?

解答：

目前该年龄段不适合使用学步带。一般来说孩子的大运动发育发展规律是：6个月会坐，10个月能站，周岁会走。目前8个月，可扶站，因此，从发育规律看最好不要太早独站，过早可导致姿势异常。学步带是练习行走的辅助工具，8个月的宝宝不适合。

❖ 相关链接

过早使用学步带的危害

当宝宝独站的能力还不具备的时候就使用学步带，容易养成向走路向前倾或向后倾的姿势。其中，不敢迈步的宝宝容易养成向后倾的走路姿势，因为宝宝是在上身被提到前方后才开始迈步的，急于迈步的宝宝也容易形成向后倾的走路姿势，因为宝宝双腿已迈向前方，但上身还停留在原位。因此学步带适用于12个月以上宝宝。另，最好选购有柔软护垫的学步带，这样不会勒到宝宝，优先选择背部锁扣能调节松紧的学步带，适合不同时期的宝宝。

三、学步鞋选购技巧

学步鞋是指协助宝宝稳定步伐的鞋子。婴儿学步鞋不但在性能上有很高的要求（如稳定后跟骨、保护脚踝、具备很强的耐磨性、防滑性，还要保证更高的舒适性），而且还要在色彩搭配、环保材料的应用、对于儿童脚型的研究上下足功夫。

一双好的学步鞋能帮助宝宝稳固重心，更好地均匀承重，保护宝宝脆弱的脚踝，让宝宝养成正确的走路姿势。挑选婴儿学步鞋应注意：

1. 材质

宝宝的鞋子，透气很重要。也就是说，一定要选择舒适的透气材料。比如羊皮、牛皮、帆布、绒布。

2. 尺寸

有些妈妈为了让一双鞋子能穿久一点。就给宝宝买尺码偏大很多的鞋子。但是，穿着过分大的鞋，会使得孩子走路时不敢抬起脚走。拖拖拉拉地走来走去，时间一长会影响到宝宝脚部的发育、走路的姿势，也会妨碍孩子灵巧的活动。为便于宝宝的脚趾能够在鞋内活动，可为宝宝选用鞋头较为宽一些、呈圆形的鞋。当然，鞋子太小了同样也会给宝宝的小脚丫带来不利影响。

3. 鞋底

刚学走路的宝宝鞋底不宜太硬，要适当柔软一些才好。妈妈可以把鞋底弯曲一下，如果鞋尖能够到鞋底就行。对于已经掌握走路技巧的宝宝来说，鞋底要稍微有些硬度的，这可以帮助宝宝端正走路姿势。此外，具有防滑鞋底的鞋子，能预防宝宝摔跤。

4. 装饰物

宝宝鞋子上的装饰不要太多，这样才不会影响宝宝学走路。此外，最好用魔术贴扣代替鞋带。魔术贴设计的鞋子一般开口较大，方便小儿穿脱。

【案例】

为什么宝宝刚开始学走路的时候老是踮着脚尖走？

宝宝有一岁两个月了，为什么总会踮起脚尖走路？有时不会踮起，这正常吗？

点评：

这通常是因为小脚还没有完全适应地面而出现不协调动作，或者仅仅是因为有的宝宝淘气。父母可以通过观察宝宝踮脚尖走路的频率来判断是否为异常现象。如果宝宝偶尔用踮脚尖的方式走路，但是大多情况下是正常状态的，则不必过于担忧。如果这种情况持续太久，那么要请医生检查宝宝的小腿肌肉和跟腱是否过紧。

【案例】

宝宝走不了一会就要大人抱，怎样判断是累了还是懒惰了？

孩子1岁了，还是不愿意学走路，怎么办？牵着他走几步，孩子就往地上赖了。按照网上的做法，做了一个可以让他推的箱子，也是推了几步就不愿走了，还是喜欢爬，或者闹着要大人抱。不满足他就大闹大哭。

点评：

走路对学步期的宝宝来说可是个苦差事，所以他们有时候不愿意走路也是正常的。仔细回忆下刚刚发生什么事情让宝宝拒绝走路，是走的时间太长了，还是跌倒受到了惊吓，或是宝宝只是想和妈妈亲密地抱抱，留心观察宝宝不愿意走路的种种迹象，试着用玩具逗逗他，或用“宝宝真棒，会自己走路了”之类的话语鼓励他。如果走的时间的确久了，那就不妨抱抱宝宝当作小小的奖励吧，等情绪好的时候再进行训练。

学习单元3　眼睛照护

学习目标

- ◆ 掌握新生儿视力发育特点及保健重点。
- ◆ 掌握1～12个月小儿视力发育特点及保健重点。
- ◆ 掌握12～36个月小儿视力发育特点及保健重点。

知识要求

宝宝视力的发育阶段漫长而复杂，在发育期间很多有害因素会对视力造成不良影响，特别是在0～3岁视力发育关键时期。那么，在这个特殊的阶段，应该如何关注宝宝视力的发育，警惕可能出现的异常呢？必须首先熟悉3岁以内宝宝的视力发育特点及保健重点。

一、1个月内新生儿时期

宝宝刚出生时，就对外界有视觉反应，但只能看清15～20cm的物体，所以宝宝能感觉到眼前的物体，如妈妈的脸、眼前的物品等。这个时期尚不能对物体有很好的追随运动，但这个时期对光有了很好的反应，从妈妈的肚子里初到光明的世界，宝宝常常会有很强的嗜光性，特别是在黑暗的夜晚。但是这个时期，由于宝宝眼球的结构发育还没有达到完善，强光往往会造成视网膜，特别是眼部视力的关键部位——黄斑的损伤，这样会影响日后视力的发育，还容易造成散光。

眼保健重点

新生儿眼保健的重点是进行一次基本的眼部筛查，包括红光反射、眼前节及眼底检查，排除各种先天性眼病。这种眼病普筛工作很多大城市的妇幼保健医院和儿童医院都已经开展，特别对于那些高危儿，如早产儿、低体重儿、新生儿危重病儿、父母一方或者双方有遗传性眼病史、试管婴儿、父母一方为高龄者(超过35岁)，都建议必须在出生后一个月内进行一次眼病筛查。

二、1～12个月的宝宝

1.1～3个月

宝宝满月后，已开始具有初级的注视与两眼固视能力，不过无法持续太久，眼球容易失去协调。这期间，大多数婴儿的视觉可以慢慢地发育，并平稳地“跟随”运动的物体。如果一个2～3个月的宝宝还不能追视父母的脸或者眼前的物体，则需要进行眼病和大脑方面的检查，排除眼源性或者中枢源性视力发育迟缓。

2.4～6个月

4～6个月的宝宝视网膜和黄斑结构已有初步的发育，能有远近感觉，并开始建立立体感。所以，这时期的宝宝如果出现视力异常，可以表现为歪头、斜视、眯眼等异常症状，如果发现上述症状，建议尽早到专科医院就诊。

3.6～12个月

6个月以后，宝宝两眼可以对准焦点，开始使用调节功能来使自己看清楚物体，所以，这一时期如果宝宝长期盯住眼前的物体或者刺激性过大的视标，如强光、电视、电脑、手机屏幕，容易出现斜视或者视力异常。

眼保健重点

应该抱着宝宝到室外开阔的地方到处走走，多看看活动的物体和远处的事物，避免出现过多的近距离注视导致的异常症状。很多父母喜欢在小婴儿的床栏中间系一根绳，上面悬挂一些可爱的小玩具。如果经常这样做，宝宝的眼睛较长时间地向中间旋转，就有可能发展成内斜视。

三、12～36个月的宝宝

12～36个月的宝宝的视力发育标准能达到0.1～0.6。这时期各种视觉功能开始建立和完善，但也是弱视、斜视、屈光不正的高发时期。这时期，宝宝的色彩视、双眼立体视、对比敏感视和手脑眼协调运动基本发育。一个拥有正常视功能的宝宝，眼睛的发育和功能可以达到成年人的70%，所以，对这阶段的宝宝我们不仅仅要关注他的单纯的视力发育，还要更关注屈光、眼部结构、双眼视和高级视功能的发育状态。

眼保健重点

一定要预防用眼过度。此时宝宝的眼睛还处于不完善、不稳定的阶段，长时间、近距离地用眼，会导致宝宝的视力下降和近视眼的发生。因此特别要注意限制宝宝的近距离用眼，避免过早地沉迷电视、电脑。

要注意饮食和平时的生活习惯，很多不良的习惯会影响眼部视力的发育。揉眼、偏头看电视、趴着睡觉和偏食容易造成散光加重，3岁以内的宝宝本身的先天性生理性散光还未消失，但是，如果出现散光加重现象，往往会出现中到高度散光，肯定会影响视力的发育；适当的辅食，如水果、蔬菜和粗粮富含维生素，对宝宝的视网膜和视力发育非常重要，所以，建议家长一定要多给宝宝补充这些食物。

这一阶段若宝宝视力异常，有明显的征兆，会喜欢近距离看电视，喜欢眯眼、歪头看东西，喜欢揉眼睛，或对电视和书本根本不感兴趣，这也都应该特别重视。如果出现了上述症状，一定要带宝宝进行全面的眼部检查，包括屈光、斜视及眼部发育检查，排除斜视、屈光不正、弱视和眼部发育异常等常见的眼部早期疾病。

（骆海燕　冯敏华）

第二节　常见疾病与症状照护

学习单元 1　高热惊厥的护理

学习目标

◆ 了解婴幼儿高热惊厥的常见原因。

◆ 掌握婴幼儿高热惊厥的初步急救。

知识要求

高热惊厥是指婴幼儿在呼吸道感染或其他感染性疾病早期，体温升高≥39℃时发生的惊厥，并排除颅内感染及其他导致惊厥的器质性或代谢性疾病。主要表现为突然发生的全身或局部肌群的强直性或阵挛性抽搐，双眼球凝视、斜视、发直或上翻，伴意识丧失。

高热惊厥分为单纯性高热惊厥和复杂性高热惊厥两种。各年龄期（除新生儿期）小儿均可发生，以 6 个月至 4 岁多见。单纯性高热惊厥预后良好，复杂性高热惊厥预后则较差。

婴幼儿大脑皮层发育未完善，因而分析鉴别及抑制功能、绝缘和保护作用差，受刺激后，兴奋冲动易于泛化。婴幼儿免疫功能低下，易感染而致惊厥。且婴幼儿血脑屏障功能差，各种毒素容易透入脑组织。另外，某些特殊疾病如产伤、脑发育缺陷和先天性代谢异常等在婴幼儿中也较常见。这些都是婴幼儿期惊厥发生率高的原因。

一般情况下，小儿高热惊厥 3～5 分钟即能缓解，因此当小孩意识丧失，全身性对称性强直性阵发痉挛或抽搐时，家长不要急着把孩子抱往医院，而是应该等孩子恢复意识后去医院。经护理，即使患儿惊厥已经停止，也要到医院进一步查明惊厥的真正原因。但患儿持续抽搐 5～10 分钟以上不能缓解，或短时间内反复发作，预示病情较重，必须急送医院。就医途中，将患儿口鼻暴露在外，伸直颈部保持气道通畅。切勿将患儿包裹太紧，以免患儿口鼻受堵，造成呼吸道不通畅甚至窒息而死亡。

技能要求

高热惊厥的家庭紧急处理

步骤 1　患儿侧卧或头偏向一侧。不用枕头或去枕平卧，头偏向一侧，切忌在惊厥发作时给患儿喂药（防窒息）或者强力按压患儿肢体（以防骨折）。

步骤 2　保持呼吸道通畅。解开衣领，用软布或手帕包裹压舌板或筷子放在上、下磨牙之间，防止咬伤舌头。同时用手绢或纱布及时清除患儿口、鼻中的分泌物。

步骤 3　控制惊厥。用手指捏、按压患儿的人中、合谷、内关等穴位 2～3 分钟，并保持周围环境安静，尽量少搬动患儿，减少不必要的刺激。

步骤 4　降温。

（1）冷敷。在患儿前额、手心、大腿根处放置冷毛巾进行冷敷，并常更换；将热水袋中盛装冰水或冰袋，外用毛巾包裹后放置于患儿的额部、颈部、腹股沟处或使用退热贴。

（2）温水擦浴。用温水毛巾反复轻轻擦拭大静脉走行处如颈部、两侧腋下、肘窝、腹股沟等处，使其皮肤发红，以利散热。

（3）温水浴。水温以低于患儿温度 1℃为宜，水量以没至躯干为宜，托起患儿头肩部，身体卧于盆中，时间以 3～5 分钟为宜，要多擦洗皮肤，帮助汗腺分泌。

（4）药物降温。口服退热药，或将宝宝退热栓塞到肛门。

步骤 5　及时就医。

学习单元 2　营养不良的预防与照护

学习目标

- 了解婴幼儿营养不良原因。
- 熟悉婴幼儿营养不良临床表现。
- 掌握婴幼儿营养不良预防。

知识要求

婴儿患营养不良，是摄入的食物不足或摄入的食物不能充分吸收利用，致使身体得不到营养，迫使消耗体内自身的组织，出现体重减轻或不增、生长发育停滞、脂肪消失、肌肉萎缩，造成全身各系统功能紊乱。这是一种慢性消耗疾病，婴儿在断奶前后较易发生。

一、病因

1. 长期热量不足

母乳喂养的乳量不足，又未按时添加牛乳及辅助食品；人工喂养时多以淀粉为主食，质与量均不能满足生长发育的需要，致使长期供应热量不足。

2. 饮食安排不当

婴儿出生后未按月添加辅助食物，断奶时突然不给吃母乳，改吃其他食物，使婴儿不能适应新食物而拒食、偏食、挑食、吃零食，导致摄入的营养不足。

3. 消化功能不好

由于婴儿的消化功能不健全，导致肠吸收不良，易腹泻，易感染消化道疾病，如肠炎、慢性痢疾、肠寄生虫病、小儿肝炎等。此外，有消化道先天畸形的婴儿，如唇裂、腭裂、先天性幽门狭窄、贲门松弛等，致使哺乳困难，反复呕吐。若是先天不足如早产、多产、低体重、小样儿等，喂养不当，消化功能又不好，更易出现营养不良。

4. 慢性消耗性疾病

婴儿若反复发作呼吸道疾病（如肺炎）、长期发热、食欲不振等，由于摄食不足，消耗增加，也会导致营养不良。

二、症状

1. 全身症状

（1）食欲减退，体重减轻或不增，形体消瘦。

（2）头发稀黄，皮下脂肪大量消失，皮肤干燥无弹性。

（3）肌肉松弛，运动功能发育迟缓。

（4）精神变化，易烦躁哭闹，睡眠不好、反应迟钝，对周围环境不感兴趣，智力落后。

（5）免疫力低下，易引起各种疾病。如维生素缺乏引起的各种疾病，表现为眼无神、怕光、手脚水肿、腹泻、便秘和其他疾病等。

2. 不同程度的症状

营养不良的症状有轻有重。一般分为三度，目前以轻中度多见，重度罕见。

（1）轻度营养不良：①体重较正常儿减轻15%～25%；②腹壁皮脂厚度<0.8厘米，腹、腿脂肪层变薄；③肌肉不结实，较松弛，内脏功能改变不明显；④精神状态比一般正常儿稍差。

（2）中度营养不良：①体重较正常儿减轻25%～40%，身长低于正常儿；②腹壁皮脂厚度<0.4厘米，腹、躯干脂肪层消失；③皮肤苍白、干燥，面部、背部、四肢轻度消瘦；④肌肉明显松弛，运动功能明显迟缓，站立和走路感到困难；⑤精神不稳定，抑郁不安，哭声无力，睡眠不好，食欲减退，消化力差，对食物的耐受性差。

（3）重度营养不良：①体重较正常儿减轻40%～50%，身长也过短；②腹壁皮下脂肪消失，呈皮包骨状，严重消瘦；③皮肤苍白萎黄、干燥、完全失去弹性，额部皱纹似老人外貌；④肌肉严重松弛，行动困难；⑤精神兴奋，易激动或冷淡，反应很不一致；⑥体温低于正常，但不稳定，发病时忽高忽低，脉搏减慢或加速，心音很低，节律不齐，血压偏低，呼吸浅；⑦脏器功能减退，食欲消失或低下，易引起腹泻、呕吐，易并发感染疾病。

三、预防

营养不良的预防尤为重要，不应等发现疾病后才去治疗。应从以下几方面进行：

(1)做好孕妇产前检查，重视围产期保健，增加孕期饮食营养。

(2)产后坚持母乳喂养，并按月为婴儿添加辅食。

(3)制定合理的生活日程，培养婴儿良好的生活习惯，使婴儿睡眠充足，定时定量进食，保证饮食的摄入量，防止养成拒食、偏食、挑食及吃零食的不良习惯。

(4)及时矫正消化道系统的先天畸形，并治疗各种急性或慢性疾病，尤其是出现腹泻后更应及时治疗。

(5)加强保健，要定期为婴儿进行健康检查，及早发现营养不良。在日常生活中还应重视体格锻炼，以增强体质，提高抗病能力。

学习单元3　小儿肥胖症的预防与照护

学习目标

◆ 了解小儿肥胖症常见原因。

◆ 熟悉小儿肥胖症临床表现。

◆ 掌握小儿肥胖症护理与预防。

知识要求

医学上将小儿体重超过按身长计算的平均标准体重20%的，称为小儿肥胖症。超过20%～29%为轻度肥胖，超过30%～49%为中度肥胖，超过50%为重度肥胖，是常见的营养性疾病之一。肥胖症分两大类，无明显病因者称单纯性肥胖症，儿童大多数属此类；有明显病因者称继发性肥胖症，常由内分泌代谢紊乱、脑部疾病等引起。研究表明，小儿肥胖症与冠心病、高血压和糖尿病等有密切关系。

一、病因

1.营养过度

营养过多致摄入热量超过消耗量，多余的热量以甘油三酯形式储存于体内致肥胖。婴儿喂养不当，如每次婴儿哭时，就立即喂奶，久之养成习惯，以后每遇挫折，就想找东西吃，易致婴儿肥胖，或太早喂婴儿高热量的固体食物，使体重增加太快，形成肥胖症。妊娠后期过度营养，是生后肥胖的诱因。

2.心理因素

心理因素在肥胖症的发生上起重要作用。情绪创伤或心理障碍如父母离异、丧父或母、虐待、溺爱等，可诱发胆小、恐惧、孤独等，而造成不合群，少活动或以进食为自娱，导致肥胖症。

3.缺乏活动

儿童一旦肥胖形成，由于行动不便，更不愿意活动，以致体重日增，形成恶性循环。某些疾病如瘫痪、原发性肌病或严重智能落后等，导致活动过少，消耗热量减少，发生肥胖症。

4.遗传因素

肥胖症有一定家族遗传倾向。双亲胖，子代70%～80%出现肥胖；双亲之一肥胖，子代40%～50%出现肥胖；双亲均无肥胖，子代仅1%出现肥胖。单卵孪生者同病率亦极高。

5.中枢调节因素

正常人体存在中枢能量平衡调节功能，控制体重相对稳定。小儿肥胖症患者调节功能失衡，而致机体摄入过多，超过需求，引起肥胖。

二、临床表现

(1)本病以婴儿期、学龄前期及青春期为发病高峰。

(2)患儿食欲亢进，进食量大，喜食甜食、油腻食物，懒于活动。

(3)外表呈肥胖高大，不仅体重超过同龄儿，而且身高、骨龄皆在同龄儿的高限，甚至还超过。

(4)皮下脂肪分布均匀，以面颊、肩部、胸乳部及腹壁脂肪积累为显著，四肢以大腿、上臂粗壮而肢端较细。

(5)男孩可因会阴部脂肪堆积，阴茎被埋入，而被误认为外生殖器发育不良。患儿性发育大多正常。智能良好。

(6)严重肥胖者可出现肥胖通气不良综合征。

三、预防与护理

1.限制饮食

限制饮食既要达到减肥目的，又要保证小儿正常生长发育。因此，开始时不宜操之过急，使体重骤减，只要求控制体重增长，使其体重下降至超过该身长计算的平均标准体重的10%，即可不需要严格限制饮食。

热量控制一般原则为：5岁以下2.51～3.35MJ/d(600～800kcal/d)，5～10岁3.35～4.18MJ/d(800～1000kcal/d)，10～14岁4.18～5.02MJ/d(1000～1200kcal/d)。

重度肥胖儿童可按理想体重的热量减少30%或更多，饮食应以高蛋白、低碳水化合物及低脂肪为宜，动物脂肪不宜超过脂肪总量的1/3，并供给一般需要量的维生素和矿物质。为满足小儿食欲，消除饥饿感，可多进食热量少、体积大的食物如蔬菜及瓜果等。宜限制吃零食、甜食及高热量的食物如巧克力等。

2. 增加运动

肥胖儿童应每日坚持运动，养成习惯。可先从小运动量活动开始，而后逐步增加运动量与活动时间。应避免剧烈运动，以防增加食欲。

3. 行为治疗

教会患儿及其父母行为管理方法。年长儿应学会自我监测，记录每日体重、活动、摄食及环境影响因素等情况，并定期总结。父母帮助患儿评价执行治疗情况及建立良好饮食与行为习惯。

❖ 相关链接

肥胖通气不良综合征

肥胖通气不良综合征即肥胖-肺换气低下综合征，又称肥胖性心肺功能不全综合征，肥胖症伴心肺功能衰竭、特发性肺泡低换气综合征，心肺-肥胖性综合征，肥胖-呼吸困难-嗜睡综合征，发作性睡病伴发糖尿病性高胰岛素综合征等。本病常见于体型极度肥胖的儿童，是严重肥胖症的一个临床综合征。与过度肥胖至通气功能低下有关，属肺泡换气低下综合征的一个分型，是一种特殊类型的肺源性心脏病，是肥胖症患者中一种常见、严重的并发症。本病是指极度肥胖患者在没有原发性心脏或肺脏疾病的情况下，发生肺泡换气不良，所产生的一系列症状。若能将体重减轻，则临床症状可明显好转。

（骆海燕　冯敏华）

第三章 安全照护

第一节 安全隐患与预防

学习目标

◆ 掌握预防卧室、客厅、厨房中安全隐患的措施。
◆ 能初步培养婴幼儿自我保护的意识。

知识要求

一、家庭中的安全隐患与预防对策

1. 安全隐患一：客厅、卧室

客厅或者卧室中楼梯、桌椅、橱柜等一些尖锐的边角处，都是婴幼儿在活动中的安全隐患。现在很多家庭中的茶几、电视柜等设计得相对较低，婴幼儿很容易就能够到上面的东西，如花瓶、热水壶等，都有可能引发安全问题。

预防对策：家具尽可能靠墙摆放，确保牢固，以免儿童攀爬、推摇时弄倒家具被砸伤。桌角、茶几等家具边缘、尖角要加装防护设施（圆弧角的防护垫），或者装修的时候选择边角圆滑的家具。特别要注意的是，家庭少用或者不用玻璃家具，除了玻璃边角锐利外，还特别容易破碎，这些对于婴幼儿来说都是巨大的安全隐患。

此外，相对较矮的家具上不要放热水、刀（剪、针）等利器、玻璃瓶、打火机等物品，以免婴幼儿够到发生意想不到的危险。

2. 安全隐患二：浴室、卫生间

有调查表明，在家中儿童发生烫伤、溺水的比例较高。很多时候，浅浅的一盆水，对婴幼儿来说都是有致命危险的。

预防对策：使用浴缸洗澡时，应先注入冷水后加热水，用手测试水温后，再让婴幼儿进入，注意不可一边洗澡一边添加热水。此外，不可把婴幼儿独自留在浴缸或浴盆中，用后及时将水放掉。卫生间里的马桶盖要注意随时盖上，在马桶盖上安装安全锁，防止婴幼儿把头伸到马桶里。

3.安全隐患三：厨房

厨房对婴幼儿来说真是个奇妙的地方，特别是厨房里的瓶瓶罐罐、各种用具等对婴幼儿有着强大的吸引力，但厨房里的用具对婴幼儿而言存在着极大的安全隐患。

预防对策：尽量不让婴幼儿进入厨房。厨房没人时，门要上锁。另外，菜刀、果刀、火柴及打火机等用具，用后要妥为收藏，要给所有放了危险物品的柜子和抽屉装上儿童锁。茶壶、热水瓶、炒菜锅的手柄应向内摆放，不要将这些用具摆放在台边或婴幼儿可触及的地方。尽早教会婴幼儿“烫”这个字。方法很简单，拿一个杯子或碗，里面倒一点热水，反复告诉婴幼儿“烫”，然后再让婴幼儿用手去摸杯子或碗，甚至还可以去摸水蒸气，让婴幼儿亲身体验到“烫”。几次体验之后，当大人再说“烫”的时候，婴幼儿就不会再用手去摸了。

4.安全隐患四：电

家中的插座一般安装得比较低，婴幼儿很容易触摸得到。更让人担忧的是，似乎电源插座上的那些小孔小洞对刚刚会爬的婴幼儿有着无穷的吸引力，而且电隐患一旦发生后果不堪设想。

预防对策：电视机、电脑主机等比较重的电器，要远离桌边（或桌子足够高），并且把电线隐蔽好。在平时不使用的插座上装上防护套，或者用强力胶带封住插座孔。在电源插座前放置大件家具或用插座盖子盖上，防止婴幼儿拔下插头。

5.安全隐患五：门、窗

当门被大风吹刮或无意推拉时，很容易夹伤婴幼儿的手指。现在房间的门把手多为金属材质，有些还带有尖锐的棱角，婴幼儿经过的时候很容易碰伤头部。

此外，现在许多房子都有宽大的飘窗，成人都喜欢和婴幼儿在飘窗台上玩耍、晒太阳。婴幼儿趴在窗玻璃上，还可以看看外面的世界，很是兴奋。但是如果婴幼儿的活动能力增大了再加上成人看护不当非常容易发生坠落事件。

预防对策：在家中所有门的上方装上安全门卡，或用厚毛巾系在门把手上，一端系在门外面的把手上，另一端系在门里面的把手上，当风吹过时，即使把门吹动也不会关上。另外，要将窗户锁好，且窗前不要摆放椅子、梯子等可供攀爬的物品。

二、安全事故的处理与应对

婴幼儿照护人员的工作不仅仅是预防婴幼儿安全事故的发生，还要掌握安全事故发生后的处理方法。如婴幼儿发生烫伤后应如何紧急处理，避免二次伤害，还要帮助婴幼儿的家长掌握这些知识。首先，要帮助婴幼儿的家长树立安全的意识，在婴幼儿的生活照护中时时刻刻强调，安全意识的树立不是一蹴而就的，需要长时间的积累。因此，安全意识的养成需要随时教育，即在日常生活中随时随地进行。其次，还要帮助婴幼儿的家长掌握一些急救处理知识，具体的内容见意外伤害的处理。

三、婴幼儿安全意识的培养

自我保护能力是个体的最基本能力之一。为了保证婴幼儿的身心健康和安全，使婴幼儿顺利成长，成人除了要照顾好婴幼儿之外，还应该尽早培养婴幼儿自我保护的意识，逐渐培养婴幼儿自我保护的能力。

1.安全意识教育

婴幼儿没有生活阅历和经验，他们不知道什么事情能做、什么事情不能做，什么地方能去、什么地方不能去；也不知道什么东西能玩、什么东西不能玩，有时偏偏喜欢做一些危险的尝试。成人需要事先给婴幼儿定下规矩，当然也需要跟婴幼儿解释清楚，要不婴幼儿会出于好奇或逆反心理，继续做一些危险尝试。

婴幼儿的安全教育应该是随时随地，时时刻刻的。比如成人可以和婴幼儿一起看电视、听故事以及让婴幼儿亲眼看见由于不注意安全而导致灾难的事例，丰富婴幼儿的社会经验。通过这些教育，可以使婴幼儿明白做危险事情的后果，同时无形中也增强了婴幼儿的自我防范意识。

2.培养婴幼儿的生活自理能力

生活自理能力也能影响婴幼儿的自我保护能力。要让婴幼儿能独立面对困难，培养他们的独立自主性，养成良好的生活自理习惯，成人不要事无巨细，处处为婴幼儿扫除障碍，使婴幼儿养成依赖心理。婴幼儿在劳动实践中可建立良好的生活自理习惯，增强生活的自理能力。处理问题的能力提升了，相应地，自我保护能力也会加强。另外，通过培养婴幼儿的生活自理能力还可以锻炼婴幼儿的体魄。

3.婴幼儿必须知道的安全常识

由于婴幼儿认知水平和生活经验的缺乏，他们无法辨别哪些是危险的，哪些是安全的。因此，成人除了妥善地照顾、教育好子女外，还要告诉他们生活中哪些是危险的，如太烫的东西不能去摸、去触碰，太高的地方不能爬上去等。最好的办法是让婴幼儿亲身去体验这些危险，但一定要注意方式、方法，在安全的前提下让婴幼儿去体验这些危险，让婴幼儿了解到这些危险会带来的伤害。此外，还要在生活中经常向婴幼儿强调这些危险，让婴幼儿熟记安全常识。

（朱晨晨）

第二节 意外伤害和事故处理

学习单元1 误服药物的急救与预防

学习目标

◆ 了解婴幼儿误服药物的常见原因。

◆ 掌握婴幼儿误服药物的应急措施。

知识要求

在日常生活中，常常会发生婴幼儿误服药物的现象，尤以2～4岁的孩子居多，对孩子的成长十分不利。药物误服的严重程度与后果往往取决于作用药物的剂量、作用的时间以及诊断救治是否及时。所以，家庭的初步急救处理就显及其重要。

一旦发生误服现象，家长一定不要慌张，更不可指责打骂孩子，以免孩子害怕不敢说出实情而耽误治疗。如果住在医院附近的，原则上应立即去医院抢救。若离医院较远的，在呼叫救护车的同时进行现场急救。首先，家长一定要尽快弄清楚孩子误服了什么药物，服用了多久，服用剂量是多少，及时掌握情况。如果孩子误服的是安眠药，会有无精打采，昏昏欲睡的现象。如果误服的是有机磷农药，呼吸中有大蒜的味道。如果孩子误服了杀虫剂，会有恶心、抽搐、痉挛等现象。如果孩子误食卫生球，会有恶心、腹泻、意识不清等症状。

一、现场急救

现场急救的主要内容是催吐和洗胃。

1.催吐

催吐是用一根筷子、匙柄或手指头，让孩子张大嘴，轻轻刺激其咽喉，引起小儿反射性呕吐动作，将胃中的东西吐出来。引起呕吐，吐后再刺激咽部，再引起呕吐。如果刺激咽部仍不吐出，可先让孩子喝温开水，然后再刺激咽部，引起呕吐，吐后再饮，再刺激咽部而再引起呕吐。

无论用什么东西刺激咽部，都要沉着冷静，切不可慌乱中将孩子的咽部刺伤或因不敢刺激而延误了催吐的时机。必须及早进行，超过3小时则毒物进入肠道，催吐就失去了意义。对已昏迷者不能催吐，以防发生窒息。同时应耐心反复做催吐动作，不可见吐得差不多了就停止，一定要让孩子将胃中所有的东西全部吐出来。

2.洗胃

催吐后，就要洗胃。家庭中一般没有洗胃器，可采用简便的方法。具体做法是：让孩子喝水或洗胃液，然后催吐，这样反复喝水、吐水，一直到喝进去的水和吐出的水颜色、清洁度相同时，就表明洗胃较彻底了。

二、预防

（1）药品不可和其他物品混放在一起，而且不能放在容易拿取的容器内。

（2）应保持药品完整的外包装，散装药品应装于瓶内，贴上标签，使用时需对照标签。

（3）药品需放在宝宝看不到也摸不到的地方，最好是上了锁的橱柜或储藏室内。如果你正在使用药品时有急事而必须离开，应马上把它放到安全的地方。

（4）平时喂宝宝吃药时，不要骗他们说是糖果，而应该告诉他们正确的药名与用途。否则，他们会真的相信是糖果，而随时想吃。

（5）宝宝模仿力强，最容易模仿大人的动作，应避免在宝宝面前吃药。

（6）要注意药品使用的有效期限，必须定期清理药箱。过期的药物不可丢弃进垃圾桶或倒入厕所中，应集中处理。

学习单元2　触电的急救与预防

学习目标

◆ 了解婴幼儿触电的原理。

◆ 掌握婴幼儿触电的紧急处理。

知识要求

一、触电原理

人的身体能传电，大地也能传电，如果人的身体碰到带电的物体，电流就会通过人体传入大地，引起触电。如果人的身体不与大地直接接触（如穿了绝缘胶鞋或站在干燥的木凳上），电流就不能形成回路，人就不会触电。

二、触电伤害

人触电伤害程度的轻重，与通过人体的电流大小、电压高低、电阻大小、时间长短、电流途经及人的体质状况等有直接关系。

但是，人一旦触电，随时会有触电死亡的危险。因为当通过人体的电流超过人能忍受的安全系数时，肺脏便停止呼吸，心肌失去收缩跳动的功能，导致心脏的心室颤动，“血泵”不起作用，全身血液循环停止。血液循环停止之后，引起脑组织缺氧，再过 10～15 秒，人便失去知觉；再过几分钟，人的神经细胞开始麻痹，继而死亡。

三、触电原因

1. 缺乏用电安全意识

玩耍接触电器时，由于不知道哪些地方带电，什么东西能传电，便随意摆弄灯头、开关、电线，极容易发生触电。例如在外玩耍时，地上断落电线而误拾触电，或是用湿手、湿布擦抹灯泡、开关、插座以及家用电器时引起触电。

2. 电器安装不合格

电风扇、电饭煲、洗衣机、电冰箱等电器没有将金属外壳接地，一旦漏电，儿童碰触设备的外壳，就会发生触电。

3. 电器安装位置不当

电灯安装的位置过低，碰撞打碎灯泡时，儿童触及灯丝而引起触电。

4. 电器老化漏电

开关、插座、灯头等日久失修，外壳破裂，电线脱皮，家用电器或电线受潮绝缘层老化漏电等，儿童碰触暴露的导电部位，也容易引起触电。

四、触电急救

(1)发现小儿触电时，应立即关闭电源或拉开电闸。

(2)如无法切断电源，可用干燥的木棍等绝缘体使触电儿童摆脱电源。

(3)也可站在干燥的木板上拉触电者的干衣角，切勿用手直接接触触电儿童，以免自己触电。

(4)脱离电源后，检查孩子神志是否清醒，呼吸、心搏是否存在。如果神志不清，呼吸、心搏已停止，应立即施行心肺复苏术，同时尽快联系医院急救。

学习单元 3　溺水的急救与预防

学习目标

◆ 掌握婴幼儿溺水的应急处理。

◆ 掌握婴幼儿溺水的预防。

知识要求

溺水指水淹没面部及呼吸道，继而窒息，引起换气功能障碍，反射性喉头痉挛而缺氧窒息，造成血液动力及血液生化改变的状态。严重者如抢救不及时，可导致呼吸心跳停止而死亡。

一、溺水的急救

1.迅速救上岸

婴幼儿溺水且因此死亡的过程很短，所以应以最快的速度将其从水里救上岸。若婴幼儿溺入深水，抢救者应从背部将其头部托起或从上面拉起其胸部，使其面部露出水面，然后将其拖上岸。

2.清除口鼻里的堵塞物

孩子被救上岸后，使孩子头朝下，立刻撬开其牙齿，用手指清除口腔和鼻腔内杂物，再用手掌迅速连续击打其肩后背部，让其呼吸道畅通，并确保舌头不会向后堵住呼吸通道。

倒出呼吸道内积水：抢救者单腿跪地；另一腿屈起，将溺水儿童俯卧置于屈起的大腿上，使其头足下垂。然后抖动大腿或压迫其背部，使其呼吸道内积水倾出。但是，要注意倾水的时间不宜过长，以免延误心肺复苏。

3.水吐出后人工呼吸

对呼吸及心跳微弱或心跳刚刚停止的溺水者，要迅速进行心肺复苏术，分秒必争，千万不可只顾倾水而延误呼吸心跳的抢救。抢救工作最好能有两个人来进行，这样人工呼吸和胸外按压才能同时进行。如果只有一个人的话，两项工作就要轮流进行，并尽快与医疗急救机构联系。

二、溺水预防

(1)当婴幼儿在水边和水中时，要时刻注意看管，包括水池、澡盆和水桶附近；不要离开婴幼儿，因为当你去接电话，或与别人聊天时，危险就有可能发生。

(2)不要在没有成人的陪同下，让婴幼儿去游泳。

(3)不要让婴幼儿直接潜(跳)入水中，让其远离泳池排水口。

(4)在水中不要吃东西，有可能被呛噎。

(5)当婴幼儿在船上，在海边或参加水上运动，坚持让其穿上高质量的浮身物。

（骆海燕　冯敏华）

第四章 启蒙教育

第一节 训练婴幼儿动作技能

学习单元 1 婴幼儿的大动作技能训练

学习目标

◆ 了解婴幼儿大动作的发展顺序。
◆ 能组织活动促进婴幼儿大动作的发展。

知识要求

一、婴幼儿大动作发展的相关知识

婴幼儿的大动作通常包括翻身、坐立、爬行、走、跑、跳、钻、投、抛、攀等。孩子上幼儿园后，将会学习拍球与跳绳、跳弹簧床，个体在生活空间中的动作更为精密与敏捷。通过这些训练，儿童在手、眼、脚的配合与协调方面的能力大为加强，在动作的速度、方向、力量与变化等方面，也会更加成熟。大动作的发展还可以划分地更具体，如表 3-4-1 所示。

表 3-4-1 婴儿大动作发展顺序及年龄

大动作发展项目	开始年龄(个月)	常模年龄(个月)	发展较晚年龄(个月)
俯卧时抬头看东西	0	1.8	4
俯卧时抬头 45°	1	2.7	7
俯卧时抬头 90°	1	3.7	6

续表

大动作发展项目	开始年龄(个月)	常模年龄(个月)	发展较晚年龄(个月)
独坐时头不滞后	2	4.5	6
独坐时头前倾	2	4.5	6
扶双手站腿支持一点重量	2	4.8	6
翻身	2	5.5	7
俯卧前臂支撑	2	5.6	7
扶腋下站腿一蹬一蹬	3	6.6	8
在小车内玩玩具	4	6.7	9
独坐	5	7.0	8
俯卧时打转	3	7.5	10
爬	5	9	12
自己控制站起来	7	9	12
独站片刻	5	9.8	11
从站位到坐位	6	10	12
扶双手可以迈步	6	10.7	12
扶栏可以走来走去	7	10.9	14
扶一手可以走	9	11.8	14
独站	9	11.9	14
开始走1～2步即倒入怀里	10	13.3	14
独走几步较稳	8	14.8	16
不扶东西可以自己蹲下	12	15	18
独自走路	12	15	16
扶栏上楼一阶一阶	13	17.5	19
会抱着玩具走	13	18.2	26
会踢球无方向	13	18.8	22
跑稳几步	14	19.3	20
不扶栏上台阶1～2级	16	19.5	20
会自己上下床	11	20.5	22
踢球较准	16	21.5	23
跑5～6米	16	21.5	23
有意试跳但脚不离地	16	24	28
不扶独自上楼2～3级	21	26	28

续表

大动作发展项目	开始年龄(个月)	常模年龄(个月)	发展较晚年龄(个月)
独脚站 1～2 秒	20	26.7	30
会双脚跳离地面	21	26.8	30
模仿做两三个动作	21	27.6	31
双脚跳远	18	28.1	31
会独立不扶下楼 2～3 级	22	28.5	30
独脚站 5～10 秒	21	29	32

大动作发展的规律如下：

(1)婴儿出生后第一年是运动快速发展的阶段，第一年末大部分婴儿已掌握了各种运动的基本动作。大动作的发育具有一定的规律性，周岁以内婴儿大动作的发育及月龄可大致概括为：二抬、三翻、六会坐、七滚八爬九扶立、一周岁会走。

(2)从整体到分化：初生婴儿的动作是全身性的，笼统的，泛化的，进一步发展分化为局部的，准确的，专门化的。比如，新生儿的体态呈蛙状，四肢屈曲于身体两侧，有需要时，总是全身运动，不论是愤怒地哭，还是高兴地笑，也不论是想吃奶，还是想睡觉，总是四肢挥动。

(3)从上到下：初生婴儿早期首先发展的是与头部有关的动作、喜怒哀乐的面部表情、追声追人的转头、觅食活动等，其次是躯干部的扭动，上肢挥动，下肢踢蹬，最后才是脚的动作——走。

(4)从大肌肉动作到小肌肉动作：最初是上肢的挥动，下肢的踢蹬，然后才是手的小肌肉动作能力的发展。

二、促进婴幼儿大动作发展的相关知识

1.选择和设计游戏方案促进大动作发展

根据婴幼儿的情绪选择游戏种类：根据婴幼儿不同的情绪状态，选择不同的游戏或运动项目。在婴幼儿情绪饱满的状态下，适宜选择比较剧烈、活动量较大的游戏，如捉迷藏等，这种游戏能够引起婴幼儿大脑兴奋，促使脑干神经活跃起来。在婴幼儿身体不适、情绪欠佳的状态下，最好选择一些安静平和的游戏，如拍手游戏等。

2.根据年龄特点选择训练大动作的游戏

婴幼儿在不同的年龄阶段有不同的肢体动作发展要求，应根据年龄特点选择适宜的游戏进行训练。

0～6 个月：选择与俯卧、翻身、抱坐等动作发展有关的游戏进行训练，如俯卧翻身游戏等。

7～12 个月：选择与坐、爬、扶站、扶走等动作发展相关的游戏进行训练，如爬行游戏等。

13～18 个月：选择与站立、独立走、攀登、掌握平衡等动作发展相关的游戏进行训练，如推玩具车等。

19～36 个月：选择稳步走、跑步、攀登楼梯、跳跃、单脚站立、抛物、旋转等动作发展相关的游戏进行训练，如投球、踢易拉罐等。

3. 训练婴幼儿大动作发展注意事项

(1)注意上下肢同时受到刺激。

(2)随时用表情和语言与婴幼儿进行沟通。

(3)做到反复多次,时间不宜过长。

(4)做到循序渐进、繁简搭配。

学习单元2　婴幼儿的精细动作技能训练

学习目标

◆ 了解婴幼儿精细动作发展的特点和规律。

◆ 能选择和设计游戏方案促进精细动作发展。

知识要求

一、婴幼儿精细动作发展的特点和规律

婴幼儿精细动作的发展以手部的动作为主。个体手部的精细动作能力,指个体主要凭借手以及手指等部位的小肌肉或小肌肉群的运动,在感知觉、注意等多方面心理活动的配合下完成特定任务的能力,它对个体适应生存及实现自身发展具有重要意义。对处于发展早期的儿童而言,他们面临多种发展任务(如写字、画画和够取物体等),精细动作能力既是这些活动的重要基础,也是评价儿童发展状况的重要指标。

1. 手部动作发展趋势

从肌肉运动状况来看,从手的大肌肉运动动作向手指的精细动作发展,从全手掌动作向多个手指动作发展,从多个手指动作向几个手指动作发展。

2. 手指的运用

手指中以拇指最为重要,绝大部分的动作都要用到拇指。婴幼儿手指的运用主要包括:拇指和其他手指的运用,如拿杯子;拇指和食指的运用,如捏取较小的物品。拇指和食指的运用需要较高的技巧。

二、选择和设计游戏方案促进精细动作发展

精细动作的练习对手眼的协调具有积极意义,进行精细动作训练,往往需要手部动作和眼睛互相配合,同时也需要大脑参与判断,精细动作的训练对触觉和视觉的发展也有很大的刺激作用。经常进行精细动作的训练,有利于手眼协调能力的发展,也有利于婴幼儿大脑的发育。

手指肌肉的发展有赖于婴幼儿的心理成熟程度，也需要在环境中及时获得刺激。只有在心理成熟的基础上给予丰富的刺激才能获得较好的发展效果。

根据年龄特点选择训练精细动作的游戏：

1岁，露出小手。许多父母经常给他们的小手戴上手套，这样，手无法接触其他物体，抑制了手指的感知和运动，不利于手部动作的发展。应该让婴幼儿的小手接触各种各样的物体，发展他们的感觉和触觉。这些感觉会沿着神经的通道反射到大脑感觉中枢，如此多次循环有助于提高婴幼儿的手眼协调能力。此年龄阶段的婴幼儿，父母可以选择尽可能多的物体让他去触摸、去感觉，给婴幼儿提供丰富外界环境旳刺激。

1.5岁左右，会用手指物。父母可以说出一个物体，要求婴幼儿用手指指向它，这可以促进手指与大脑智慧活动的结合。

2～3岁，分拆物体、玩泥沙、生活自理。婴幼儿的破坏行为先于建设行为，拆东西的过程会产生对物体拔、扭、旋转、敲等动作；此阶段的婴幼儿喜欢用小铲子等工具往容器里面装泥沙，然后再倒出来，这些是自发的动手活动，是训练挖、装等动作的好办法。

手的精细动作的发展，能够帮助婴幼儿掌握日常生活所必需的劳动技能，能够学习并完成洗脸、刷牙等日常生活中力所能及的自我服务劳动，从中进行动手操作培养。因此，训练婴幼儿的精细动作，需要创设条件锻炼婴幼儿的生活自理能力，其动手能力和独立性也会得到提高。

除此之外，还有一些小游戏在家庭中也可以随时随地进行。

撕纸：拿五颜六色的纸，让孩子自由地撕成条、块，并可以根据撕出的形状称其为面条、饼干、头发等。如果家里有缝纫机，妈妈可以在比较硬的纸张上用缝纫机踏出针孔组成的各色图形，让孩子撕下来玩。

折手帕、纸巾：手帕、纸巾都是柔软的，可以随便折成各种图形，教给孩子怎样折出角、边，折成纸船、纸鹤、花朵、扇子等。

穿珠子、纽扣：让孩子用线、塑料绳把各种色彩、形状的珠子、纽扣穿起来。随着孩子动作的熟练和精细化，珠子和纽扣的洞眼可以逐渐变小，绳子逐渐变细、变软。

夹弹子、糖球：让孩子用筷子把碗里的玻璃珠或糖球一颗颗夹到其他的容器里，锻炼一段时间后可以换成颗粒更小的圆形豆子。

比画动作：在唱歌、跳舞、学儿歌的同时，可以教孩子用小手比画各种动作，把内容表演出来。

（朱晨晨）

第二节　训练婴幼儿语言技能

学习目标

◆ 了解语言环境对语言发展的重要性。

◆ 能引导婴幼儿随时随地做发音练习。

一、影响语言发展的因素

影响语言发展的因素主要有三个方面：一是遗传因素；二是环境；三是教育。所谓遗传因素是指人类基因遗传。就语言来说，人具备语言信息的接受、储存，语言的理解（思维），语言的表达（发音器官的机能和高级思维结合）功能，这是遗传的结果。美国心理研究会曾对遗传因素和家庭教育哪个对孩子智商影响大做过研究。研究结果证明：两者所起的作用几乎等同。这就是说，两种因素缺一不可，既不是遗传基因决定一切，也不是教育万能。遗传基因为智能发展提供了基础，教育使遗传因素的巨大功能成为可能。

环境影响作为影响语言发展的另一种因素，是指孩子要生活在一个具有语言的环境里。如果他生长在汉语的环境里，他就会说汉语；如果他生活在英语的环境里，他就会说英语。例如移民到美国的华人，在家中一般都用汉语交流，但在外都需要用英语交流。这就是环境对语言发展的影响。可能很多人会问，现在的孩子从小学三年级就学英语，一直学到大学，但为什么英语水平却不怎样呢？这主要是因为在我们生活的环境中没有英语，只有在课堂上才有，在没有英语环境下去学习英语效果可想而知。

语言的学习还要提到幼儿教育家蒙台梭利的敏感期。敏感期指的是个人在发展的过程中，在某一时期会对某种信息的刺激特别敏感，对这类知识或这种能力非常敏感，学习起来非常容易。印度狼孩故事中的狼孩卡马拉刚被发现时，生活习性与狼一样，用四肢行走，白天睡觉，晚上出来活动，不会讲话，每到午夜后像狼似的嚎叫。后来卡马拉被送到一个孤儿院去抚养，经过 7 年的教育才掌握四五个词。勉强地学几句话，死的时候其智力相当于三四岁的孩子。狼孩的故事说明了在人的发展过程中，如果错过了学习某些知识或技能的敏感期，再去补偿，能够达到的水平则非常有限。语言也是一样，存在着敏感期。一般认为 0～6 岁都是语言习得的敏感期，其中 1～3 岁是口语习得的关键期，4～5 岁是书面语言习得的关键期。我们建议，在儿童期的整个阶段都要为儿童营造一个良好的语言学习环境。

由此可以看出，一个人的语言能力不仅受遗传因素、环境因素影响，还必须接受语言教育。如果没有教育因素，那么在外国语学院生活的学生就应该具备多种语言能力，这当然是不可能的。只有当一个人学习了某种语言，得到及时的语言教育和指导，他才会那种语言；如果没有适时、科学、系统、正确的教育，他也不可能具备优秀的语言能力，即使天才演说家的后代也不行，这里讲的“及时”和“适时”就是指 3 岁、5 岁左右两个语言发展关键期，抓住这两个关键期，就会收到事半功倍的效果；否则就要付出高昂的代价。

二、婴幼儿的语言发展

（一）准备阶段

婴儿最早的发音是他出生后的第一个哭声。在以后的 3 个月里，婴儿会以各种自发的声音，表示自己身体和情绪方面的状态，如高兴、舒服的时候，不高兴、不舒服的时候都会发出“嗯”、“啊”的声音，这时发出的声音一般没有明显的分化。3 个月之后婴儿发出的声音开始有了区别，能够表达是高兴还是不高兴。

当婴儿到 6 个月时，会发出不具有任何意义的如“啊——”、“哦——”等长音，婴儿到 7～

8个月，能发出“妈一妈”、“哒一哒”等连续性音，算不上什么语言，只是发音机能上的锻炼和语言的练习准备，这也是我们说的“牙牙学语”阶段。

(二)语言条件反射阶段

婴儿到7～8个月后，对一些特定的语音能做出相对稳定的反应，如听到叫自己的名字能回头或以笑来回应，听到“再见”会摆手，听到“欢迎”会拍手等。这是婴儿语言条件反射的建立，它使孩子有了与成人沟通、交往和学习语言的可能性。

到9～12个月，婴儿开始有了模仿语言能力，母亲张大嘴说“啊”，婴儿也跟随母亲张大嘴“啊”，这是有意识的发音，实际上是学习说话的开始。这段时期成人多和孩子说话是相当重要的，成人能发的音婴儿基本上都能模仿，在模仿和听成人发声、说话的过程中，婴儿一直在感知声音，积累发音的经验。

因此，在这一阶段成人要多主动去和婴儿说话，可以是讲故事，也可以是唱歌，不需要担心婴儿能不能听懂，我们的目的在于给婴儿营造一个语言学习的环境，让婴儿在丰富的语言环境中吸收养分，为言语获得和发展做准备。

(三)单字语阶段

幼儿到了1至1岁半，能够从没有意义的发音，渐渐到说出有意义的话来，对自己身边的事很感兴趣，逐一地学习发音，开始掌握一定量的常用词汇，记住学来的话，将它们当作沟通的工具，如“妈妈”、“水水”、“饭饭”等。

这时婴幼儿所说出的多是重叠的名词，且有多重的意思，如“水水”可能是“我要喝水”、“杯子里有水”，或用水干些什么事等；有时是以“声音”的特征来代称某一事物，如“嘟嘟”可以象征“我要玩车子”、“车子来了”等意思，成人只有在具体情景下才能理解。虽然还未能自己说话，但对成人说的话，大部分能理解，只要说“拿车车来”，他就能将玩具车拿来。

婴幼儿到了1岁半～2岁，会出现双字语句和多词句，除了名词外，也有形容词和动词，当然，他们的语言组织还不够有条理。在幼儿说重叠词的这一阶段，需要注意的是，成人不要刻意说出一些重叠词，这有可能会造成幼儿的口吃。

(四)造句阶段

2岁～2岁半，幼儿掌握了一些常用的基本词汇，可以说出简单句，能较清晰地、准确地回答简单的问题，能使用简单的语句来传达自己的意思。

对与人交谈有浓厚的兴趣，孩子很好问，“是什么”的问题常在孩子嘴边，这类发问除了想要知道“这是什么东西”以外，与成人沟通也是他们的需要。在沟通与交流中，孩子的词汇、口语进步很快，“你、我、他”的人称观念开始建立，能确实地了解语词所代表的意义。

幼儿能以模仿妈妈说过的话为基础，学习表达自己的想法。如幼儿曾听过妈妈在赞扬自己时说过：“对了，宝宝真乖！”当妈妈回答了孩子提的问题或做完事情时，他也会说：“对了，妈妈真乖！”

(五)口语学习阶段

2岁半～3岁的幼儿，能使用更多的句子来表达自己的想法，讲述所见所闻。虽讲述时会发生一些词语的错漏现象，但也能用上“因为”、“所以”、“如果”、“以后”等连接词；其好奇心更强，“为什么”成了他们的口头语，“打破砂锅问到底”是孩子这时的特征。

到 3 岁末，幼儿语言能力飞速发展，其心理活动开始具有概括性，可通过语言认识直接经验所得不到的东西，如在听故事中知道“雪是白色的”、“雪是冰凉的”，还可以用“等等我，走吧！”、“我先上厕所”等有声语言显示其思维的结果，以语词调节自己的行为，使活动更有随意性和目的性。

三、婴幼儿语言能力的培养

一个人的语言能力主要有两个：语言的理解和表达。学校的语言教育即使到了大学也是听、说、读、写，其中听和读是语言的理解能力；说和写是语言的表达能力。所以培养孩子的语言能力就是培养孩子的语言理解能力和语言的表达能力。在婴幼儿（0～3 岁）阶段主要就是给孩子多说话，让他多听，多输入；当孩子具有了说话能力以后就要引导他多说话。简单说，就是要为婴幼儿语言能力的发展营造一个丰富的语言环境。

要是进行听觉和视觉的训练。科学家发现：人的大脑每十秒钟接收 1000 万个信息，其中通过视觉的信息有 500 万个，其余是来自触觉和听觉的信息。视觉和听觉是人的两个很重要的学习器官，一个人的学习能力强弱，要看视觉和听觉捕捉信息的灵敏程度怎么样。所以从孩子出生以后，就要给孩子听各种声音，看各种图片。给予视觉和听觉的信息刺激越丰富，神经系统越发达，孩子的智力水平就会越高。

要是养成给孩子说话的习惯。孩子说话早晚与抚养他的人有很大关系，一般来说，老人带孩子，孩子说话可能早。主要因为老人一般都爱和孩子说话，比如给孩子洗澡，就说：“好宝宝，脱了衣服洗个澡，干干净净身体好。”孩子处在这样良好的语言环境中，就会受到潜移默化的影响。所以，在平常要养成和孩子说话的习惯，做什么就给孩子说什么。“洗完澡穿衣服，穿上鞋戴上帽，真是妈妈的好宝宝。”当然说的语言要尽可能优美动听，能用普通话更好。

（朱晨晨）

第三节　训练婴幼儿认知能力

学习单元 1　与婴幼儿玩数数、配对的游戏

学习目标

- ◆ 能根据幼儿的喜好选择适合的游戏。
- ◆ 能按照正确的玩法引导宝宝一起玩游戏。

知识要求

一、婴幼儿认知游戏的作用

1.促进大脑思维的发展

婴幼儿依靠手、耳、口、眼、鼻等，通过中枢神经去收集信息，促进其感知觉的发展。这些是婴幼儿思维的基础。

2.有利于幼儿手眼协调能力的发展

幼儿在游戏的过程中，通过亲自体验，能认识并了解物体的性能和特点，而这个操作的过程正是幼儿手眼协调发展的过程。

二、婴幼儿认知游戏的注意事项

(1)游戏的设计符合不同年龄儿童的认知特点。

(2)认知游戏应该注重宝宝的直接体验。

(3)固定时间内，给幼儿设计的游戏只能是物体某一方面的特性，如颜色、形状等。

(4)游戏需要反复进行。

技能要求

1.数字谣

利用一些图片、实物、手势或动作，让宝宝感受到歌谣对应的内容。妈妈在唱数字的时候，语速尽量缓慢，吐字要清晰。

1 像铅笔细又长，2 像小鸭水上漂；
3 像耳朵听声音，4 像小旗迎风摇；
5 像衣钩挂衣帽，6 像豆芽咧嘴笑；
7 像镰刀割青草，8 像麻花拧一道；
9 像勺子能盛饭，0 像鸡蛋做蛋糕。

2.瓶盖宝宝回家(形状配对游戏)

照护人员收集各种形状大小不一的瓶子，将盖子取下打乱顺序，自己将游戏的程序演示一遍，然后带着孩子一起将瓶盖与瓶口配对。

学习单元2 与婴幼儿玩分类、排序的游戏

学习目标

◆ 认识物体的长短、大小。
◆ 学习按相同特征配对。

技能要求

1. 分类游戏(根据颜色)

(1)游戏准备:蒙氏教具一套。

(2)训练方法:拿出相同长度不同颜色的木棒,给幼儿一定的视觉刺激,出示红、黄、蓝色的木棒,并告诉宝宝这是“红色”、“黄色”、“蓝色”;训练者口头要求“请把红色的木棒放在这边”,“请把黄色的木棒放在这个地方”,“请把蓝色的木棒放在那个地方”,通过这样的要求让孩子学会通过颜色分类。

2. 排序游戏

(1)游戏准备:红、黄、蓝三色球。

(2)训练方法:成人将红、黄、蓝三色按规律排序,并引导宝宝:“一个红色,一个黄色,一个蓝色,一个红色,一个黄色,一个蓝色”……让宝宝接着排。

学习单元3 与婴幼儿玩美术游戏

学习目标

◆ 了解美术游戏的分类及其作用。
◆ 能为适龄宝宝选择美术游戏。

知识要求

一、美术游戏的内涵

2～3岁的幼儿进入涂鸦期。对于3岁以内的宝宝,美术游戏反映了他们对周围环境的认识和体验,由绘画和手工制作等组成的一种活动性游戏。幼儿可在涂涂、画画、捏捏、揉揉的过程中感受到快乐。

二、美术游戏的教育作用

(一)锻炼宝宝手指的精细动作

通过撕纸、捏泥、剪贴等方式使宝宝手部精细动作得到发展。幼儿用双手参与活动，对于幼儿手部小肌肉的发育、手指和手腕配合一致、各种动作的协调发展起着重要的促进作用。

(二)发展幼儿的想象力、创造力

不同类型的绘画工具、不同颜色的笔，画出来的颜色、形状都不一样，幼儿绘画的力度不一样，呈现出来的成品也不一样。通过乱画乱写的活动可帮助理解线条的多样性，为幼儿的创造力发展打下良好的基础。

1.手工对幼儿想象力的作用

通过对手工模型的塑造，调动幼儿已有的生活经验，培养幼儿最初的想象力。

2.涂鸦绘画是孩子的需要

0～3岁幼儿的绘画处于乱涂乱画的涂鸦阶段。由于孩子手的发育不完善，眼动轨迹杂乱，脑、眼、手不够协调，动作笨拙，感知能力差，只能画出不太成形的线条或事物。有的孩子很少接触绘画，在4岁左右还处于涂鸦阶段。在边画边玩边说中能满足孩子们好奇和好动的欲望。大约在一岁左右，孩子们就有了握勺、握笔的欲望。他们希望模仿大人，偶尔做一些握笔涂画的尝试活动，以满足手指活动的需要，这为他们的涂鸦及手工活动提供了可能。可为他们提供一定的绘画工具和涂鸦环境，让他们自由地涂鸦，体会自己对纸的影响，并对留下的痕迹感到惊奇和喜悦。

(三)技能要求

1.幼儿涂鸦游戏

(1)游戏准备：白纸若干张，不同类型的涂鸦笔若干，适当高度的桌椅。

(2)游戏过程：成人从背后抱着宝宝坐在腿上，将白纸铺在桌上(如果宝宝此时能站立或行走，成人可以拿笔和白纸在旁边示范)；让宝宝手执笔，成人一边看着宝宝一边说："宝贝，下雨啦，小雨滴是什么样子的呢?"任凭宝宝在纸上圈圈点点。

(3)注意事项：1岁左右的宝宝肌肉控制能力比较弱，还不太会控制自己的小手，涂鸦对他们来说是一件难度很大的事情。一般1岁半左右，宝宝开始对涂鸦产生兴趣。刚开始涂鸦时，宝宝只能在白纸上敲敲点点，砸出一些不规则的小点。

2.撕纸游戏

(1)游戏准备：干净白纸若干，开阔易清理的空间。

(2)游戏过程：成人向宝宝示范撕纸的动作，将纸递给宝宝，引导宝宝撕出各种各样的小碎纸，并示范给宝宝"下雪啦"，将撕碎的纸抛向空中。让宝宝能认识到，凭借自己的小手也能创造出很好的作品来。

(3)注意事项:照护员或父母不要给孩子规矩和限制,别用一个具体的目标去约束他,而要鼓励孩子大胆地创作,让孩子感受自由学习的快乐,使手和脑同时受到良性刺激。

3.喂娃娃游戏

(1)游戏准备:小娃娃一个,废纸若干。

(2)训练方法:成人抱着布娃娃说:"布娃娃的肚子饿了,我们做面条给布娃娃吃好吗?";将准备好的纸张拿过来,成人示范撕面条;引导宝宝模仿撕纸条的动作,并放小碗里;引导宝宝喂面条给娃娃吃。

(3)注意事项:选择容易撕的纸,结束时要将碎纸张收拾干净,游戏结束,要洗手。

4.揉纸球游戏

(1)游戏准备:稍微软和的纸若干,纸张大小要适合孩子手的大小。

(2)训练方法:

1)成人示范将方形的纸揉成团,变成纸球;

2)让宝宝模仿将方形的纸揉成团,变成纸球;

3)将纸球进行投远游戏,看谁扔得远,也可以将纸球投入桶里,进行投准练习。

(黎秀云)

第四节　培养婴幼儿良好的社会行为、情感

学习单元1　引导婴幼儿学会分享

学习目标

◆ 掌握婴幼儿分享行为的发展特点。

◆ 能在日常生活中促进婴幼儿分享行为的发展。

知识要求

一、婴幼儿分享行为的发展特点

分享是婴幼儿的一种亲社会行为,多表现为婴幼儿拿出自己的物品与他人共享或与他人共享美好的情感体验,从而使他人受益,促进自己建立良好社会关系。与分享相对的即为"独占"、"独享"、"多占"等。

婴儿在1岁左右就出现分享行为的萌芽,表现出指向动作的分享行为,如婴儿会将物品

放在成人的手上后再继续玩耍这个物品，会与别人“分享”自己感兴趣的活动，偶尔会把自己的玩具给别人玩等。到了1岁半时，幼儿经常表现出将自己的玩具出示和递给不同的成年人这一行为。1～2岁幼儿的分享行为的发展随年龄的增长而增多，而2～3岁幼儿的分享行为的发展则随年龄的增长而降低。总体来说，在0～3岁这个年龄阶段，婴幼儿分享行为的出现还是比较少的。

分享意识或观念的发展是婴幼儿分享行为发展的基础。调查发现，性别也会影响婴幼儿的分享行为，女孩比男孩更多地表现出分享行为。

二、婴幼儿分享行为的教育

1岁半到2岁的幼儿的自我意识已经发展了，但是他们还不能把自己和周围环境区分开来，也很少意识到别人的感受，会认为“别人的也是我的”，这时的幼儿会显得自私且蛮不讲理，常常出现争抢物品、玩具等行为，惹得家长或他人生气。再加上当前婴幼儿大多是独生子女，是家人关注与宠爱的焦点，缺少与别人分享物品、情感的机会，这在一定程度滋长了婴幼儿的自私行为，阻碍其分享行为的发展。

分享是婴幼儿与人交流、表达自我的一种方式，也是影响婴幼儿与他人和谐相处的因素之一。家长或照护员应及时对婴幼儿进行分享行为教育，使婴幼儿在生活中逐步摆脱“自我中心”倾向，慢慢学会理解他人的情感与需要，同时鼓励婴幼儿向别人说出自己感受，帮助、引导婴幼儿找到正确表达自己感受的词语，用积极的方式与他人交往。除此以外，还可以多尝试发挥榜样的力量，给婴幼儿创造分享的机会，如进行“请你和我一起玩”等游戏，鼓励婴幼儿学会分享，体验分享的乐趣。当婴幼儿表现出分享行为时，家长或照护员应及时给予表扬、赞美，强化婴幼儿的分享行为，促进其分享行为的发展。

分享行为的发展，会帮助婴幼儿摆脱自我中心，获得更多的资源，赢得更多的玩伴，学会与他人和睦相处，学会与他人合作，为以后人际交往的发展奠定基础。

技能要求

(1)家长可以给宝宝树立一个好榜样，比如爸爸可以在吃水果时故意让妈妈咬一口，妈妈配合着道谢，然后也给宝宝吃一口，让宝宝觉得“你一口我一口”是件快乐美好的事。

(2)家长或照护员可以给宝宝讲一些有关分享的故事、儿歌，比如一些小动物或小宝宝因分享而获得快乐的故事“金色的房子”、儿歌“香香的饼干”和“分果果”等，从而使宝宝潜移默化地受到影响，培养宝宝的分享意识。

(3)家长或照护员可以有意识地把自己看到的或听到的一些有趣的事讲给宝宝听，与宝宝一起感受快乐或忧伤，渐渐地，宝宝也会把自己感到高兴、伤心的事讲给成人听，这样逐渐使宝宝学会情感分享。

(4)宝宝阅读图画书时，家长或照护员可有意识地与宝宝一起共同阅读一本书，体验共同阅读，分享故事的乐趣。

(5)当宝宝和其他小朋友一起玩玩具时，可以故意将投放的玩具数量少于玩耍的小朋友人数，有意识地给宝宝创设一些发展分享行为的机会。

(6)家长或照护员可以和其他宝宝的父母协商,定期开展类似“分享时刻”的活动,让宝宝将自己喜爱的食物或玩具、图书等带到聚会中,与其他小朋友一起分享。这样既可以拉近小朋友间彼此的距离,也可促进宝宝分享行为的发展。

(7)当看到宝宝正在玩玩具时,家长或照护员可以有意识地走过去对宝宝说:“我可以和你一起玩吗?”或者说:“你可不可以把玩具分点给我呀?”等宝宝体验到分享带来的乐趣后,便会自觉产生分享意识,模仿成人做出类似的分享行为。

(8)当宝宝不愿意和别人分享玩具时,可以让宝宝想想自己没有玩具时会是什么感受,尝试学会从他人角度思考,鼓励宝宝与别人分享玩具。

(9)和宝宝玩“角色扮演”的游戏,通过扮演不同的角色,了解他人的情感体验,使宝宝认识到人与人之间的关系应该是怎么样的。

(10)有时宝宝不肯分享是怕别人弄坏自己的玩具。因此,在鼓励宝宝分享的同时,还要告诉宝宝:“如果别人想玩你的玩具,你就说:可以,不过你要小心使用,别弄坏了哦!”这样可以减少宝宝的顾虑,更愿意表现出分享行为。

(11)当别人对宝宝表现出分享行为时,引导宝宝学会说“谢谢”,让宝宝学会感恩。并且引导宝宝用完别人的玩具或图书等物品后要及时归还。

(12)当宝宝主动表现出与人分享自己的物品时,家长或照护员一定要对宝宝大加赞扬,比如用赞许的目光、微笑的面容、亲切的点头、温暖的爱抚(亲亲宝宝,抱抱宝宝)或直接的口头表扬(“你真棒!”)等对宝宝的分享行为进行强化。

学习单元 2　促进婴幼儿社会性发展的游戏

学习目标

- ◆ 了解婴幼儿自我意识、情绪和情感、人际交往关系发展的特点。
- ◆ 掌握促进婴幼儿社会性发展游戏的方法与注意事项。

知识要求

一、婴幼儿自我意识发展的特点

自我意识也称为自我、自我概念,是对自己存在的觉察,即自己认识自己的一切,是个体对自己的生理、心理和自己与他人关系的知觉和主观评价。自我意识并不是天生的,也不是一蹴而就的,它是个体在社会交往的过程中,随着语言和思维的发展而不断形成和发展起来的。自我意识的发展一般分为以下阶段:

1.认识自己

0～4 个月(意识妈妈阶段):对着妈妈的镜像微笑、点头、发出咿咿呀呀的声音,对自己的镜像则不感兴趣,没什么反应;5～6 个月(伙伴阶段):开始注意镜子里的自己,把镜子中的自己当作游戏的同伴，甚至会去找镜子中的人，对着镜子里的自己做出拍打，招手，欢笑；7～12个月(伴随行动阶段)：对着镜子里自己的动作进行模仿；1岁以后(认识自我阶段)：对镜子中自己的五官开始感兴趣并开始认识自己；12～15个月，能从照片中认出自己；2～3岁后，幼儿慢慢学会使用代词“我”、“你”、“他”，将自己与他人区分开来，学会使用形容词“我的……”，表示自己的所属，自我意识发展真正进入实质阶段。

2.学会自我评价

婴幼儿学会从主要依赖成人的评价，逐渐向自己独立评价发展，能用合适的词语去评价别人，同时能理解别人对自己的评价，并会把自己的行为与他人的行为进行比较。但这一阶段婴幼儿的自我评价能力还很差，成人对自己的评价在婴幼儿个性发展中起着重要作用。

3.自我控制

自我控制由自制力、自觉性、坚持性、自我延迟满足构成。婴幼儿到2岁后才出现自我控制能力，随着生理发展，在成人的指导下，婴幼儿慢慢学会控制自己的活动，比如能够大小便自理，在听到成人说“不”时，能够学会控制自己的情绪和行为。

总的来说，婴幼儿自我意识的发展呈现随着年龄的增加而增长的发展趋势。

二、婴幼儿情绪和情感发展的特点

情绪是人的一种生理需要。婴儿出生后立即可以产生情绪反应，比如新生儿头几天表现出的哭、安静、四肢划动等，都是原始的情绪反应。婴幼儿情绪发展与先天的气质有关，也与后天的成长环境密切相关。脑神经学研究表明，人的大脑负责情绪的控制和发泄。婴幼儿的情绪和情感的发展，对其生存和发展起着非常重要的作用。

从生下来开始婴幼儿就具备情绪表现能力，幼儿基本的情绪有8～10种：痛苦、微笑、有兴趣、愉快、愤怒、悲伤、惧怕、惊奇、厌恶、害羞等。一般研究认为，婴儿在5～6周时出现对人的特别的兴趣和微笑，即社会性微笑；3～4个月的婴儿开始出现愤怒和悲伤；6～8个月时，婴儿出现对熟悉、亲近者的依恋，并随之产生对陌生人的焦虑和分离焦虑等。1岁半左右婴儿逐渐产生羞愧、自豪、骄傲、同情等更高级更复杂的社会性情感。婴幼儿不同的情绪表现体现了其不同的需求，早期的情绪反应一般与生理需要是否得到满足有关，或与来自身体内、外部的不舒适的刺激有关。比如婴儿用哭声表达身体上的不适，用微笑的表情反应愉快舒适。

婴幼儿情绪和情感发展呈现出以下特点：易冲动：婴幼儿常常会因为得不到想的食物或玩具就大哭大闹；不稳定：一会儿哭一会儿笑或“破涕为笑”的情况也经常在婴幼儿身体表现出来，比如婴幼儿因为得不到喜爱的玩具而哭泣，此时别人给他一块糖，他马上就笑起来；外露性：一般婴幼儿是隐藏不住自己的情绪的，心里怎么想的就会立即在脸上表露出来，想哭就哭，想笑就笑。

情绪如语言，它是幼儿进行情感交流的重要工具。情绪表达有多种形式，幼儿可以通过面部表情、肢体动作以及语音语调来表达自己的感受，因此成人要学会观察并反馈。消极、不良的情绪不利于婴幼儿的身心发展，照护员应根据婴幼儿的情绪特点，培养婴幼儿积极愉快的情绪，比如给婴幼儿营造安静、整洁的环境，提供营养丰富的食物、适合发展水平的玩具，这能使婴幼儿在生理上得到满足，产生愉快的情绪。

三、婴幼儿人际交往关系发展的特点

0～3岁婴幼儿的人际交往关系的发展主要涉及两种关系：亲子关系和玩伴关系。

0～12个月婴儿最先建立的人际交往关系是亲子关系，即婴儿与父母之间的交往关系，是婴幼儿社会关系中出现最早和持续赶时间最久的。婴幼儿自出生那天起接触最多的、最亲近的人就是自己的父母。父母在关怀、照顾婴幼儿的过程中，与婴幼儿维系着充分的身体接触、行为表现、语言刺激和感情联系。父母与婴幼儿之间建立起依恋关系，这有利于婴幼儿安全感、幸福感的获得，对婴幼儿的成长与发展产生至关重要的影响。

玩伴之间的交往，最早可以在6个月的婴儿身上看到，这时的婴儿可以通过相互触摸、观望，甚至以哭泣来对其他婴儿的哭泣做出反应。6个月以后，婴儿之间交往的社会性逐渐加强。12个月以后，随着婴幼儿动作、语言、认知能力的发展，其活动范围不断扩大，开始表现出寻求玩伴的渴望，于是一种比较平等地、互惠的玩伴交往关系开始建立起来了。0～3岁建立的玩伴关系，常常是一对一的活动。在玩伴交往发展过程中，起初婴幼儿与玩伴的互动主要指向玩具或物体，而不指向玩伴。随着动作、语言等方面的发展，婴幼儿与玩伴之间开始了语言、肢体的社会性交往行为，开始玩一些“躲猫猫”、“追赶”等游戏，也会偶尔出现一些推人、揪扯等冲突性行为。

亲子关系与玩伴关系对于婴幼儿的发展是互补的，两者不能相互替代，在婴幼儿人际交往发展过程中，不论缺少哪种交往关系，对婴幼儿来说都是不健康的。婴幼儿早期社会性交往发展还呈现出模仿父母、易受成人影响、自我中心化、易被玩具吸引等特点。

技能要求

一、促进婴幼儿自我意识发展的游戏

游戏名称：捧杯喝水。

适合年龄：1岁左右。

游戏方法：

(1)我会自己捧杯喝水：照护员先做示范，拿水杯喝水，让宝宝观察、模仿。然后，照护员托住宝宝的杯子往里倒入温开水，请宝宝自己抓握住杯柄，等宝宝抓稳杯子后，照护员慢慢放开手，让宝宝自己捧住杯子喝水。当宝宝能自己喝水后，照护员要及时对宝宝表示赞扬。这个游戏还可以试着把水杯放在不同的地方，让宝宝自己去拿，拿到水杯后自己捧杯喝水。

(2)请你喝水：宝宝捧着水杯，走向照护员或爸爸、妈妈，端着水杯请照护员或爸爸、妈妈喝水。

注意事项：

(1)用塑料或木茶杯，不要玻璃茶杯，以免摔破而发生意外。

(2)喝白开水，不要烫水、冰水。

(3)杯中只倒少量水，喝完了再加，避免水撒泼到身上。

(4)宝宝喝水时，不要逗引他，以免宝宝发生呛咳。

二、促进婴幼儿情绪和情感发展的游戏

游戏名称：情绪配色游戏。

适合年龄：2～3 岁。

游戏方法：

(1)照护员先准备一盒水彩笔和几张卡片，卡片上画着小猫(或其他小动物)，小猫的头像上缺少眼睛和嘴巴，头像旁边分别写上“快乐的小猫”、“生气的小猫”、“受伤的小猫”、“自信的小猫”、“没有其他小伙伴陪它玩的小猫”、“做错事的小猫”、“被大狗追咬的小猫”等。

(2)照护员可以根据卡片上的文字，编个小故事，问宝宝：“如果这是一只……的小猫，你想把这只小猫涂成什么颜色呀?”然后让宝宝自己选择颜色进行配色。

(3)等宝宝涂好色后，照护员接着再问：“你想给这只……的小猫画上什么样的眼睛和嘴巴呀?”

注意事项：

(1)在对宝宝提问时态度要亲切、温和。

(2)针对不同的情绪卡片，可在声调、语速上进行相应的调整，提示宝宝对该情绪的理解。

(3)每次提完问题后，要留给宝宝充足的思考、添画时间。

(4)对宝宝的配色和眼睛、嘴巴添画不要进行干预或强迫宝宝按照成人的“标准答案”作答。

三、促进婴幼儿人际交往发展的游戏

游戏名称：请你来我家做客。

适合年龄：2～3 岁。

游戏方法：

(1)当小朋友来到家里时，照护员可以引导宝宝说出“你好”、“欢迎”等话问候客人，也可以让宝宝抱抱、亲亲小客人，表达自己对客人的欢迎。

(2)引导宝宝去牵着小客人的手，带着小客人去参观家里的环境，照护员可在旁边讲解，告诉小客人这是什么地方，是做什么的。例如：“这是餐厅，我们在这儿吃饭。”

(3)让宝宝把自己喜爱的食物拿出来，请小客人一起分享；拿出自己喜爱的玩具，和小客人一起玩。

(4)小客人离开时，照护员可以引导宝宝说出“再见”、“欢迎下次来玩”等话欢送客人。

注意事项：

(1)家长或照护员要先与另一个小朋友的父母商量好，邀请该小朋友到家里来玩。

(2)在宝宝和他的小朋友交往过程中，照护员不要轻易进行干预，给予他们充足的交往空间。

(3)游戏的过程中，照护员一定要密切关注宝宝的反应和心情，在他们发生摩擦、发脾气或开始吵闹时，要给予适当制止和正确引导，告诉宝宝在交友中什么是可以做的，什么是不可以做的。

(廖思斯)

第四部分

高级技能

第一章　生活照护

学习目标

◆ 掌握婴幼儿食谱编制原则。
◆ 掌握食谱编制注意事项。

知识要求

1.乳及其制品

1 岁以后的宝宝，刚刚断奶或没完全断奶，他们吃的食物逐步接近大人。但他们牙齿尚未发育完全，咀嚼固体食物（特别是肉类）的能力有限，就会限制蛋白质的摄入。

因此，1 岁以上的宝宝，不一定能从固体食物中摄取到足够的蛋白质，饮食上还应该注意摄取奶类，奶类食品仍是他们重要的营养来源之一。美国权威儿科组织建议，奶类与固体食物的比例应为 40∶60。按照这个比例计算，每天大约需要给宝宝提供奶类 500 毫升。

2.食物品种的选择

1 岁后，宝宝身体生长发育仍然需要多种营养素，要保证足够营养素的摄取，必须给宝宝提供多种多样的食物。因此，给宝宝的食物搭配要合适，要有干有稀，有荤有素，饭菜要多样化，每天都不重复。

比如，主食要轮换吃软饭、面条、馒头、包子、饺子、馄饨、发糕、麻酱花卷、菜卷等。给宝宝准备饮食时要注意利用蛋白质的互补作用，用肉、豆制品、蛋、蔬菜等混合做菜，一个炒菜里可同时放两三种蔬菜，也可用几种菜混合做馅，还可在午饭或早点时吃些蒸胡萝卜、卤猪肝、豆制品等，以刺激宝宝的食欲。

3.餐次比例

按照早餐要吃好，午餐要吃饱，晚餐要吃少的营养比例，把食物合理安排到各餐中去。各餐占总热量的比例一般为早餐占 25%～30%，午餐占 40%，午点占 10%～15%，晚餐占 20%～30%。为了满足宝宝上午活动所需热能及营养，早餐除主食外，还要加些乳类、蛋类、豆制品、青菜和肉类等食物，午餐进食量应高于其他各餐。因为，宝宝已活动了一个上午，下午还有更长时间的活动。另外，宝宝身体对蛋白质的需求量也很大，需要多补充些蛋白质。

4.食物制作要求

随着年龄的增长，宝宝的牙齿逐渐出齐了，但他们肠胃消化能力还相对较弱，因此，食物制作上一定要注意软、烂、碎，以适应宝宝的消化能力。

5.餐次要求

宝宝的胃比成年人要小，不像大人那样一餐可进食很多。但宝宝对营养的需求量却比大人多，因此，每天进餐次数不能像大人那样以一日三餐为标准，应该进餐次数多一些。一般要求，每天进餐 5～6 次，即早、中、晚三餐加上午、下午点心各 1 次比较适宜。但 3 次加餐的点心不宜太多，以免影响正餐。

6.食物口味

给宝宝准备食物不能根据大人口味及喜好来做，而要以天然、清淡为原则。添加过多的盐和糖会增加宝宝肾脏的负担，损害其功能，并养成日后嗜盐或嗜糖的不良饮食习惯；尤其不宜添加味精及人工色素等影响宝宝的健康的调味品。

7.进餐环境

让宝宝与家人一起进餐，不仅可使他们获得必需的营养，还可学到怎样去与别人分享食物，对帮助宝宝养成良好的就餐习惯很有帮助。

8.烹调手段

给宝宝烹调食物时，要注意适合宝宝的消化功能，避免油腻的、过硬的、味道过重的、辛辣上火的食物。但是也不必刻意将饭菜煮得过软，肉、菜切得过细。实际上这个阶段宝宝的咀嚼能力已经得到发展，应该鼓励宝宝尽快适应成人的食物。

同时，烹调上注意干稀、甜咸、荤素之间合理搭配，以保证为宝宝提供均衡的营养。此外，还要注意食物的色、香、味，以提高宝宝的食欲。

技能要求

制定幼儿一周食谱

幼儿在以乳类为主食的食物结构向普通食物结构转化阶段，孩子每日食谱与成年人食物差别越来越小。在这个阶段里，要注意保证营养全面，满足幼儿日益增长的身体发育的需要。一日三餐，要依据孩子活动的规律合理搭配，兼顾热量、脂肪、蛋白质、微量元素等营养素的均衡摄入，每天每餐给宝宝的食物品种要尽可能多样化，一周内的食谱尽可能不要重复，以维持孩子良好的食欲和正常营养素摄入。现举例如下：

星期一：

早餐：瘦肉青菜粥

中餐：软米饭、清蒸小黄鱼、清炒小碎菜

晚餐：海鲜面（花蛤、对虾、青菜）

星期二：
早餐：海鲜小馄饨
中餐：软二米饭（小米、大米）、西兰花炒碎肉、蒸蛋羹
晚餐：荠菜虾仁饺子
星期三：
早餐：红薯粥、水煮蛋
中餐：麻酱拌面、冬瓜排骨汤
晚餐：馒头、清蒸带鱼、西红柿蛋花汤
星期四：
早餐：小肉包、胡萝卜粥
中餐：软米饭、虾仁蒸蛋羹、土豆丝炒碎肉
晚餐：大米粥、碎菜炒肉末、清蒸小黄鱼
星期五：
早餐：猪肝粥
中餐：软米饭、豆腐菜末蒸蛋羹、清蒸鸦片鱼头
晚餐：肉末碎菜汤面条
星期六：
早餐：馄饨（肉末胡萝卜馅）
中餐：二米饭、清蒸鳗鱼、青菜末炒蛋
晚餐：花卷、西红柿肉末汤、清炒花椰菜
星期日：
早餐：面包、煎蛋（嫩）
中餐：紫薯饭、土豆炖肉、炒青菜
晚餐：面片、鸡蛋炒菠菜

（刘志杏）

第二章　健康促进与照护

第一节　健康促进

学习单元1　小儿龋病的保健

学习目标

◆ 了解龋病病因。

◆ 掌握龋齿预防措施。

知识要求

一、病因

"细菌一食物一宿主一时间"是目前大多学者普遍认同的龋齿形成的主要因素，也称"四联"因素。此外，引起小儿龋病的还有社会因素。

1.细菌

细菌在龋齿的发生和发展过程中起着主导作用，导致龋齿的细菌有很多种，最主要的是某些变形链球菌和乳酸杆菌。

2.食物

在龋齿形成过程中，食物往往扮演着重要角色。糖类是致龋的重要因素。如食物中含糖量多，可为细菌生长提供充足能量。如果口腔中糖类食物残渣积蓄过多过久（如不刷牙、睡前吃糖），则可加速上述过程。致龋的糖类很多，最主要的是蔗糖。此外，饮食提供牙齿发育的必要营养，也为龋齿发病创造了重要条件。

3.宿主

宿主包括牙齿、唾液等。牙齿的结构、形态和位置对龋齿形成也有明显作用。临床中经常可以发现，牙列不齐、牙齿咬面的窝沟过深、牙缝过大等，很容易使细菌和食物残屑滞留在牙齿上，不易清除，容易诱发龋齿。国内外口腔学专家认为，含氟量过低的牙齿抗龋性也低。乳牙的结构和钙化程度都还不够成熟，患龋齿的比例较高。此外，唾液在龋齿的形成中也起着一定的作用。唾液是牙齿的外部环境，对牙齿有着缓冲、洗涤、抗菌或抑菌等重要作用。量少而稠的唾液很容易造成食物滞留，进而诱发龋齿。与此相反，量多而稀的唾液则能够较好地洗涤牙齿表面，从而减少细菌和食物堆积，也就不易致龋。

4.时间

龋齿的形成，上述三种因素必须要有足够时间进行相互作用才能达成。如果口腔内细菌和食物残屑积蓄过多过久，可加速龋齿的形成过程。

5.社会因素

(1)不良的生活方式：不良的生活方式常为龋齿的发生提供条件。小儿未养成口腔清洁习惯，口腔环境差，则细菌易于滋生，容易诱发龋齿；爱吃甜食、睡前吃糖、偏食等不良的饮食习惯，会造成饮食结构不合理，营养不均衡，患龋率增高。

(2)防龋意识淡薄或偏差：由于防龋知识来源不足，有些家长或照护人员虽然知道龋齿的危害，但防龋做法不当，如以不正确的“横刷法”刷牙，选用不合理的牙膏、牙刷等，虽然表面上似有洁牙行为，但是因为刷不净牙缝里的食物残渣，不能达到有效防龋的效果。

二、保健与预防

1.调整饮食结构，减少或控制糖类的摄入

照护人员应合理安排小儿膳食，保证小儿营养摄入均衡，尤其要保证对牙齿发育有益的蛋白质、钙、磷、维生素等营养物质应充分供给；对牙齿健康不利的糖果、糕点等甜食应减少或控制供给；对有利于清洁牙齿且不易发酵的粗糙或纤维性食品，如蔬菜、水果等，应鼓励小儿摄入。此外，应培养小儿良好的饮食习惯，教育小儿少吃零食、不偏食，睡前不吃糖等。

2.增强牙齿的抗龋性

除饮食中提供钙、磷、维生素等促进牙齿钙化外，尚可通过各种氟化法增加牙齿中的氟含量，增强其抗龋性。比较有效且易于推广的氟化法有饮用水氟化法、含氟牙膏刷牙、氟溶液漱口等。不过应注意不管何种氟化法防龋，均应在低氟区使用，且应注意氟剂量的控制，以免发生氟斑牙。近年来有报道显示，在一些地区开展多种氟化法防龋已取得明显成效。此外，茶叶中含氟较高，常喝茶水或用茶水漱口，不仅能除污解腥、抑菌消炎，还有护齿功效。

3.保证或促进唾液分泌

为保证牙齿良好的唾液环境，应注意摄入足够的水分以利于唾液的产生。对于任何可引起唾液分泌减少，唾液成分、性质改变的疾病均应予以积极治疗。

4.加强小儿口腔保健,定期口腔检查

建议小儿每半年或一年到正规医院口腔科看一次牙医,做到发现问题及时解决,有病早治,无病早防,降低龋齿的发病率。发现问题及时解决,降低龋齿的发病率,以确保小儿牙齿及身体的健康。

学习单元 2 异常步态的照护

学习目标

◆ 了解小儿异常步态常见原因。
◆ 熟悉小儿常见的异常步态表现。

知识要求

小儿过了1周岁后,就开始蹒跚学步了。在这个阶段,照护人员要仔细观察小儿走路的姿势,因为不良的步态,或许是某些疾病的信号。正确的走路姿势为抬头挺胸,上身正直,目视前方,双手自然下垂。手指并拢自然弯曲,两臂以肩关节为轴心前后自然摆动。上下肢协调运动,两脚脚尖向前左右交替前进或后退。刚学走路的小儿,走路时两足常呈"八字"分开,身体摇摇晃晃,两臂外展向前走着;且在走路时,有时足尖着地,有时足跟放平,这是他在探索用哪种姿势走路比较舒服,属于正常的现象。但是,当小儿能够独立行走后,若常出现步态不稳等异常情况,应重视,以免错过最佳的纠正或治疗时机。

一、异常步态原因

造成小儿步态偏离正常模式的原因众多,可以是肌肉骨骼和周围神经系统疾患,也可以是中枢神经系统疾患。较常见的有各种原因导致的关节活动受限(包括痉挛)或不稳定,在活动或承重时感觉疼痛,下肢肌肉软弱或无力,以及肢体感觉障碍等。

二、常见的异常步态表现

1.关节挛缩或强直步态

髋关节屈曲挛缩患者,行走时步幅缩短。髋关节内收肌群痉挛时,下肢呈交叉状态。其关节伸直痉挛者,腿摆动时须髋外展及同侧骨盆上提。踝跖屈挛缩和马蹄足畸形者,行走时呈现跨槛步态。

2.蹒跚步态或关节不稳定步态

行走时左右摇摆如鸭步,见于先天性髋关节脱位、佝偻病、大骨节病、进行性肌营养不良。

3. 疼痛步态

腰部疼痛时，躯干前屈，步幅变小，步行速度慢。髋关节疼痛时，出现促步。膝关节疼痛时，膝关节屈曲，足趾着地。

4. 肌无力步态

胫前肌无力时足下垂，形成跨槛步。股四头肌无力时，身体前倾，膝被动伸直，若同时有伸髋肌无力，患者常须俯身用手按压大腿使膝伸直。臀大肌无力时，形成仰胸凸肚的姿势。臀中肌无力时，髋外展无力，身体左摇右摆，呈鸭步。

5. 共济失调步态

小脑型共济失调患者，呈曲线前进，两足分开间距大，两上肢外展保持平衡，抬足急，步幅小而不规则。前庭迷路型共济失调者，当沿直线行走时向病变侧偏斜，闭目踏步方向偏斜。基底节病变时，步态短而快，不能随意立停或转向，手臂摆动缩小或停止，步行开始时第一步踏出困难。

6. 短腿步态

患肢缩短达 2.5 厘米以上者，出现斜肩步。如缩短超过 4 厘米，则步态特点可变为患肢用足尖着地以代偿。

学习单元 3　小儿常见眼病的照护

学习目标

◆ 掌握斜视分类、特点及保健重点。

◆ 掌握弱视分类、特点及保健重点。

◆ 掌握屈光不正分类、特点及保健重点。

知识要求

一、斜视

人的眼睛注视某一物体时，双眼能够协调一致注视目标。如果两眼不能同时注视一个目标，一眼注视目标时另一眼发生偏斜，就形成了所谓的斜眼，医学上把这种现象叫作斜视。由于眼球位置不正，患儿双眼不能同时注视一个目标，一只眼注视目标，另一只眼便会偏离目标，同时偏斜眼产生视觉抑制以避免混淆视和复视，久而久之，偏斜眼就产生了弱视，或丧失双眼视力功能（立体视盲）。

1. 病因与临床表现

斜视有很多种，一般分为内、外斜视与上下斜视。

(1)内斜视:眼位向内偏斜最常见,俗称“对眼”、“斗鸡眼”。在出生至出生后6个月内发生者称之为先天性内斜视。偏斜角度通常很大。后天性内斜视又分为调节性与非调节性,调节性内斜视常发生在2～3岁儿童,患儿通常会伴有中高度远视,或是异常的调节内聚力与调节比率。

(2)外斜视:眼位向偏斜,俗称“斜白眼”。一般可分为间歇性与恒定性外斜视。间歇性外斜视因患儿具有较好的融像能力,大部分的时间眼位维持在正常的位置,只有偶尔在阳光下或疲劳走神的时候,才表现出外斜的眼位。有些儿童还表现为,在强烈的太阳光下常会闭一只眼睛。间歇性外斜视常会发展成恒定性外斜视。

(3)上下斜视:眼位向上或向下偏斜,比内斜视和外斜视少见,上下斜视常伴有头部歪斜,即代偿头位。

2.治疗与护理

(1)非手术治疗:治疗斜视,首先是针对弱视治疗,以促使两眼良好的视力发育,其次为矫正偏斜的眼位。斜视的治疗方法包括戴眼镜、戴眼罩遮盖、正位视训练。轻度斜视可以戴棱镜来矫治。戴眼罩是治疗斜视所引起的弱视的主要方法。正位视训练可以作为手术前后的补充。

(2)手术治疗:斜视治疗的年龄越小,治疗效果越好。斜视手术不仅能矫正眼位、改善外观,更重要的是建立双眼视功能。手术时间以6～7岁前为最佳。眼位能否长期保持稳定、立体视能否建立仍需定期随访。

二、弱视

眼球无明显器质性病变,而单眼或双眼矫正视力仍达不到1.0者称为弱视。目前,我国弱视标准为矫正视力≤0.8或两眼视力差≥2行。弱视是一种严重危害儿童视功能的眼病。儿童斜视弱视若不在早期及时治疗,将可能发展成为低视力或盲症。

1.病因

(1)斜视性弱视:发生在单眼。患儿有斜视或曾有过斜视,常见于四岁以下发病的单眼恒定性斜视患者。由于大脑皮质会主动抑制斜眼的视觉冲动,长期抑制可能形成弱视。视觉抑制和弱视只是量的差别,若为斜眼注视一般可以解除抑制,而弱视则为持续性视力减退。斜视发生的年龄越早,产生的抑制越快,弱视的程度越深。

(2)屈光参差性弱视:因两眼不同视,两眼视网膜成像大小清晰度不同,屈光度较高的一眼黄斑部成像大而模糊,引起两眼融合反射刺激不足,不能形成双眼单视,从而产生被动性抑制,两眼屈光相并3.00D以上者,常形成弱视和斜视。以至于被动性和主动性抑制同时存在。弱视的深度不一定与屈光参差的度数有关,但与注视性质有关,旁中央注视者弱视程度较深,这类弱视的性质和斜视性弱视相似,是功能性的和可逆的。临床上有时也不易区分弱视是原发于屈光参差,还是继发于斜视,此型如能早期发现,及时配戴眼镜,可以预防。

(3)屈光不正性弱视:多为双眼性,发生于高度近视、近视及散光而未戴矫正眼镜的儿童,多数近视在6.00D以上,远视在5.00D以上,散光≥2.00D或兼有散光者。双眼视力相等或相似,并无双眼物像融合机能障碍,故不引起黄斑功能性抑制,若及时佩戴适当眼镜,视力可逐渐提高。

(4)失用性弱视(形觉剥夺性弱视):在婴儿期,上睑下垂,角膜混浊,先天性白内障或因眼睑手术后遮盖时间太长等,使光刺激不能进入眼球,妨碍或阻断黄斑接受形觉刺激,因而产生了弱视,故又称遮断视觉刺激性弱视。

(5)先天性弱视或器质性弱视:婴儿出生时黄斑出血,导致锥细胞排列不规则,在婴儿双眼形成以前发生,因而预后不好。有些虽然视网膜及中枢神经系统不能查出明显的病变,但目前仍认为属器质性病变。因现有检查方法不能发现,此型为恒定性弱视,治疗无效。

2.临床表现

(1)视力和屈光异常:弱视眼与正常眼视力界限并不十分明确,有的病人主诉视力下降,但客观检查,视力仍然1.0或1.2。这可能是患者与自己以前视力相比而感到视力下降。此外,可能在中心窝的视细胞或其后的传导系统有某些障碍,有极小的中心暗点,自觉有视力障碍,而在客观上查不出。如果弱视眼无器质性改变,而其视力在0.01以上,0.2以下者,多伴有固视异常。弱视与屈光异常的关系,远视眼较多,+2.00D轻度远视占弱视的37.7%,近视出现轻度弱视的多,故弱视与远视程度高者有密切关系。

(2)分读困难:分读困难是弱视的一个特征,又称拥挤现象。用相同的视标、照明度和距离检查视力时,视标的间隔不同所测的值示不同。分读困难就是弱视眼识别单独视标比识别集合或密集视标的能力好。即对视力表上的单开字体(如E字)分辨力比对成行的字要强。

(3)弱视只发生在幼儿:双眼弱视是出生后至9岁期间逐步发展形成的。在此发展时期若出现斜视或视觉丧失等可导致弱视。9岁以后即使有上述原因也不会发生弱视。

(4)弱视只发生在单眼视病人:若交替使用两眼者不会发生弱视。

(5)固视异常:弱视较深者由于黄斑固视能力差,而常以黄斑旁的网膜代替黄斑作固视。偏心固视是指中心窝外固视,其形成的学说很多,表现有中心凹旁固视、周边固视、黄斑旁固视、游走性固视。

3.治疗与护理

(1)穿针、穿珠训练:患儿戴了矫正眼镜后,用红线穿针或穿珠子,每次穿200～300根针或200～300粒珠子,促使多用近目光,以提高视力。

(2)红光闪烁刺激法:患儿戴矫正眼镜后,用弱视眼从观察孔中看闪烁性的红光,每次10～15分钟,每日两次。

(3)遮盖治疗:当患儿佩戴矫正眼镜后,在医生的指导下,用塑料布或黑布制的遮眼罩将健眼彻底遮住,迫使弱视眼看物,使弱视眼得到锻炼而增加视力。

双眼交替遮盖的比例,应根据患儿视力的高低及年龄的大小而灵活掌握。遮盖健眼要彻底,不能使患儿用健眼视物,进行遮盖疗法要有恒心,不能中断,否则会明显影响疗效。要特别注意,每进行遮盖疗法四周,必须检查两眼视力,观察弱视眼视力有无进步,被遮眼视力有无退步。如被遮眼视力没有退步,可继续遮盖。如被遮眼视力退步,就要停止遮盖若干天,等被遮眼视力恢复后再继续遮盖治疗。

完全遮盖法:在视力好的一只眼的眼镜片上,贴上不透明的纸,然后让患者做一些精细的活动,如绘画、捡芝麻、穿珠子等。此法对弱视眼视力在0.3以上者都适宜。

部分遮盖法：用透明的玻璃纸粘在视力好的一只眼的镜片上，使其视力在戴上这种半透明的眼镜后比对侧弱视眼视力低0.1～0.2为宜，经常做一些精细活动进行锻炼。适用于双眼视力相差不太大及经过完全遮盖法治疗后弱视眼视力提高至正常视力或接近正常视力者。

(4)光学药物压抑疗法：该方法应用时较为复杂，需在医生指导下施行。首先两眼放瞳验光，充分矫正屈光度数，根据弱视眼的视力调整两眼屈光度数后配眼镜。然后，健眼每日滴1%阿托品一次，迫使弱视眼看远或看近，以锻炼弱视眼，使弱视眼的视力不断进步。

三、屈光不正

屈光不正是指眼在不使用调节时，平行光线通过眼的屈光作用后，不能在视网膜上结成清晰的物像，而在视网膜前或后方成像。它包括远视、近视视力疲劳及散光。

1.临床表现

(1)近视：轻度或中度近视，除视远物模糊外，并无其他症状，在近距离工作时，不需调节或少用调节即可看清细小目标，反而感到方便。但在高度近视眼，工作时目标距离很近，两眼过于向内集合，这就会造成内直肌使用过多而出现视力疲劳症状。

(2)远视：远视眼的视力，由其远视屈光度的高低与调节力的强弱而决定。轻度远视，用少部分调节力即可克服，远、近视力都可以正常，一般无症状，这样的远视称为隐性远视。稍重的远视或调节力稍不足的，远、近视力均不好，这些不能完全被调节作用所代偿的剩余部分称为显性远视。远视眼由于长期处于调节紧张状态，很容易发生视力疲劳。

(3)视力疲劳：指阅读，写字或做近距离工作稍久后，可以出现字迹或目标模糊，眼部干涩，眼睑沉重，有疲劳感，以及眼部疼痛与头痛，休息片刻后，症状明显减轻或消失。此种症状一般以下午和晚上为最常见，严重时甚至恶心，呕吐，有时尚可并发慢性结膜炎、睑缘炎或睑腺炎反复发作。

(4)散光：屈光度数低者可无症状，稍高的散光可有视力减退，看远、近都不清楚，似有重影，且常有视力疲劳症状。

2.治疗与护理

(1)近视治疗：轻度和中度近视，可配以适度凹透镜片矫正视力。高度近视戴镜后常感觉物象过小、头昏及看近物困难应酌情减低其度数，或戴角膜接触镜，但后者如处理不当可引起一系列角膜并发症。

(2)远视治疗：远视眼，如果视力正常，又无自觉症状，不需处理。如果有视力疲劳症状或视力已受影响，应佩戴合适的凸透镜片矫正。远视程度较高的，尤其是伴有内斜视的儿童应及早配镜。随着眼球的发育，儿童的远视程度有逐渐减退的趋势，因此每年还须检查一次，以便随时调整所戴眼镜的度数。除佩戴凸镜矫正外，还可以用角膜接触镜(隐形眼镜)矫正。

(3)散光治疗：一般轻度而无症状者可不处理，否则应配柱面透镜片矫正，近视性散光用凹柱镜片，远视性散光用凸柱镜片。

(骆海燕　冯敏华)

学习单元4 生长发育曲线图绘制

学习目标

- 能绘制小儿生长发育曲线图。
- 初步评价小儿生长发育状况。

知识要求

生长曲线图评价法指依据离差法或百分位数法原理，将某地不同性别各年龄组儿童某项发育指标的数值在坐标纸上制成标准生长曲线图，用同性别同一年龄组某儿童某项发育指标与之对比，来评定该儿童发育的方法。

百分位数标准曲线指在坐标纸上以年龄为横坐标，某项指标(身高、体重等)为纵坐标，制成的由各年龄指标P97、P75、P50、P25、P3连线组成的曲线图。中间的P50曲线代表平均值，最下面的一条曲线为P3，表明为100个儿童中体重或身高最低的那三个，如果儿童低于这个水平，可能存在体重或身高过低；最上面的一条曲线为P97，表明为100个儿童中体重或身高最高的那三个，如果儿童高于这个水平，可能存在体重或身高过高，这两种情况都应该及时关注。

在评价小儿生长发育时，对以下情况需要留意以下情况：

1. 生长曲线跨过P97线或P3曲线

跨过P97或P3曲线，代表可能有风险，但要具体考虑变化开始前的状态、变化趋势以及儿童的健康史。一般来说，低于P3线，该小儿可能存在生长发育迟缓。高于P97线，可能存在生长过速，这种情况下，应去医院进一步检查。

2. 生长曲线急剧上升或下降

任何急剧上升或下降，都需要密切注意。儿童生长曲线急剧下降需要进一步查明原因。即便是超重或肥胖儿童，因控制体重而出现生长曲线急剧下降也是不可取的。

3. 生长曲线保持平坦

生长曲线保持平坦，说明儿童的体重或身高等没有随年龄增加而增加或增加不足，可能代表有生长停滞。但要具体考虑变化开始前的状态、变化趋势以及儿童的健康史。

技能要求

每次测量儿童体重、身高(身长)后，在生长发育图的横坐标上找出本次测量时的月龄，在纵坐标上找出体重或身高(身长)的测量值，将年龄所在的垂直线与体重或身高(身长)测量值的延长线相交，得到此次测量的描记点。生长发育图的标记点须用“.”表示。将连续多个体重测量值的描绘点连线即获得该儿童生长发育曲线。再与同性别同一年龄组某儿童体重、身高（身长）的标准曲线去做对比，结合其他影响因素，来评定该儿童生长发育情况。

（金幸美　冯敏华）

第二节　常见疾病与症状照护

学习单元1　高热惊厥的预防与照护

学习目标

◆ 掌握高热惊厥的保健。

知识要求

热性惊厥常有复发，即初次惊厥以后25%～40%（平均33%）的病儿在以后得热性病时出现惊厥复发。在热性惊厥小儿中，1/3有第二次惊厥，9%的热性惊厥小儿复发三次或更多。

初次发作在1岁以内的复发率最高，约占一半病例。如家族中有癫痫或热性惊厥者，复发机会也高。复发的时间多见于初次发作两年以内。

1.提高免疫力

加强营养、经常性户外活动以增强体质，提高抵抗力。必要时在医生指导下使用一些提高免疫力功能的药物。

2.预防感冒

天气变化时，适时添减衣服，避免受凉；尽量不要到公共场所、流动人口较多的地方去，如超市、车站、电影院等；如家长或照护人员感冒，需戴口罩，并尽可能与小儿少接触；每天不定期开窗通风，保持家中空气流通。

3.及早发现小儿体温升高

正常小儿体温在36～37℃。若测量腋温大于37.5℃，肛温大于38.2℃应确认是发烧了。若在家中无体温表或一时找不到体温表，可根据下列征象判断小儿是否正在发烧：母乳喂养儿，妈妈给小儿喂奶时感到乳儿口唇烫；小儿脸红，前额发烫，躯干皮肤温度增高，但肢体手脚发凉。婴儿时期发烧频率高，照护人员要多加注意，特别要注意发热的小儿的夜间护理。

4.积极退热

曾经发生过高热惊厥的患儿在感冒时，家长或照护人员应密切观察其体温变化，一旦体温达 38℃以上时，应积极退热。退热的方法有两种，一是物理退热，二是药物退热。物理退热包括温水擦浴或冰袋枕在小儿头部，同时用冷水湿毛巾较大面积地敷在前额以降低头部的温度，保护大脑。

技能要求

高热惊厥的家庭急救

(1)惊厥发作时，照护员或家长必须保持镇静，应迅速将小儿抱到床上，使之平卧，解开衣扣、衣领、裤带。

(2)用手指掐人中穴(人中穴位于鼻唇沟上 1/3 与 2/3 交界处)，将患儿头偏向一侧，以免痰液吸入气管引起窒息。

(3)用裹布的筷子或小木片在患儿的上下牙齿之间，以免咬伤舌头并保障通气。牙关紧闭时，不可强行撬开。

(4)小儿惊厥时，保持环境安静，避免一切不必要的刺激。不能喂水、进食，以免误入气管。不可强行牵拉或按压患儿肢体，以免骨折或脱臼。

(5)在处理的同时最好就近就医治疗，尽快控制惊厥。

学习单元 2　维生素 D 缺乏性佝偻病的预防与照护

学习目标

- 了解维生素 D 缺乏性佝偻病原因。
- 熟悉维生素 D 缺乏性佝偻病临床表现。
- 掌握维生素 D 缺乏性佝偻病预防。

知识要求

维生素 D 缺乏性佝偻病是以维生素 D 缺乏导致钙、磷代谢紊乱和临床以骨骼的钙化障碍为主要特征的疾病。维生素 D 是人体所必需的营养素，它是钙代谢最重要的生物调节因子之一。维生素 D 不足导致的佝偻病，是一种慢性营养缺乏病，发病缓慢，影响生长发育。多发生于 3 个月～2 岁的小儿。

一、病因

1. 日光照射不足

维生素D由皮肤经日照产生，如日照不足，尤其在冬季，需定期通过膳食补充。此外，空气污染也可阻碍日光中的紫外线。人们日常所穿的衣服、住在高楼林立的地区、生活在室内、居住在日光不足的地区等都会影响皮肤生物合成足够量的维生素D。对于婴儿及儿童来说，日光浴是使机体合成维生素D的重要途径。

2. 维生素D摄入不足

动物性食品是天然维生素D的主要来源，海水鱼如鲱鱼、沙丁鱼、动物肝脏、鱼肝油等都是维生素D的良好来源。从鸡蛋、牛肉、黄油和植物油中也可获得少量的维生素D，而植物性食物中含维生素D较少。天然食物中所含的维生素D不能满足婴幼儿对它的需要，需多晒太阳，同时补充鱼肝油。

3. 钙含量过低或钙磷比例不当

食物中钙含量不足以及钙、磷比例不当均可影响钙、磷的吸收。人乳中钙、磷含量虽低，但比例(2∶1)适宜，容易被吸收。而牛乳钙、磷含量较高，但钙磷比例(1.2∶1)不当，钙的吸收率较低。

4. 维生素D和钙需要量增多

早产儿因生长速度快和体内储钙不足而易患佝偻病；婴儿生长发育快对维生素D和钙的需要量增多，故易引起佝偻病；2岁后因生长速度减慢且户外活动增多，佝偻病的发病率逐渐减少。

5. 疾病和药物影响

肝、肾疾病及胃肠道疾病影响维生素D、钙、磷的吸收和利用。小儿胆汁郁积、先天性胆道狭窄或闭锁、脂肪泻、胰腺炎、难治性腹泻等疾病均可影响维生素D、钙、磷的吸收而患佝偻病。长期使用苯妥英钠、苯巴比妥钠等药物，可加速维生素D的分解和代谢而引起佝偻病。

二、临床表现

维生素D缺乏性佝偻病临床主要为骨骼的改变、肌肉松弛，以及非特异性的精神神经症状。重症佝偻病可影响消化系统、呼吸系统、循环系统及免疫系统，同时对小儿的智力发育也有影响。在临床上分为初期、激期、恢复期和后遗症期。初期、激期和恢复期，统称为活动期。

1. 初期

多数从3个月左右开始发病。此期以精神神经症状为主，患儿有睡眠不安、好哭、易出汗等现象，出汗后头皮痒而在枕头上摇头摩擦，出现枕部秃发。

2. 激期

除初期症状外，患儿以骨骼改变和运动机能发育迟缓为主，用手指按在3～6个月患儿的枕骨及顶骨部位，感觉颅骨内陷，随手放松而弹回，称乒乓球征。8～9个月以上的患儿头颅常呈方形，前囟大及闭合延迟，严重者18个月时前囟尚未闭合。两侧肋骨与肋软骨交界处膨大如珠子，称肋骨串珠。

胸骨中部向前突出形似“鸡胸”，或下陷成“漏斗胸”。胸廓下缘向外翻起为“肋缘外翻”。

脊柱侧突、后突。会站走的小儿两腿会形成向内或向外弯曲畸形，即O型或X型腿。

患儿的肌肉韧带松弛无力。因腹部肌肉软弱而使腹部膨大，平卧时呈“蛙状腹”。四肢肌肉无力，学会坐站走的年龄都较晚，两腿无力容易跌跤。出牙较迟，牙齿不整齐，容易发生龋齿。大脑皮质功能异常，条件反射形成缓慢，患儿表情淡漠，语言发育迟缓，免疫力低下，易并发感染、贫血。

3. 恢复期

经过一定的治疗后，各种临床表现均消失，肌张力恢复，血液生化改变和X线表现也恢复正常。

4. 后遗症期

多见于3岁以后小儿，经治疗或自然恢复后临床症状消失，仅重度佝偻病患者遗留下不同部位、不同程度的骨骼畸形。

三、治疗与护理

预防和治疗均需补充维生素D并辅以钙剂，防止骨骼畸形和复发。

1. 一般治疗

坚持母乳喂养，及时添加含维生素D较多的食品(肝、蛋黄等)，多到户外活动增加日光直接照射的机会。激期阶段勿使患儿久坐、久站，防止骨骼畸形。

2. 补充维生素D

初期每天口服维生素D，持续1个月后改为预防量。激期口服，连服1个月后改为预防量。不能坚持口服或患有腹泻病者，可肌注维生素D，大剂量突击疗法，1个月后改预防量口服。肌注前先口服钙剂4～5天，以免发生医源性低钙惊厥。

3. 补充钙剂

维生素D治疗期间应同时服用钙剂。

4. 矫形疗法

采取主动和被动运动，矫正骨骼畸形。轻度骨骼畸形在治疗后或在生长过程中自行矫正，应加强体格锻炼，可采取些主动或被动运动的方法矫正，例如俯卧撑或扩胸动作使胸部扩张，纠正轻度鸡胸及肋外翻。严重骨骼畸形者外科手术矫正，4岁后可考虑手术矫形。

学习单元3 中暑的预防与照护

学习目标

◆ 了解中暑(热射病)的常见原因。
◆ 熟悉中暑(热射病)的临床表现。
◆ 掌握中暑(热射病)的预防与照护。

知识要求

热射病(中暑)是指因高温引起人体体温调节功能失调,体内热量过度积蓄,从而引发神经器官受损。热射病在中暑的分级中就是重症中暑,是一种致命性疾病,病死率高。该病通常发生在夏季高温同时伴有高湿的天气。

遇到高温天气,出现大汗淋漓、神志恍惚时,要注意降温。如高温下发生出现昏迷的现象,应立即将患儿转移至通风阴凉处,冷水反复擦拭皮肤,随后要持续监测体温变化。若高温持续应马上送至医院进行治疗,千万不可以为是普通中暑而小视,耽误治疗时间。

一、病因

对高温环境适应不充分是致病的主要原因。在空气温度升高(>32℃)、相对湿度较大(>60%)和无风的环境中,长时间活动,又无充分防暑降温措施时,缺乏对高热环境适应时易发生热射病。

二、临床表现

热射病是一种致命性急症,以高温和意识障碍为特征。起病前往往有头痛、眩晕和乏力。早期受影响的器官依次为脑、肝、肾和心脏。根据发病时患儿所处的状态和发病机制,临床上分为两种类型:劳力性和非劳力性(或典型性)热射病。劳力性主要是在高温环境下内源性产热过多;非劳力性主要是在高温环境下体温调节功能障碍引起散热减少。

1. 劳力性热射病

多在高温、湿度大和无风天气进行剧烈活动时发病。患儿平素健康,在从事剧烈活动数小时后发病,约50%患儿大量出汗,心率可达160～180次/分,脉压增大。部分患者可发生横纹肌溶解、急性肾衰竭、肝衰竭、弥散性血管内凝血(DIC)或多器官功能衰竭,病死率较高。

2. 非劳力性热射病

该病发生在高温环境下,多见于居住拥挤和通风不良的体弱儿。表现为皮肤干热和发红,84%～100%的病例无汗,直肠温度常在41℃以上,最高可达46.5℃。病初表现为行为异常或癫痫发作,继而出现谵妄、昏迷和瞳孔对称缩小,严重者可出现低血压、休克、心律失常和心力衰竭、肺水肿和脑水肿。约5%的病例发生急性肾衰竭，可有轻、中度DIC，常在发病后24小时左右死亡。

三、治疗与护理

应迅速转移患儿到阴凉通风处休息，饮用凉盐水等饮料以补充盐和水分。有周围循环衰竭者应静脉补给生理盐水、葡萄糖溶液和氯化钾。热射病预后严重，病死率高，幸存者可能留下永久性脑损伤，故需积极抢救。

1. 体外降温

旨在迅速降低深部体温。脱去患者衣服，吹送凉风并喷以凉水或以凉湿床单包裹全身。以冰水浸泡治疗已不再推荐，因发生低血压和寒战等并发症较多。如其他方法无法降温时，亦可考虑此方法，但此时需要监测深部体温，一旦低于38.5℃时需停止冰水降温，以防体温过低。

2. 体内降温

体外降温无效者，用冰盐水进行胃或直肠灌洗，也可用无菌生理盐水进行腹膜腔灌洗或血液透析，或将自体血液体外冷却后回输体内降温。

3. 药物降温

氯丙嗪有调节体温中枢、扩张血管、松弛肌肉和降低氧耗的作用。当患者出现寒战时，可应用氯丙嗪静脉输注，并同时监测血压。

第三节　常见传染病的预防与照护

学习单元1　水痘的预防与照护

学习目标

- 了解水痘病因。
- 熟悉水痘临床表现。
- 掌握水痘护理与预防。

知识要求

水痘是由水痘-带状疱疹病毒初次感染引起的急性传染病。传染率很高。主要发生在婴幼儿，以发热及成批出现周身性红色斑丘疹、疱疹、痂疹为特征。冬春两季多发，其传染性强，接触或飞沫均可传染。易感儿发病率在95%以上，学龄前儿童多见。临床以皮肤黏膜分批出现斑丘疹、水疱和结痂，而且各期皮疹同时存在为特点。该病为自限性疾病，病后可获得终身免疫，也可在多年后感染复发而出现带状疱疹。

一、病因

水痘传染性强。人类是该病毒唯一宿主，患者为唯一传染源，传染期一般从皮疹出现前1～2天到疱疹完全结痂为止。免疫缺失患者可能在整个病程中皆具有传染性。儿童与带状疱疹患者接触亦可发生水痘，因两者病因同一。传播途径主要是呼吸道飞沫或直接接触传染。

二、临床表现

该病潜伏期为12～21日，平均14日。起病急，轻、中度发热且出现皮疹，皮疹先发于头皮、躯干受压部分，呈向心性分布。在为期1～6日的出疹期内皮疹相继分批出现。皮损呈现由细小的红色斑丘疹—疱疹—结痂—脱痂的演变过程，脱痂后不留皮痕。水疤期痛痒明显，若因挠抓继发感染可留下轻度凹痕。体弱者可出现高热，约4%的成年人可发生播散性水痘、水痘性肺炎。

大多见于1～10岁的儿童，潜伏期2～3周。起病较急，可有发热、头痛、全身倦怠等前驱症状。在发病24小时内出现皮疹，迅即变为米粒至豌豆大的圆形水疱，周围明显红晕，有水疱的中央呈脐窝状。经2～3天水疱干涸结痂，痂脱而愈，不留瘢痕。皮损呈向心性分布，先自前颜部始，后见于躯干、四肢。数目多少不定，以躯干为多，次于颜面、头部，四肢较少，掌跖更少。黏膜亦常受侵，见于口腔、咽部、眼结膜、外阴、肛门等处。皮损常分批发生，因而丘疹、水疱和结痂往往同时存在，病程经过2～3周。若患儿抵抗力低下，皮损可进行性全身性播散，形成播散性水痘。水痘的临床异型表现有大疱性水痘、出血性水痘、新生儿水痘、成人水痘等。此外，若妊娠期感染水痘-带状疱疹病毒，可引起胎儿畸形、早产或死胎。

三、预防与护理

患儿应早期隔离，直到全部皮疹结痂为止。与水痘患儿接触过的儿童，应隔离观察3周。该病无特效治疗，主要是对症处理，预防皮肤继发感染，保持皮肤清洁避免瘙痒。加强护理，防止继发感染。积极隔离患者，防止传染。

早期隔离至皮疹完全结痂干燥为止。局部治疗以止痒和防止感染为主，可外搽炉甘石洗剂，疱疹破溃或继发感染者可外用抗生素软膏。继发感染全身症状严重时，可用抗生素。忌用类固醇皮质激素，以防止水痘泛发和加重。

对免疫能力低下的播散性水痘患者、新生儿水痘或水痘性肺炎、脑炎等严重病例，应及早采用抗病毒药物治疗，更昔洛韦是目前治疗水痘-带状疱疹的首选抗病毒药物，但在发病后24小时内应用效果更佳。或加用α干扰素，以抑制病毒复制，防止病毒扩散，促进皮损愈合，加速病情恢复，降低病死率。

控制感染源，隔离患儿至皮疹全部结痂为止，对已接触的易感儿，应检疫3周。对免疫功能低下、应用免疫抑制剂者及孕妇，若有接触史，可使用丙种球蛋白，或带状疱疹免疫球蛋白，肌内注射。国外已开始使用水痘减毒活疫苗，预防效果较好。

学习单元 2 腮腺炎的预防与照护

学习目标

- 了解腮腺炎的常见原因。
- 熟悉腮腺炎的临床表现。
- 掌握腮腺炎的护理与预防。

知识要求

腮腺是涎液腺中最大的腺体，位于两侧面颊近耳垂处，腮腺肿大以耳垂为中心，可以发生在一侧或两侧。病因为感染性、免疫性、阻塞性及原因未明性炎症肿大等。最常见为感染引起的腮腺炎，多见于细菌性和病毒性。细菌性腮腺炎主要表现为发热，腮腺局部红、肿、热、痛，白细胞计数增多，病变进入化脓期，挤压腮腺可见脓液自导管口流出。病毒性腮腺炎，最常见为流行性腮腺炎，还可见其他病毒感染引起的腮腺炎。流行性腮腺炎是由腮腺病毒感染引起的呼吸道传染病，其特征为腮腺的非化脓性肿胀并可侵犯各种腺组织或神经系统及肝、肾、心、关节等几乎所有器官，常可引起脑膜脑炎、睾丸炎、卵巢炎、胰腺炎等并发症，病后可获持久免疫力。

一、病因

1. 感染性

(1)急性细菌性腮腺炎(化脓性腮腺炎)：由细菌感染引起，主要病原菌为金黄色葡萄球菌，其次为链球菌。常见病因为腮腺分泌机能减退(如机体抵抗力、口腔生物学免疫力降低和手术禁食等)、腮腺导管口堵塞及腮腺淋巴结炎、邻近组织炎症波及。

(2)病毒性腮腺炎：常由腮腺炎病毒引起，还可见单纯疱疹病毒、柯萨奇病毒、甲型流感病毒等。腮腺炎病毒感染引起流行性腮腺炎最常见。

2. 免疫性

免疫性病因有干燥综合征、米库利奇病等，可引起慢性自身免疫性腮腺炎。

3. 堵塞

堵塞主要指腮腺管及分支堵塞继而引起细菌感染，多见涎腺结石、黏液栓及较少见的肿瘤(多为良性肿瘤)。

4. 病因未明

其他病因未明性腮腺炎包括慢性非特异性腮腺炎、复发性儿童腮腺炎、变性型涎腺肿大症等，极少由药物引起。

二、临床表现

1. 化脓性腮腺炎

化脓性腮腺炎常为单侧受累，双侧同时发生者少见。炎症早期，症状轻微或不明显，腮腺区轻微疼痛、肿大、压痛。导管口轻度红肿、疼痛。随病程进展，可出现发热、寒战和单侧腮腺疼痛和肿胀。腮腺及表面皮肤局部红、肿、热、痛。当病变进入化脓期挤压腮腺可见脓液自导管口流出。

2. 流行性腮腺炎

病毒性腮腺炎最常见为流行性腮腺炎。流行性腮腺炎为传染性疾病，传染源为患者和隐性感染者，传播途径为呼吸道飞沫和密切接触。临床起病急，常有发热、头痛、食欲不佳等前驱症状。数小时至1～2天后体温可升至39℃以上，出现唾液腺肿胀，腮腺最常受累，肿大一般以耳垂为中心，向前、后、下发展，边缘不清，轻度触痛，张口咀嚼及进食酸性饮食时疼痛加剧，局部皮肤发热、紧张发亮但多不红，通常一侧腮腺肿胀后2～4日累及对侧。颌下腺或舌下腺也可被波及，舌下腺肿大时可见舌及颈部肿胀，并出现吞咽困难。腮腺管口在早期可有红肿，有助于诊断。不典型病例可始终无腮腺肿胀，而表现为单纯睾丸炎、脑膜脑炎，也有仅见颌下腺或舌下腺肿胀者。

3. 自身免疫性腮腺炎

多见于慢性自身免疫性疾病，除反复发生的腮腺肿大，尚有其他腺体、关节、脏器累及和损伤。

三、治疗与护理

1. 化脓性腮腺炎

(1)针对病因治疗，纠正水、电解质及酸碱平衡。

(2)选用有效抗菌药物，经验性应用大剂量青霉素或第一、二代头孢菌素类等抗革兰阳性球菌的抗生素，并从腮腺导管口取脓液进行细菌培养及药敏试验，根据药敏试验结果调整敏感抗生素。

(3)其他保守治疗：炎症早期可用热敷、理疗、外敷等方法。碳酸氢钠溶液、氯己定含漱液等漱口剂有助于炎症的控制。

(4)内科保守治疗无效、发展至化脓时需切开引流。

2. 流行性腮腺炎

(1)隔离、卧床休息直至腮腺肿胀完全消退。注意口腔清洁，避免酸性食物，保证液体摄入量。

(2)对症治疗为主，抗生素无效。可试用利巴韦林。有报告用干扰素者似有疗效。

(3)肾上腺皮质激素治疗尚无肯定效果，对重症或并发脑膜脑炎、心肌炎等可考虑短期使用。

(4)氦氖激光局部照射治疗流行性腮腺炎对镇痛、消肿有一定效果。

学习单元3　手足口病的预防与照护

学习目标

◆ 了解手足口病的常见原因。
◆ 熟悉手足口病的临床表现。
◆ 掌握手足口病的护理与预防。

知识要求

手足口病是由肠道病毒引起的传染性疾病，好发于儿童，尤以3岁以下儿童发病率最高。主要通过消化道、呼吸道和密切接触等途径传播。临床上主要表现为发热、口腔和四肢末端的斑丘疹、疱疹等。由于病毒的传染性很强，常常在托幼机构流行。

一、病因

人类是该病毒的唯一宿主，手足口病患者和隐性感染为传染源，通过粪-口途径传播，接触患者呼吸道分泌物、疱疹液及物品也可被传染。临床上以儿童患者为主，尤其容易在托幼机构的儿童之间流行，感染后可获得免疫力，但持续时间尚不明确。

二、临床表现

手足口病的临床表现复杂多样，根据临床病情的轻重程度，分为普通病例和重症病例。

1. 普通病例

急性起病，大多有发热，可伴有咳嗽、流涕、食欲不振等症状。口腔内可见散发性的疱疹或者溃疡，多位于舌、颊黏膜和硬腭等处，引起口腔疼痛，导致患儿的拒食、流涎。手足和臀部出现斑丘疹和疱疹，呈离心性分布。皮疹消退后不遗留瘢痕和色素沉着，多在一周内痊愈，预后良好。

2. 重症病例

少数病例病情进展迅速，在发病1～5天出现脑膜炎、脑炎、脑脊髓炎、肺水肿和循环衰竭等，极少数病例因病情危重而死亡，存活病例可留有不同程度后遗症。

三、手足口病预防与护理

1. 隔离、消毒

轻症患儿不必住院，宜居家治疗、休息。一般需要隔离2周。患儿用过的物品要彻底消毒，可用含氯的消毒液浸泡，不宜浸泡的物品放在日光下曝晒。

2.口腔清洁护理

患儿因口腔疼痛而拒食、哭闹不眠等，给予清淡、可口、易消化、温度适中的柔软的流质或半流质饮食。保持口腔清洁，每次餐后用温水漱口，对不会漱口的小儿，用棉签蘸生理盐水清洁口腔。口腔发生糜烂时，可涂鱼肝油，以减轻疼痛。

3.皮疹护理

注意保持皮肤清洁，剪短孩子的指甲，防止抓破皮疹继发感染；患儿衣服、被褥应经常更换。臀部有皮疹的患儿，应随时清理大小便，保持臀部清洁干燥，如有疱疹破溃，可涂0.5%碘伏。

4.发热护理

患儿体温在37.5～38.5℃，多饮温水、洗温水浴等；如果体温＞38.5℃，应去医院就诊，使用退热药。

预防手足口病要做好小儿个人卫生，餐前便后勤洗手，不饮生水，平时加强户外锻炼，增强体质。居室要定期开窗通风，保持空气新鲜、流通，温度适宜。

（骆海燕　冯敏华）

第三章　安全照护

学习单元1　四肢骨折的急救

学习目标

◆ 了解四肢骨折正确固定的重要性。

◆ 掌握四肢骨折固定的方法。

◆ 掌握四肢骨折固定的注意事项。

知识要求

小儿摔倒或受其他外伤以后，四肢的某个部位疼痛剧烈、发生畸形或活动受限，就要想到可能是发生了骨折。家里万一出现了骨折患儿，应做紧急处理，然后送医院抢救。

一、现场紧急处理

骨折发生后，应当迅速使用夹板固定患处。如果不固定，让骨折部位乱动，有可能损伤到神经、血管，造成麻痹。但是，骨折时，由于局部有内出血而不断肿胀，所以不应固定过紧，不然会压迫血管引起淤血。可以用木板附在患肢一侧，在木板和肢体之间垫上棉花或毛巾等松软物品，再用带子绑好。松紧要适度。木板要长出骨折部位上下两个关节，做超过关节的固定，才能彻底固定患肢。如果家中没有木板可用树枝、擀面杖、雨伞、报纸卷等物品代替。

1. 锁骨骨折

用毛巾垫于两腋前上方，将三角巾折叠成带状，呈“8”字形，尽量使两肩后张，拉紧三角巾的两头在背后打结。

2. 肱骨骨折

用一长夹板置于上臂后外侧，另一短夹板放于上臂前内侧，在骨折部位上下两端固定，屈曲肘关节成 90°,用三角巾将上肢悬吊,固定于胸前。

3.前臂骨折

使患儿屈肘 90°,拇指向上。取两夹板置于前臂的内、外侧,固定两端,再用三角巾将前臂悬吊于胸前。

4.骨盆损伤

用三角巾将骨盆做环形包扎。

5.大腿骨折

取一长夹板(长度自腋下或腰部至足跟)置于伤腿外侧,另一夹板(长度自大腿根部至足跟)放于伤腿内侧,用绷带或三角巾分 5 段至 6 段将夹板固定牢。

6.小腿骨折

取两块夹板(长度自大腿至足跟)分别置于伤腿内、外侧,用绷带分段将夹板固定。在没有固定材料的情况下,可将患肢固定在健肢上。

二、注意事项

(1)固定骨折前如有伤口和出血,应先止血与包扎。

(2)开放性骨折者如有骨端刺出皮肤,切不可将其送回伤口。

(3)夹板应放在骨折的下方或两侧,须超过骨折的上、下两关节,骨折部位的上、下两端及上、下两关节均要固定牢。

(4)夹板与皮肤间应加垫棉垫或其他物品,使各部位受压均匀且固定牢。

(5)绷带固定夹板时,应从骨折远侧绑起,减少肢端水肿。

(6)骨折固定时,须将指、趾端露出,以观察末梢循环,如发现血运不良,应松开重新固定。

(7)固定松紧要适宜。

学习单元 2　外出血的急救

学习目标

- 了解现场止血的重要性。
- 掌握直接压迫止血的方法。
- 掌握指压动脉止血的方法。

知识要求

在日常生活中有时难免会遇到伤害,如刀割伤、刺伤、戳伤、碾压伤、高空坠落等。当机体受到外伤时,会引起血管破裂出血。血液是维持生命的重要物质。如在短时间内失血量达总血量的20%，会出现头晕头昏，心率增快、血压下降、出冷汗、肤色苍白、尿量减少等症状。当受外伤引起大出血时，失血量达到40%就有生命危险。因此，止血是救护中极为重要的一环，必须迅速采取措施。

出血分内出血和外出血。血液由破裂的血管流到组织、脏器或体腔内，称为内出血。这种情况较严重，现场无法处理，须急呼120送到医院处理。皮肤破裂血液从伤口流出者称为外出血，外出血可采取以下方法进行止血。

1.直接压迫止血法

对皮肤小伤口，无大血管出血（无动、静脉破裂）可用创可贴、消毒纱布、清洁布块（在野外）直接压迫出血部位，持续压迫8～10分钟。然后进行包扎。

2.指压动脉止血法

指压动脉止血法是对较大的动脉出血后最迅速的一种临时止血法。具体做法是用拇指或手掌压住出血伤口的血管上方（伤口近心端）将动脉压向深部的骨头上，阻断血液的流通，达到临时止血的目的。这是一种简便、有效的紧急止血法，但仅限于身体较表浅的部位、易于压迫的动脉。

（1）头顶、额部、颞部出血。

压迫颞浅动脉；方法：用拇指或食指在耳屏上方凹陷处用力压迫。

（2）面部出血。

压迫双侧面动脉；方法：可用食指或拇指压迫同侧下颌骨下缘、下颌角前方约3厘米的凹陷处，此处可摸到明显搏动（面动脉），压迫此点可以止血。

（3）后头部出血。

压迫枕动脉；方法：用两个拇指或一只手的食指和拇指压迫耳后乳突后侧附近的搏动处。

（4）颈部出血。

压迫颈总动脉；方法：是在气管外侧，胸锁乳突肌前缘，将伤侧颈动脉向后压于第五颈椎上。但禁止双侧同时压迫。

（5）腋窝、肩部出血、上肢出血。

压迫锁骨下动脉；方法：是用拇指压迫同侧锁骨上中窝部的锁骨下动脉搏动点，用力向向下、向后压迫。

（6）前臂出血。

压迫肱动脉；方法：用手指压迫上臂肱二头肌内侧缘将肱动脉向肱骨干压迫。

（7）手掌、手背出血。

压迫尺动脉、桡动脉；方法：用两手拇指分别在手腕的尺动脉和桡动脉处压迫。

（8）手指和脚趾出血。

方法：用拇指、食指分别在手指或脚趾的两侧固有动脉处压迫。

（9）下肢出血。

压迫股动脉；方法：用两手拇指或手掌重叠在腹股沟韧带中点处，将其用力向后、向下将搏动的股动脉压在股骨上。

(10)小腿出血。

压迫腘窝动脉;方法:一手固定膝关节正面,另一手拇指摸到腘动脉处,用力向前压迫。

(11)足部出血。

压迫胫前动脉和胫后动脉;方法:用两手拇指分别压迫足背中部近脚踝处(胫前动脉)和足跟内侧与内踝之间(胫后动脉)止血。

(骆海燕　冯敏华)

第四章　启蒙教育

第一节　训练婴幼儿动作技能

学习目标

- ◆ 认识到婴幼儿动作发展存在差异性。
- ◆ 了解婴幼儿动作发展的意义。
- ◆ 掌握促进婴幼儿动作技能发展实施途径。

知识要求

一、婴幼儿动作发展的理论支持

每个个体从出生的那一刻起，就开始了生命旅程。对 0～3 岁的婴幼儿来说，身体动作技能的发展对未来的全面发展起着不可低估的作用。动作是连接主客体的桥梁和中介，一切知识都是主客体相互作用的产物，认识的形成主要是一种活动的内化作用。所以，婴幼儿只有自己具体地参与到活动中去才能获得真实的知识。换言之，没有动作，就意味着与外界失去了接触与联系，也就不可能获得外部世界的信息，个体的全面发展也就无从说起。婴幼儿凭借健全的感官系统，如视觉、嗅觉、听觉、味觉，以及动觉来接受外界的信息，从感官知觉的经验中去了解自己与外物的关系，将这些信息系统地储存在大脑中，以便运用到生活和学习中去，适应未来生活的需要。每个婴幼儿由于先天能力、环境以及教育的差异，发展速度不尽相同，但其发展的规律与顺序却是一致的。

(一)动作发展

“跳起来”这个动作对健康的成人来说几乎没有难度，甚至我们根本不用去想怎么去跳起来。但实际上，我们的身体要完成“跳起来”这个动作是非常复杂的，需要我们的司令部——大脑的神经中枢发出指令，从神经中枢开始向下传递命令，腿部的神经接到命令后，开始控制腿脚的骨骼肌肉，开始跳起。从这个简单的动作可以看出，动作的发展需要神经系统与肌肉的协调，因此，年龄较小的幼儿根本无法完成“跳起来”这个简单的动作，原因就在于其神经系统或肌肉的发展尚未成熟。只有当婴幼儿控制运动的骨骼肌发展成熟后，婴幼儿才能做出自动控制的动作。

（二）影响婴幼儿动作发展的因素

每个婴幼儿的动作发展有个别差异，同一个动作，有的孩子出现得比较早，有些孩子则出现得比较晚，一般认为在3个月左右的幅度内都是正常。影响婴幼儿动作发展的因素有很多，有些会促进其动作的发展，有些则会阻碍其动作的发展。

(1)遗传因素：包括父母亲的体型、智力，对婴幼儿动作的发展均有显著影响。

(2)好的产前环境，特别是母亲的营养，例如钙、蛋白质的摄入，会增强产后动作的发展。

(3)难产、早产的婴幼儿，其动作发展有出现障碍的可能性。

(4)后天的环境因素，如父母亲的鼓励与模仿以及营养的均衡会促进婴幼儿动作的发展。但若父母亲过度保护，则会阻碍婴幼儿动作的发展。

二、婴幼儿动作发展的意义

动作能力，是指人的机体活动能力。其范围从最简单的屈肢反射，到用手指弹奏钢琴的复杂动作。理论上，我们把动作分为大动作和精细动作两类。其中，大动作包括抬头、翻身、坐、爬、站、行走、蹲、跑、跳等，这些动作属于个人自身的机体活动；精细动作包括抓、握、摆弄等，这些动作属于个人四肢对外部客体的作用。动作能力是人类所有能力中最早产生和最基本的能力，它像构筑大厦的基石一样，为其他能力的发展奠定基础，并使纷繁复杂的心理世界得以建立。

对婴幼儿而言，动作能力发展的意义是显而易见的。0～3岁是发展婴幼儿动作技能的敏感期，动作的发展与婴幼儿的大脑开发、语言发展、心理发展、身体的发育、个性发展都有密切的关系。在0～3岁这一阶段重要的是通过获得直接地发展婴幼儿的动作技能，并在此基础上促进婴幼儿的全面发展。

建构主义理论认为，儿童是在与周围相互作用的过程中，逐步建构起关于外部世界的知识，从而使自身认知结构得到发展。从只能平躺到可以独立行走，从弥散性的握拳反射到协调灵巧的手指动作，不仅使婴幼儿具备了独立发展的身体条件，同时也产生了同客体世界发生相互作用的崭新方式，即可以主动地获取客体世界的经验。也就是说，婴幼儿在认知世界的过程中其主要借助的工具就是动作，即婴幼儿用嘴、手、脚去认识周围的世界，逐步建构起自己的知识。在婴幼儿与周围环境互动的过程中获得了客体经验，例如物体的冷热、软硬等，这直接决定了婴幼儿大脑中概念的形成与巩固，从而在根本上左右着婴幼儿认知、情感、社会性等的发展。因此，动作能力的发展对婴幼儿发展的意义可想而知。

婴幼儿动作能力的发展本身就具有智力发展的意义。一些实验研究也证实，动作能力发展不好的儿童，其认知能力、社会性等的发展也往往比较落后。

三、促进婴幼儿动作技能发展的方法与途径

(一)在生活中促进婴幼儿动作技能的发展

一些家长认为要促进婴幼儿动作技能的发展一定要去专业机构。实际上,这在日常的生活中就可以完成。0～1岁的婴儿的运动以移动为主,主要还是要靠成人的照顾。成人可以通过喂奶、穿衣、洗澡、拥抱变换婴儿的姿势,活动他的肢体,促进肌肉的发展。1岁以后动作会迅速发展,基本上都能够独立行走。家长可以通过培养幼儿的生活自理能力来达到发展动作技能的目的。例如,让幼儿自己拿奶瓶或杯子喝水,拿勺子吃饭,扣纽扣,扔垃圾等,既培养幼儿生活自理能力,又能达到促进其动作技能发展的目的。此外,幼儿自理能力的培养对幼儿自我效能感的获得,自信心以及良好个性的发展都大有裨益。因此,促进婴幼儿动作技能的发展在日常的生活中就可以进行,只要成人有随机教育的意识,并能掌握好一些技巧与方法,就能很好地完成。

游戏:扣纽扣

适用年龄:2～3岁。

游戏目的:锻炼幼儿手眼协调能力;增强幼儿的语言理解能力。

游戏方法:

先给幼儿把外套穿好,但衣服不要扣上。

边给幼儿做示范边讲解怎么扣纽扣,将动作放慢。

让幼儿自己动手尝试,成人在无法完成时给予帮助和鼓励。

每天的穿衣都是一次锻炼的机会。

注意事项:

(1)扣纽扣是一项较难的技能,要从简单的纽扣开始,不要操之过急。

(2)游戏的目的在于逐渐培养幼儿的动手能力和意识,技能本身的训练在其次。

(3)在幼儿动手时,成人要多鼓励,对完成的要及时表扬和鼓励。

(4)锻炼的内容尽量选择幼儿熟悉的,即幼儿日常生活中常见的内容,如吃饭、喝水等日常生活环节内容。

(二)在游戏中促进婴幼儿动作技能的发展

儿童认识世界的主要途径就是游戏。对儿童来说,游戏不仅能获得愉悦,还能获得很多有用的知识。游戏包含运动、操作物体或者与人交往,以游戏为基础促进儿童发展的干预方法可促进儿童在认知、社会情感、交流和语言以及动作等方面向更高水平发展。游戏的种类也多种多样,不同的游戏对幼儿的帮助也是有所不同的。例如有促进幼儿语言发展的语言类游戏,也有促进幼儿智力发展的智力类游戏,还有促进婴幼儿动作技能发展的体育类游戏。需要指出的是,游戏的功能是多方面的。例如,体育类游戏既需要运用到动作技能,又需要用到语言技能,还需要同伴之间的合作,因此,体育类游戏可以是体育游戏,也可以是语言游戏。成人可以多选择一些体育类的游戏,让孩子在游戏中,运用其语言、肢体表达情感,促进交往,从中寻找乐趣,发展其肢体动作。

1. 游戏 1:不倒翁

适用年龄:1～3 岁。

游戏准备:软木地板或地垫。

游戏目的:提供前庭平衡觉刺激,锻炼身体大动作和协调能力。

游戏方法:

把婴幼儿抱坐在成人腹部,成人用双手抱住婴幼儿。

成人做仰卧起坐(幅度自由把握),婴幼儿随着成人的起伏前后摆动。

(游戏时,成人边唱儿歌边进行,"说你呆,你很呆,胡子一把像个小孩。说你呆,你不呆。推你倒下,你又站起来")

注意事项:

(1)游戏时双手要注意扶稳,以免发生意外。

(2)游戏时要有语言配合,可以是儿歌,也可以自由组织。

2. 游戏 2:兔子跳

适用年龄:2～3 岁。

游戏准备:音乐、兔子头饰。

游戏方法:

成人出示兔子的头饰,引发幼儿跳的欲望。

成人示范兔子跳的动作。

成人面对面拉着幼儿的手,做向上跳的动作,播放音乐作背景。

(三)有针对性地促进婴幼儿动作的发展

幼儿精细动作的发展主要表现在手部运动的发展上,训练其抓握动作,给一些物品他触摸、感觉,让他抓握来锻炼幼儿的手指。成人可以提供多种多样活动来训练小肌肉的发展。如撕纸、剪纸、捏橡皮泥等均可锻炼小手肌肉活动。成人可以带幼儿到户外活动发展其大动作,增强体质,如外出散步,小跑,踢球。也可以在安全的地方追逐嬉戏,在户外要尽可能地让幼儿接触大自然。大自然的教育利于其认知情感的发展。不管是精细动作还是大动作的练习、发展,在保证幼儿安全的情况下,成人都应该放手让幼儿动手去做,去探索,适当的时候还可以增加活动的难度,以增加其兴趣。

(朱晨晨)

第二节　训练婴幼儿语言技能

学习目标

◆ 认识不同年龄段的婴幼儿语言发展特点的差异。

◆ 了解婴幼儿语言发展的意义。

◆ 掌握促进婴幼儿语言发展的策略。

知识要求

一、婴幼儿语言发展的特点

(一)0～1 岁婴儿语言发展的特点

0～1 岁是婴儿语言发展的准备期。在这一阶段，婴儿从最初的没有加以分化的哭声到开始加以分化的哭喊声，到发出笑声，到咿呀发音。

第 1 个月：新生儿的哭声是表达需要的主要手段，哭声是未加分化的，饥饿、疼痛、寒冷所发出的哭声都是相同的。

第 2 个月：婴儿的哭声开始出现分化，由于不同原因而哭泣，其哭声在音调上开始有区别。

第 3 个月：能张嘴发出“a”的声音，偶尔还会出现“o、e”的声音。

第 4 个月：能发出“咯咯”的笑声，出现社会性微笑。

第 5 个月：可以判断声音的方向，并且对声音及其声源表现出关注的神情，开始出现卷舌头玩的动作。

第 6 个月：能发出一些复合音，如“ba、ma”等语音。

第 7～8 个月：语音进一步丰富而且频繁。

第 9～10 个月：咿呀学语达到顶峰，能听懂简单的语句。

第 11～12 个月：能听懂更多的语句，这一时期的婴儿能发音，但大多不准确，处于开口说话的萌芽时期。

(二)1～2 岁幼儿语言能力发展的特点

幼儿在 1 岁左右开始出现有意义的语言表达，这一时期也被看作儿童语言表达的初始阶段。

这一阶段幼儿语言主要表现为单词句，即用一个词来表达意义，也叫一词多义或以词代句，例如吃饭的时候会说“虾虾”，可以表示“我要吃虾”，“盘子里有虾”，“盘子的虾掉到桌子上了”等意思，成人根据情境可以理解单词之外的具体语义信息。这一阶段的幼儿在语音上以单音重复为主，以音代物，喜欢模仿动物发出的声音。能够理解的词比说出的词要多得多，到 1.5 岁时大概能说出几十个字，会说几句 2、3 个字的简单句，如妈妈吃、宝宝吃等，能说的词大多限于与幼儿日常生活有关的事物，以名词为主。

(三)2～3 岁幼儿语言能力发展的特点

这一阶段的幼儿发音进一步丰富准确，已经掌握了大量词汇，能够熟练运用各种词汇，但混淆不清的情况也时常出现。与 1～2 岁时期相比，这一阶段意思表达比较准确，句子的结构也比较完成；基本上能理解成人的话语，对出现的新词很感兴趣，词汇量迅速增加；能说出完整的句子，出现了多词句和复合句，语言越来越丰富、准确。

二、促进婴幼儿语言发展的策略

(一)声音训练

婴幼儿最初学习语言的途径是通过听觉，在接受周围语言信息的过程中，逐步获得语言发展的能力。1岁前孩子听音、发声练习是首要的。因为，这是婴幼儿接收和传递信息的重要条件之一，他们在听到别人和自己的声音后，不断地对比和调整自己的发音，从而学习说话。因此，在0～6岁整个阶段为学前儿童语言的发展营造一个良好的语言氛围是有积极意义的，尤其是在0～3岁阶段，如果这一个阶段婴幼儿接受不到丰富的语言刺激，则对婴幼儿今后语言的发展会产生障碍。在家中，有很多方法可以促进婴幼儿的语言发展，例如，家长可从不同的方向叫孩子的名字，开始可让孩子从看到成人，慢慢过渡到只用声音逗引他，使他跟踪声音；每天让孩子听一段悦耳的音乐或儿童歌曲，家长轻柔地抱着孩子或拉着他的手，跟随着音乐“跳舞”；帮助孩子建立形象与词之间的联系，一边指着物体，一边说这是什么东西，如“这是红花”、“这是电视”等。通过声音训练的方法，可以促进听觉的发展，为语言的学习建立基础。举例如下：

(1)在婴幼儿面前放半盆清水，成人用一支玻璃管向水里吹气，人工创造出“咕噜咕噜”的声音。

(2)在婴幼儿清醒时，成人要多和婴幼儿轻声说话、哼唱，或者播放一些节奏舒缓、旋律优美的经典音乐。音乐的类型尽可能要丰富，但播放的时间要适度，不宜过长。

(3)给婴幼儿买一些打开开关或者上紧发条就能发出各种柔美电子音乐，或者捏一捏摇一摇就能发出叫声的玩具，比如拨浪鼓、八音盒等。用这些玩具在不同的方位摇一摇、捏一捏，通过训练让婴幼儿对声音更加敏感。

(4)在阳台上挂一只风铃，抱着婴幼儿去碰碰风铃，有风的时候，打开窗户，让风铃在风中摇摆，让婴幼儿探究这些声音的来源，听听那些悦耳的叮叮当当的声音。

(5)在瓶子里灌上一些水，摇摇瓶子，让婴幼儿听听瓶子发出的声音，调整水位，让婴幼儿体验不同水位时瓶子摇动发出的声音。还可以在瓶子里装入黄豆、绿豆、大米、小麦、面粉、塑料小球、金属小球等不同材质不同硬度的小东西，让婴幼儿轻轻地摇一摇，再重重地摇一摇，然后仔细地听一听，体验这些不断变化的声音的不同之处。

(二)字、词、短句的训练

(1)在认识具体事物学习各类名词的同时，家长还要帮助孩子结合各种动作学习动词。如吃饭、穿衣时，学习“吃、穿”等动词；在玩球时，学习“拍、踢、打”等动词。

(2)多和孩子做语言游戏，如用婴幼儿易看懂的图片，玩看图学字、词的游戏：把图片放进小盒子或小布袋里，孩子摸出一张说出其名词和图片内容。利用家里的各种物品和孩子玩“买卖”游戏，在一定范围内可以集中地教孩子学习更多的词句。如一边玩游戏一边学动物的叫声，小狗叫“汪汪汪”、大公鸡叫“喔喔喔”。

(3)帮助孩子把所学习的词语组成句子,引导孩子说简单的完整句子。如孩子想要皮球而只说“球”时,成人应问孩子“宝宝要什么?谁要球?”语言和具体情境结合在一起是学习语言最好的方式之一,这样的方式要多用。

(三)语言学习氛围的营造

语言学习氛围的营造对婴幼儿语言的发展很重要,幼儿教育家蒙台梭利曾提出儿童具有“吸收性的心智”,把儿童比喻成一块海绵,在周围的环境中不断吸收养分来发展自己。因此,语言学习氛围的营造是家长或其他监护人应该放在首位。其实,所有的方法也好,途径也好,都是在营造语言学习的氛围。

(1)建立愉快的家庭语言氛围:对孩子的发音和表达多鼓励及表扬,给予孩子积极的、温和的、有效的语言刺激,使孩子没有负担、轻松地掌握语言。

(2)多玩和语言相关的游戏:例如亲子阅读的形式,家长可以讲故事或绘本,在讲的过程中家长多和婴幼儿交流,引起婴幼儿的兴趣,激发婴幼儿发声的欲望,并对婴幼儿发出的声音做出积极的回应。

(3)让婴幼儿接触更多的人群:孩子接触的人越多,所习得的词汇越丰富,语言活动越频繁,其思维越活跃,智力发展也越快。婴幼儿可以多接触成人,也可以多接触其他的婴幼儿或者稍大的孩子。

(4)可以经常播放儿歌、童谣、故事等,使婴幼儿不断地接受语言的刺激,受到潜移默化的影响。

(朱晨晨)

第三节 训练婴幼儿认知能力

学习单元1 婴幼儿认知游戏的创编

学习目标

◆ 了解幼儿游戏创编的注意事项。

◆ 能利用身边的事物创编出适龄的认知类游戏。

知识要求

(一)2~3岁婴幼儿的认知特点

(1)知道大和小,能区分多和少。

(2)能识别简单的图形,如圆形、方形、三角形。

(3)会模仿画画,如画垂直线、水平线、圆等。

(4)3岁左右的婴幼儿随着经验和言语的发展,可以玩有简单主题和角色的游戏。

(二)照护人员应把握的教育要点

1.亲近大自然,丰富宝宝的感知经验

大自然是儿童快乐成长最好的环境,是儿童感知觉训练最宝贵的资源。家长或照护员应经常带宝宝感受自然界万物,如让宝宝喂食鸽子、观察花园里的花朵等,让宝宝在与大自然接触中,丰富感知经验,开阔视野,发展观察力,并培养宝宝爱护小动物的情感。

2.感知比较,引导宝宝探索事物之间的简单关系

在日常生活中,宝宝经常会接触到物体的长短、色彩等特征,家长应有意识地引导宝宝感知、比较物体明显的特征,让宝宝通过操作区分物体的基本颜色、形状、大小、多少、长短、上下、里外等,感知物体软硬、冷热等属性。帮助宝宝逐步积累对事物的感性经验,激发宝宝的探究热情,发展宝宝的探究能力。

3.快乐涂鸦,发展宝宝的想象力

2～3岁宝宝喜欢涂涂画画,开始对色彩产生兴趣,喜欢鲜艳、明亮的色彩,能区分不同色彩的差别。这时期的宝宝主要通过涂鸦方式表现自己对周围事物的认识,从涂鸦向可控制的涂鸦阶段发展,对今后视觉、空间知觉的培养至关重要。家长可以用各种类型的图画笔(油画棒、蜡笔、水彩笔等),指导宝宝用彩色的线、圆的涂鸦,并以常见物品进行对应解释和命名,鼓励宝宝自由想象,赋予线条和圆实际含义,如圆形可想象为云朵、笑脸等,帮助宝宝逐渐由不经意地绘画转变为有目的地作画。家长可以和宝宝一起边观察边用语言描述边画,如“圆圆的脸”等,但应注意避免局限宝宝的想象力。

4.感受韵律,发展宝宝的音乐表现力

2～3岁宝宝具有听成人有表情唱歌的能力,家长可以选择或自找一些旋律优美节奏简单、音节重复的简短曲子,和宝宝一起边唱边做动作,在反复歌唱中,让宝宝听旋律,学唱歌曲。照护员可以经常播放简单的儿童歌曲给宝宝听,引导宝宝听音乐时用更多的身体动作来作出反应或跟随音乐做模仿动作,增强宝宝肢体动作的表现力。

5.学习数数,培养宝宝对数的感受能力

儿童学习数数是从口头开始的,计数能力发展的顺序是:先口头数数,然后按物点数,再到说出总数。

(三)创编婴幼儿认知游戏的注意事项

(1)注意选择与改编的适龄性。

(2)创编的认知类游戏注重幼儿的多感官参与,但是也要有重点。

(3)选择材料玩具要适当、简单,使任务容易完成。

(4)注重游戏的过程,避免过分追求游戏结果。

技能要求

游戏一:什么东西不见了

1.游戏目标

通过小游戏训练幼儿记忆力和语言表达能力。

2.游戏准备

幼儿日常使用的玩具。

3.游戏过程

(1)照护员将宝宝的玩具一一放置在桌上,让宝宝看见每件玩具并说出玩具的名称。

(2)照护员用大毛巾将玩具盖住,过了一会儿,照护员在移开毛巾的同时,用毛巾遮住其中一件玩具并将它藏起来。

(3)照护员问宝宝:“桌上少了什么玩具?”宝宝通过回忆说出桌上少了什么东西。

(4)重复进行游戏,时间为8~10分钟。

4.注意事项

(1)这一时期宝宝的注意力和记忆力是以无意注意和无意记忆为主,并开始向有意注意和有意记忆过渡。此游戏可以训练宝宝的有意识注意和记忆,延长注意和记忆的时间,提高有意注意和记忆的能力。

(2)可以更换物品进行游戏,使宝宝对游戏保持兴趣。

游戏二:软与硬

1.游戏目标

通过真实的触觉认识软和硬的概念。

2.游戏准备

神秘小盒子一个,软和硬的玩具若干(如海绵、毛绒娃娃、石头、棉手帕、积木、塑料玩具等)、软糖和硬糖若干。

3.游戏过程

(1)照护员摇动手中的神秘盒,请宝宝猜猜里面有什么好玩的东西。

(2)让宝宝先从小盒子里摸出一个玩具,问宝宝:“摸到的玩具是捏得动的,还是捏不动的?”让宝宝感知“软软的”、“硬硬的”。

(3)让宝宝和照护员一起轮流触摸物品,宝宝摸一样,说“软软的”或“硬硬的”,照护员摸一样,也说一说。

(4)让宝宝尝尝硬糖和软糖,品尝时,引导宝宝说“软软的糖”、“硬硬的糖”。

游戏三:拨珠数数

1.游戏目标

学习手口一致数数,巩固对颜色的认识。

2.游戏准备

五色拨珠器一个。

3.游戏过程

(1)照护员向家长介绍活动目标并示范玩法。

(2)出示五色拨珠器,引导宝宝说出珠子的颜色。

(3)让宝宝用右手食指拨红色的珠子,拨一下数一下。

(4)请家长指导宝宝逐一拨各色珠子。

学习单元2　幼儿感觉统合训练

学习目标

- 了解感统的含义。
- 了解感统的重要性。
- 能设计简单的促进宝宝感统发展的小游戏。

知识要求

一、感统的概念

感觉统合简称感统,是指将人体器官各部分感觉信息输入组合起来,经大脑统合作用,对身体外的知觉做出反应。只有经过感觉统合,神经系统的不同部分才能协调整体作用使个体与环境顺利接触;没有感觉统合,大脑和身体就不能协调发展。

二、造成感统失调的原因

1.先天因素

先天因素包括因胎位不正引起的平衡失调;早产或剖腹产出生的宝宝因没有受到外界的挤压,更可能出现触觉失调。

2.后天因素

后天因素包括宝宝活动范围缩小,照护人员事事包办,使宝宝丧失了主动体验的机会,导致儿童接受的信息不全面;出生后,没让孩子经过爬行阶段就直接学习走路而导致前庭平衡失调；父母的传统思想，比如禁止宝宝玩沙、捏泥土等，从而造成幼儿触觉刺激缺乏；在宝宝学步的早期阶段，过早使用学步车，使幼儿前庭平衡及头部支撑力不足。

三、感统失调的常见问题

1. 触觉问题

（1）不喜欢被接触，讨厌洗澡、刷牙，不喜欢沙、泥土相关的手工作业。对于习惯的东西会固执地要求一直抱着，因为习惯或偏好，会讨厌不同质地的衣物。

（2）爱打架，爱发脾气动手打人，对非恶意的身体接触也反应激烈。

2. 前庭感觉功能问题

（1）虽然在视觉范围内的东西，但还是会出现磕磕碰碰。

（2）俯卧地板和床上时，头、颈、胸无法抬高。

（3）好动，经常会乐此不疲地来回跑动，不听劝阻。

（4）经常自言自语，重复别人的话，并且喜欢背诵广告语言。

（5）左右分不清，鞋子衣服常常穿反。

（6）在陌生地方不敢乘电梯或楼梯，动作比较缓慢。

（7）自我管理能力不强，东西经常会乱放，摆放无序。

3. 本体感觉功能问题

（1）书写速度慢，字迹不规则，书写时往往过分用劲。

（2）在学习和其他活动中，顺序性和时间意识差。

（3）容易因为情绪、兴趣、喜好等因素引起学习不良，自信心不足，情绪容易受成败的影响，依赖性强。

（4）精细动作发展较差，系鞋带、扣纽扣等动作不能很好地完成。

（5）与同伴交往能力差，环境适应能力不强。

技能要求

感统小游戏

游戏一：阳光隧道

1. 训练目的

调节前庭感觉系统，加强宝宝皮肤触觉。

2. 训练要求

将宝宝趴着放下，让宝宝俯卧着身体，从隧道中爬行通过。

3.游戏过程

为了减少宝宝的恐惧感，可以先让宝宝在充气隧道四周玩耍并观察其他孩子如何做，让宝宝触摸和摇晃隧道。另外，还可以培养宝宝对隧道的兴趣。如果宝宝不参与游戏，可以采用强化的方式，在隧道中放置宝宝喜欢的玩具或者爱吃的水果，吸引宝宝前行。再或者让宝宝边爬边推一个中型球前进。

游戏二：刷子脱敏

1.训练目的

加强肌肤的接触刺激，减少触觉防御。

2.训练要求

准备软毛的刷子。

3.游戏过程

家长用刷子先刷宝宝的手背、手指等触觉防御性较少的部位，然后渐渐过渡到刷宝宝的手心。再刷脚的部位，先刷脚趾、脚跟，然后渐渐过渡到刷脚底中心部位。如果宝宝抗拒，可每次轻轻地只擦一下，反复地尝试，直至宝宝习惯这种触觉刺激。

游戏三：平衡台平躺游戏（适合年龄稍大的宝宝）

1.训练目的

调节身体协调不良的情况，强化大脑和脑干的知觉机能。

2.训练要求

让孩子放松身体，先坐在平衡台上，然后慢慢躺下来，伸展手脚的肌肉，保持身体平衡。成人则左右倾斜摇晃平衡台，要维持一定的韵律感，以促进孩子的脑干的功能发育。

3.注意事项

（1）难度设置：开始时可以慢慢摇晃，然后逐渐加快速度；也可以让孩子俯卧在平衡木上做以上运动。

（2）帮助给予：给予宝宝一定的身体触摸和语言鼓励，以调节孩子的紧张情绪，增强其安全感。

学习单元3　观察、记录、分析幼儿的认知状况

学习目标

◆ 学会观察记录宝宝在认知游戏中的表现。

◆ 能根据自己记录的数据简单分析宝宝的发展状况。

知识要求

1.观察记录的方法

(1)日记描述法:以日记的形式记录观察对象行为的方法。

(2)轶事记录法:选择性地挑一些独特的、有价值的、有意义的能表现观察对象个性的行为事件的方法。

(3)实况记录法:详细、完整地记录在自然状态下被观察者的行为,并对其行为进行分析的方法。

2.观察记录的注意事项

(1)在观察宝宝之前要学会拟定观察的内容和项目,进行有目的的观察。

(2)观察记录以不影响宝宝正常的游戏活动为前提。

(黎秀云)

第四节 培养婴幼儿良好的社会行为、情感

学习单元1 与孩子建立良好的亲子关系

学习目标

◆ 了解亲子关系对婴幼儿社会性发展的重要性。

◆ 掌握良好亲子关系培养的途径。

知识要求

一、亲子关系对婴幼儿社会性发展的重要性

家庭是婴幼儿最初的生活场所,婴幼儿的社会性发展首先是在家庭中开始的。因此,亲子关系对婴幼儿的社会行为、情感发展具有十分重要的意义。所谓亲子关系,是指父母与子女之间通过相互交往活动而形成的一种稳定的人际关系。亲子关系在婴儿期的亲子互动过程中已经奠定基础,婴幼儿时期的亲子关系对孩子的性格形成、意志的锻炼、品质的养成、与人交往模式的建立等,都起到了决定性的作用。因此,良好的亲子关系可对婴幼儿的人格的形成与社会人际关系等方面产生极其重要的影响。

在婴儿期阶段，母亲是亲子互动的重要人物。0～2岁的婴幼儿易与母亲形成感情依赖，其身体和心理健康发展都以母亲的抚育为核心，亲子互动使母婴之间产生相互依恋。该阶段是婴幼儿深层安全感和亲密能力形成的关键时期，它将促进婴幼儿今后的社会情感的健康发展。心理学家研究发现，婴幼儿最初是通过皮肤接触获得安全感和依恋的。皮肤接触包括对婴幼儿的亲吻、抚摸、拥抱和背等自然的接触，有助于亲子间情感的交流。在母亲的抚育下，婴幼儿将获得安全感，促使婴幼儿茁壮成长。当然，母亲在与孩子接触过程中要保持良好的心境，如果以充满爱意的心情呵护孩子，就会给孩子带来愉快和安全；如果情绪不好、心烦意乱，母亲的心理压力和焦虑则会有意无意传递给孩子，孩子在早期人际交往中就会产生不安全感。相对于母亲，父亲与孩子交往的内容侧重于游戏、玩耍活动，方式上则侧重于身体运动、户外活动、探险活动等，它具有较大的活动量和较强的刺激性。因此，父亲在与孩子交往中，常常成为孩子游戏的伙伴、学习的指导者和品行的榜样。

婴儿是否受到充满爱的照料，啼哭是否得到注意，需要是否得到满足，都会对婴幼儿人格发展产生转折性影响。当婴儿受到适当关爱且需要得到满足时，就会产生基本的信任感，认为世界是美好的，周围的人们是充满爱意的、可以接近的。相反，如果婴儿在这一年龄段没有得到所需要的、恰当的照顾，他们就会产生一种基本的不信任感，这些孩子在今后的人际交往过程中会疏远他人，不相信自己，也不相信他人。婴幼儿在良好的亲子关系中感受到安全、信任、温馨是婴儿良好情绪发展的必备条件，将为其今后与他人良好的人际互动奠定基础。如果亲子关系不和谐，孩子常被家长忽视或冷酷对待，孩子就会缺乏安全感，对周围环境持怀疑态度，容易胆小、孤独、自卑，不愿探索新鲜事物，也不愿与他人接触，常常以攻击性行为发泄自己的情绪，不懂得爱也不会去爱别人。这样的孩子长大后不太愿意信任他人，在人际交往中常产生困难或冲突，很难与他人建立和谐的交往关系。

孩子与家长的关系是将来他们踏入社会，待人接物的基本依据，关心孩子，别忘了重视与孩子的关系。因此，建立良好的亲子关系，将惠及孩子一生的发展。

二、良好亲子关系培养的途径

（一）夫妻恩爱、和谐是建立良好亲子关系的前提

在一个幸福家庭中成长的幼儿是自信、从容、豁达的。温馨、和睦的家庭氛围能引导幼儿健康、乐观地面对人生、困难；夫妻双方恩爱、相互理解、相互帮助，可以给幼儿营造一个幸福、美好的童年生活。反之，充满争吵、支离破碎的家庭只会给幼儿的童年留下抹不去的悲伤阴影，这种阴影可能会影响幼儿的一生。夫妻间因争吵、打骂而产生的负面情绪，很多时候会传递到亲子交往中，幼儿经常感受到这种不和谐的气氛，学习的也是这种消极的人际相处模式，在这种环境下成长的幼儿，很难学会爱与被爱。父母都是爱自己的孩子的，都希望自己的孩子有一个幸福、快乐的童年，希望孩子的整个人生也幸福、安康。只有夫妻恩爱、家庭和谐，才有助于建立良好的亲子关系，孩子才会幸福、健康成长。

（二）提高自身的基本素养

不要以为只有父母和儿童谈话的时候，或教导、吩咐儿童的时候，才是执行教育工作。

在父母生活的每一瞬间，都教育着儿童。所以，家长不要忽视自己的言行对孩子产生的影响。家长对幼儿社会性发展的影响不仅体现在对幼儿的直接语言指导，更多的是家长在与孩子或他人相处中所表现出来的一言一行，自然流露出的对周围人与事的观点与看法。古语云，言传不如身教。孩子的行为就是家长自身素质高低的一面镜子，在孩子身上会看到家长固有的某些行为特点。因此，提高家长自身素养对孩子所产生的间接影响，是构建良好亲子关系的重要内容。

（三）尽量多花时间陪伴孩子

孩子的成长是需要父母陪伴的，特别是年龄较小的婴幼儿更需要和父母进行亲密的接触。父母与孩子朝夕相处的陪伴、日复一日的交流，双方建立起亲密的依恋关系，这些是孩子健康成长的基础。有的家长只注意孩子的物质需要，而忽视孩子的感情需要，这种爱是片面的、缺乏感情的。孩子的成长需要父母的情感关怀，这是孩子获得安全感的重要途径。每天认真听孩子说会儿话，和孩子玩一会儿，陪孩子一起吃顿饭，这比给孩子提供优越的物质条件更加重要。尽量不要把孩子交给别人去抚养，比如隔代抚养。长时间离开孩子，孩子与父母间的情感交流就少了，无法感受到父母对自己的重视和关心，情感需要无法从亲子互动中得到满足，可能会对父母产生疏远与冷漠感。即便由于某些因素不得不交由他人抚养的，时间也不要太长，这将对孩子心理的健康成长及亲子关系的良好发展产生消极的影响。

（四）放低姿态，尝试站在孩子角度思考问题

很多东西，从孩子的眼里和从父母的眼里看到的是不同的。父母不能以成人世界的规则去要求孩子，而应将自己置于孩子的立场，多思考一下孩子在想什么、感受什么以及做什么。在亲子互动中，家长要学会蹲下来与孩子进行交谈，倾听孩子的心声，了解孩子的感受。不论孩子提出的问题是大是小，家长都要尽可能找时间立即去倾听孩子所说的话，而不要让孩子等自己有空了再说。立即倾听孩子的谈话，有助于赢得孩子的信任，让孩子感受到自己对父母是多么的重要，就会更愿意与父母交流。如果父母能够在与孩子的交流中放低自己的姿态，尝试站在孩子的角度思考问题，以宽容、接纳的心态倾听孩子的心声，那么亲子间的沟通渠道会顺畅许多。

（五）尊重孩子，多给孩子选择权

孩子在3岁左右开始显示出一些简单的决策能力，他开始对想要什么、不想要什么有了自己的判断。在这个阶段，家长应该有意识地让孩子开始学习对自己的行为负责。比如，孩子吃冰淇淋不节制，硬要父母再买，家长可以先告诉他再吃冰淇淋对身体的不好影响，如会肚子疼、对牙齿不好等，然后再让他自己决定到底要不要买。如果孩子仍然要买，家长可以先不责骂孩子，等他肚子疼，得到“教训”后，再教导孩子“要为自己的行为负责”。这种体验会加深孩子的理解，促进孩子的进步。同时，也会让孩子明白，爸爸妈妈是尊重自己的，同时当自己犯错时，父母也会帮助、指导自己，从而对父母产生很强的亲近感，亲子沟通当然也会变得更为顺畅。因此，在一些小事上，可以让孩子做些选择，不要所有事帮孩子做决定，事事包办，多与孩子讨论，听听他们内心的想法，这种沟通方式也有助于孩子的成长。

(六)用赏识的眼光挖掘孩子的潜能

美国心理学家加德纳提出了“多元智能理论”,他认为每个人都拥有八种主要智能:语言智能、逻辑-数理智能、空间智能、运动智能、音乐智能、人际交往智能、内省智能、自然观察智能。每个孩子都有自己的优势智力,都有相应的成功领域,我们不要用一把尺子去评价所有孩子。父母要抱着一种乐观的心态看待孩子的成长与发展,学会用赏识的眼光看孩子,用自己的慧眼发掘孩子身上的闪光点与潜能,相信在孩子身上一定潜藏着智慧的种子,只要我们对孩子进行适宜地引导,并有意识地为孩子创设一些条件,孩子的优势就一定能得以突显。

技能要求

(1)照护员可以建议家长即使工作很忙,也要多花时间陪宝宝吃饭,通过一起用餐的方式增进彼此的沟通,这样也有利于增进彼此的爱。

(2)学会观察宝宝,了解宝宝的兴趣、个性、习惯等,与宝宝谈论他感兴趣的动物、人物或事情,从而获得宝宝的亲近。

(3)家长可以每天抽点时间或定时陪宝宝一起做游戏、一起看图画书,还可以就图画书的故事情节或主人公的行为、语言等进行讨论,倾听宝宝的想法,更多了解宝宝的内心世界。

(4)指导家长在与宝宝谈话时,眼光要与宝宝接触,或是拉着手,或是相互依偎着,这种沟通有助于传递家人的爱与关心。

(5)当宝宝情绪低落或很高兴时,即使家长或照护员很忙,也尽量要在第一时间回应宝宝,用肢体动作、面部表情或语言认同孩子的情感。比如抱抱、亲亲、摸摸或说出“哦”、“嗯”、“我明白了”、“原来是这样啊”等语句,让宝宝觉得你有在认真听他讲话,你能认同并分享他此刻的心情。

(6)当发现宝宝情绪有点消极时,照护员可以指导家长尝试揣测宝宝的情感,比如:对宝宝说:“宝宝,你看起来很生气哦,是这样的吗?”、“不生气,那为什么嘟着小嘴巴呀?可以跟妈妈说说吗?”。

(7)尽量多地表达对宝宝的期望和鼓励。比如:“我相信下次宝宝一定可以做好它的,这个错不会再犯了”、“宝宝很棒,妈妈相信你能行哦!”

(8)照护员准备好绘画的材料,引导家长和宝宝玩亲子涂鸦的游戏。比如,宝宝手里拿着棉签,妈妈再握着宝宝的手,两人共同在纸上进行绘画;或给爸爸与宝宝每人各一份绘画材料,看谁最先涂完色等。

学习单元2 选择和改编亲子游戏

学习目标

- 了解婴幼儿社会性发展顺序及年龄。
- 掌握选择和改编亲子游戏的方法与注意事项。

知识要求

一、婴幼儿社会行为发展顺序及年龄

婴幼儿社会行为发展顺序年龄如表 4-4-1 所示。

表 4-4-1　婴幼儿社会行为发展顺序及年龄表

发展项目	开始年龄（个月）	常模年龄（个月）	发展较晚年龄（个月）
逗引时有反应	1	3	5
会用手互相触摸	1	3.5	5
见人张望全身活跃	1	3.5	5
白天醒的时候手连续地动	2	4.5	
见食物表现出兴奋模样	4	5	7
喝牛奶或水把着瓶	5	6.4	9
叫名字转头找	3	6	9
会与人玩	4	7	9
见生人躲闪、哭喊、乱蹬	4	7	9
开始表现个人对人和物的爱憎	4	7.5	9
白天室内无人会哭	5	7.5	9
自喂饼干	8	8.5	16
穿衣知道配合	11	14	18.9
会与成人玩球	11	15.5	18
主动把玩具给人（放手）	11	15.5	19
会按成人表情行事	11	16	18
对想要的东西会手指或发音	12	15	19
用手绢擦鼻涕	12	16.5	18
会模仿抹桌子、扫地	12	16.9	20
白天知道小便或说蹲盆	13	17.5	20
吃完东西会托出空盘	13	19.5	22

续表

发展项目	开始年龄（个月）	常模年龄（个月）	发展较晚年龄（个月）
会用勺吃东西不太洒	17	20	22
开始表达个人需要	17	20	22
对成人演示下次再见等	17	21.5	24
开始有得意、撒娇的情绪	19	23.5	26
自己会脱帽子	19	24	27
开始知道热爱他人（除妈妈外）	19	24.5	27
开始懂得理解好行为、坏行为	19	25.1	27
主动和成人打招呼	19	27.5	31
会穿上衣	19	28	30
会解衣服扣子	20	29	30
知道爱干净好	22	29.6	31
会帮助收拾碗筷、玩具	23	30.6	33
会用行动帮助小朋友	24	31.5	34
开始和小朋友一起玩	27	32	34
能自己吃饭，穿衣服、鞋，大小便	27	32.1	34
能按生活上要求的卫生习惯做	27	33	34
会扣扣子	24	33	34
开始有妒忌、看不起人、霸道、愤怒等情绪	30	33.5	36

（引自中国就业培训技术指导中心，人力资源和社会保障部．育婴员．北京：海洋出版社，2013.）

二、选择和改编亲子游戏的方法与注意事项

（一）选择和改编亲子游戏的原则

针对婴幼儿社会性发展水平与特点，照护员在进行选择和改编亲子游戏时应遵循以下原则：

1．适宜与发展性原则

照护员要熟悉婴幼儿的年龄特点和发展水平，做到心中有数，然后要根据婴幼儿的年龄

特点和发展水平，确定符合婴幼儿发展需求的游戏目标，选择游戏内容与材料。既要着眼于当前发展，又要考虑婴幼儿的进一步发展。

2.循序渐进性原则

在创编亲子游戏过程中，引起幼儿的兴趣是十分重要的。在选择游戏时应由易到难，先进行一些幼儿熟悉又喜欢的游戏，再编制一些对幼儿有挑战性的游戏。这样会增强幼儿游戏的投入性。同时，不要经常转换游戏，有时需要反复进行，让幼儿慢慢熟悉与适应。

3.长期性原则

亲子游戏主要是为了促进亲子之间的沟通与交流，加强亲子情感。仅通过一两次游戏，是不可能建立或维系亲子感情的。照护员要定时组织亲子游戏，保持亲子游戏的长久性，这对于亲子交往是非常有利的。

4.全面性原则

亲子游戏的类型要多种多样，不能仅局限在某一领域，比如既可以玩语言类的，也可以玩启智类、运动类、音乐类的，促进婴幼儿全面发展。当然，亲子游戏还要考虑到家长的需求，家长参与亲子游戏，他们本身对游戏会有自己的想法、期待，家长也有基本的育儿理念和育儿经验。因此，照护员要充分调动家长参与游戏的积极性，合理有效地运用家长宝贵的教育资源，使亲子游戏达到预期的目标。

5.安全性原则

在编制亲子游戏时，一定要考虑游戏本身的安全性，选择游戏场地时，也要检查是否存在安全隐患，比如，地面是不是很滑，婴幼儿会不会摔倒，玩具是否结实、无毒等。一些危险性较大的动作与环节要慎重考虑有无必要，确保家长和婴幼儿在游戏时的安全，以免发生意外。

（二）注意事项

（1）在游戏过程中，要指导家长密切关注婴幼儿的情绪。游戏的目的是让幼儿和家长在游戏过程中体验愉快，培养婴幼儿的兴趣，促进亲子情感。在婴幼儿情绪比较好的状态下，适宜选择比较刺激的、活动量较大的游戏；如果婴幼儿感觉疲倦、身体不适，则应及时停止游戏，让婴幼儿休息；如果婴幼儿感觉害怕、紧张甚至是厌烦，那么这时也可以停止游戏，改换其他类型的游戏，调整幼儿的情绪状态。

（2）如果幼儿感兴趣，同一个游戏可以多次重复进行，但要注意活动量要适当，不能玩得太疯。

（3）游戏时要防止幼儿疲劳，防止内容单一、形式单调，也要防止花样繁多、任务过重导致幼儿无法完成，影响游戏效果。

（4）在游戏中要加强家长与婴幼儿的互动，注重眼神、语言、肢体等方式的情感交流。

（5）创编游戏时要从家庭实际条件出发，结合婴幼儿实际情况设计游戏方案。

技能要求

一、创编亲子游戏一

游戏名称:西班牙斗牛。

适合年龄:12～36个月。

游戏目的:锻炼幼儿的勇气与不怕输的意志。

游戏准备:一块红色大毛巾或毛毯、《西班牙斗牛士》舞曲。

游戏玩法:照护员先指导妈妈手拿着红色大毛巾或毛毯做斗牛士,接着照护员播放舞曲,并拉着宝宝观看。妈妈边拿边毛巾边说:“我是英勇的斗牛士,斗牛表演现在开始。”爸爸双手放在头上作犄角,对着大毛巾低头冲过去。家长示范后,请宝宝参加游戏,可以让宝宝分别体验牛、斗牛士不同角色,爸爸和妈妈中一人扮演与之相应的角色,另一人在旁边加油喝彩。

注意事项:活动的场地要安全、宽敞,防止宝宝摔伤、碰伤。

二、创编亲子游戏二

游戏名称:整理魔法师。

适合年龄:12～36个月。

游戏目的:锻炼幼儿的模仿能力和生活自理能力。

游戏准备:房间先不要收拾,保持衣物、玩具等摆放的凌乱。

游戏玩法:照护员让妈妈和宝宝一起站在房门外,指导妈妈先说:“我是最棒的整理魔法师,我做什么你就跟我学什么。如果你学得像,就轮到你做整理魔法师。”然后可以设计一个很酷的击掌动作,再开始行动。妈妈把废纸扔进垃圾桶,让宝宝一起扔垃圾;妈妈把玩具装入箱子里,宝宝也跟着装。如果宝宝能很好地模仿妈妈的动作,就让宝宝来当整理魔法师,并且对宝宝的成功表示祝贺。

注意事项:对宝宝的整理技术要求不能太高,宝宝能模仿做出相应动作即可。

三、创编亲子游戏三

游戏名称:熊与木头人。

适合年龄:24～36个月。

游戏目的:萌发幼儿的规则意识,锻炼自我控制能力。

游戏准备:熊的头饰一个。

游戏玩法:照护员指导爸爸戴上熊的头饰,扮演“熊”,妈妈和宝宝扮演“木头人”,妈妈拉着宝宝,边走边念“我们都是木头人,不许说话不许动,还有一个不许笑。要是大熊走过来,看谁最先被吃掉。”念完最后一句时两人无论本来是什么姿势,都必须保持不动,扮演

"木头人"。"熊"向前走，边走边观察，发现哪一个先动了、发出声音或笑了，就抓住他，把他"吃掉"。游戏再重新开始。也可以由被吃掉的那个人扮演"熊"，其他人扮演"木头人"，继续玩。

注意事项：活动的场地要安全、宽敞，防止宝宝摔伤、碰伤；在"熊"吃掉宝宝时，切忌用粗鲁的动作或很大的声音对待宝宝，以免吓到宝宝。

学习单元 3　协助家长解决幼儿分离焦虑

学习目标

◆ 了解幼儿分离焦虑的定义、表现及产生原因。

◆ 掌握解决幼儿分离焦虑的技巧与方法。

知识要求

一、分离焦虑的定义

分离焦虑是指幼儿与亲密抚养者或照料者分开时所表现出来的焦虑、不安或不愉快的情绪和行为，比如紧张不安、沮丧、闷闷不乐，或者特别黏人、爱哭、固执，希望照顾者能留在身边。这种焦虑不安的情绪和行为，在不同年龄阶段反应也有所不同，年龄越小的孩子会用哭闹、惊叫或紧紧抱着父母不放等方式表现自己的不安；而年龄较大的孩子则会通过耍赖、哭躺在地不起来，又叫又跳等方式表现自己的惧怕、焦虑。分离焦虑是幼儿在成长过程中对自身的一种保护，所以我们提到分离焦虑的时候也不用太过于紧张。

二、分离焦虑的产生的原因

1. 对陌生环境或陌生面孔的不适应感

人需要发展对周围环境的可预测感，这样才能产生信任，不惧怕。蒙台梭利认为大自然赋予儿童对秩序的敏感性。这种敏感性使外界环境成为一个整体，各部分相互依赖。如果一个人能适应这种环境，他就可以指引自己的行动达到特定的目标。对于婴幼来说，陌生的环境、陌生的面孔这些刺激都可能打破其内心原本的平衡状态和内在秩序，都充满了未知的危险和潜在的危机，超出幼儿原有的控制力。因此，幼儿会本能地对父母离开可能带来的危险及对新环境缺乏控制能力而感到焦虑、不安。

2. 家长对幼儿过分呵护、娇惯、溺爱

家长在生活中对幼儿的过分呵护、娇惯、溺爱，会使幼儿对家长的依赖性增强。幼儿的独立性变差，自理能力变差，生活技能缺失，导致幼儿一旦要走出家门，离开父母亲，便不知

如何应对,从而对外面的社会产生很大的惧怕。这也是幼儿分离焦虑症产生的主要原因。

3.经历过多次分离体验,幼儿安全感缺失

有研究指出,曾多次经历过与父母分离体验的幼儿更容易产生分离焦虑。如果父母给孩子完整的照顾,让他对外在世界深具信心,则孩子比较乐观,对幸福较有把握,这样就有足够的能力去面对分离。如果父母平日对孩子疏于照顾,他的依赖心理没有获得满足,孩子面对分离,就会感到害怕、悲观,对环境的变动也比较不能适应。如果这种分离次数较多,幼儿内心的安全感会变得异常脆弱,当家长说出要走的话或表现出将离开的苗头时,幼儿就会备感焦虑,不愿父母离开。

4.生活规律和生活方式的转换

幼儿在2～3岁入幼儿园时,分离焦虑表现得尤为明显,常常令家长与老师头疼不已。究其原因在于,幼儿入园后,其生活规律和生活方式发生了很大转变,即由以往的家庭生活方式转变成幼儿园的集体生活方式。家庭中生活作息比较随意,大多都以幼儿的意愿为中心,而在幼儿园里,每日生活有明确作息时间,什么时间应该做什么都有相应的安排,饮食也是统一的。有些幼儿在家爱睡懒觉或不睡午觉,有挑食倾向的幼儿入园后会感觉非常不适应。因此刚开始去幼儿园会表现出反抗,在父母离开时哭闹不止,表现出强烈的不安。

三、分离焦虑在幼儿不同年龄段的表现

在婴儿出生的时候其实就是在和妈妈分离,当婴幼儿和妈妈分离时会本能地产生恐惧,所以幼儿分离焦虑的种种表现其实都是在和母亲或照料者表达他的恐惧和情绪。具体在每个年龄段的分离焦虑表现如下:

0～3个月:婴儿处于没有差异的依恋发展阶段,只要身体舒服,就不会产生分离焦虑。

3～6个月:婴儿处于有差别的依恋发展阶段,在三四个月时已经能够区别熟人与陌生人的不同,对那些似曾相识的熟人他都接受,对陌生人产生恐惧及逃避的反应。六个月左右会认定一个特定的对象,与其产生密切的依附关系,这个对象通常是与婴儿最亲密的照料者,如妈妈。婴儿的眼睛会一再地搜索妈妈,看到时,就会高兴得手舞足蹈,但只要妈妈一离开,婴儿就会出现害怕和哭泣的行为。

6～24个月:婴儿处于依恋关系单一化阶段,并在24个月到达高峰,即婴儿在熟人圈里开始寻找跟自己关系最近的人,并对其产生强烈的依恋,此年龄段的婴儿对陌生的人的相处非常排斥,分离焦虑也比较严重。

24～36个月:幼儿开始有能力把依恋对象伙伴化,能够容忍与父母或照料者暂时的分离,如果告诉幼儿,他也能明白父母或照料者走了还会回来,已经具有物体恒存性概念。24个月后分离焦虑症状会逐渐减轻,借着探索环境的方式发展自我独立的能力。

36个月以后:幼儿3岁时,与其他人互动增多,对分离现象的正确判断和适应能力都有所增强,分离焦虑症的情形也就逐渐地消失了。但是,幼儿上幼儿园以后,环境改变,可能又引发其另一波的分离焦虑。

英国心理学家约翰·鲍尔比(John Bowlby)通过实验观察,将婴幼儿的分离焦虑分为三个阶段:一是反抗阶段,表现为号啕大哭,又踢又闹;二是失望阶段,表现为仍然哭泣,断断续续,动作的吵闹减少,不理睬他人,表情迟钝;三是超脱阶段,表现为接受外人的照料,开始正常的活动,如吃东西,玩玩具,但是看见母亲或主要照料者时又会出现悲伤的情绪。

四、缓解婴幼儿分离焦虑的策略

有心理研究发现,幼儿早期的分离焦虑处理不当,如果比较严重的话,会降低幼儿智力活动的效果,甚至会对其将来的创造力、人际互动与生活适应造成恶劣影响。因此,减少幼儿的分离焦虑,对其能力的发展和健康人格的形成有着十分重大的意义。照护员要指导家长掌握有效解决幼儿分离焦虑的方法,克服幼儿分离焦虑的方法有很多,下面我们列举一些。

1.创造良好的家庭环境,避免焦虑模仿

如果家长本身有焦虑倾向,幼儿每天和父母生活在一起,久而久之,也会跟着效仿。比如:妈妈经常担心爸爸怎么还没回家?到底出了什么事情?这种紧张的气氛,也容易反应在宝宝的身上。因此,家长要认识到自己的焦虑情绪会对幼儿产生不良影响。在家庭中营造一个良好的环境,爸妈首先要调整自己的情绪,控制好自己的焦虑,放松心情,对宝宝表现得耐心、冷静。父母与幼儿分离时自己身体要放松,给幼儿大大的微笑,用自己轻松、愉快的情绪来影响幼儿,让幼儿感到即使与别人在一起,自己也是安全的,不要让分离变得"苦大仇深"。

2.确信分离环境的安全性,让幼儿觉得安心才离开

如果照料者要安排幼儿独睡,必须先确认睡眠的环境安全、舒适。如果家长有事必须外出一段时间,要将幼儿托给他人代为照料,应将幼儿托给自己和幼儿都信任、熟悉的照护员或托育中心来照顾,确认替代照顾者不要超过2人,而且能经常陪伴在幼儿身旁。另外托育环境的安全性也很重要。在必须和幼儿分离的情况下,最好先给幼儿一点适应的时间,建议父母先陪伴幼儿,直到幼儿情绪比较放松后再离开。当然,如果能预先让幼儿有分离的心理准备更好,如果能早早建立起"预告"与"预先熟悉新事物"的习惯,就能让幼儿在未来的生活历程中更为顺利。

3.扩大幼儿接触人群范围,避免过度依恋照料者

照料者要让幼儿的交往范围不要仅局限在家里,家庭成员也要轮流带幼儿玩耍,培养幼儿对别人产生信任,依恋对象变得广泛,而不是事事都让家里的某一个人教幼儿,使幼儿对某一个人产生过度的依恋。应尽可能地让幼儿与更多的人接触,可以经常带幼儿去小区里有其他小朋友玩耍的地方,增加与同龄孩子接触的机会,并鼓励幼儿主动与其他小朋友交往;或去邻居家串串门,并有意识地离开一段时间,让其尝试与亲人短暂分离,这样会慢慢地降低幼儿对照料者离开的不安,也可避免今后幼儿入园时发生严重分离焦虑。

4.分离时简短地再见,不要偷偷溜走

有些家长为了避免分离时的难受,会选择在幼儿睡觉时或是不注意的时候悄悄溜走,这样做是很不好的。如果父母上班时悄悄溜走,让幼儿找不到父母,不知道父母为什么离开或什么时候才能回来,就会对其造成心理创伤。家长要让幼儿看着你离开,而不是神秘的消失。父母要记得在分开时与幼儿说“再见”,这对幼儿来说是很重要的承诺,也是对成人产生信心的基石。即使已经处在焦虑的分离情绪中,也要记得跟幼儿说声“再见”,这也是与幼儿建立信任的好机会,千万不要偷偷或强硬地与幼儿分开。

5.告知幼儿回来的时间,并尽可能遵守承诺

父母与幼儿分离时,可以将自己的时间安排说给幼儿听,预告自己回来时间,比如“妈妈到了下班时间就很快回来”,这对幼儿来说是一种很重要的承诺。幼儿对时间的概念比较模糊,可以教其看表,让其明白长短针指到哪个位置,父母就会回来;或者以某些特定的事件帮助幼儿理解时间的概念,比如,“吃过晚饭,爸爸妈妈就会回来陪你玩了”,这些特定的事件可以帮助孩子具象地理解时间的概念。简单的承诺,会成为幼儿的一种有形期待,有效地缓解分离焦虑。当然,父母要尽可能遵守自己对幼儿的承诺,即使真的无法按时赶回,也应该及时让幼儿了解自己的状况,打个电话,让幼儿听到父母的声音,以免加重幼儿的分离焦虑。

6.准备幼儿喜欢的物品或照料者的物品,转移注意力

有些幼儿有自己特别喜欢的玩具或特定生活物品,比如抱枕,因此,在幼儿与父母短暂分离的时,不妨让幼儿带着这些能为其带来安定、信任感的物品或玩具,可让幼儿舒服许多。除了幼儿自己喜爱的物品之外,还可让其带上父母或主要照料者的几样东西,如照片、钥匙、梳子、包,让幼儿对父母的存在和归来更有信心。

技能要求

(1)对于年龄较大、已经学习行走的幼儿,家长或照护员可与幼儿玩躲猫猫或藏东西的游戏,这有助于让幼儿建立物体恒存性的概念,使其明白东西不见了还可以找到。同样,父母离开也还会再回来的。

(2)照料员告诉家长当其在浴室洗澡,或是上厕所时,可以将幼儿放在门口,他会先看父母是不是在那边,然后再去玩自己的游戏,这样来来回回地看父母是否消失,直到他确认父母一直都在的事实之后,家长就可以关上门。但记得要跟幼儿保持沟通,让幼儿知道父母一直存在,没有消失。

(3)当家长临时有事外出,把幼儿托付给照护员或邻居照顾时,不能强迫幼儿马上接受和陌生人相处,要先与幼儿商量一下,给幼儿心理准备,并许诺好回来时间,减少幼儿的不安全感。

(4)幼儿在与父母分离,做出哭闹、尖叫、耍赖行为时,家长不要由于心软而改变离开的决定,留下来继续陪幼儿,这样会给幼儿传递一种观念:用哭闹的方式是可以让父母屈服的。

(5)当幼儿不听话时,家长不要威胁幼儿,说些类似“会被魔鬼抓走”之类的话语,这会让幼儿的潜意识产生幻想,加深幼儿内心的恐惧,更加害怕自己独处。

(6)家长在必要时要坚定地离开,并在离开时告诉幼儿:“妈妈(爸爸)等一下就回来,宝宝要等等哦。”并且一边走一边跟幼儿说话,坚定幼儿等待的决心。

(7)对幼儿害怕的某些人、事、物或情境进行知识性的教育,用渐进式的引导,协助他们认识了解陌生的事物,引起幼儿的好奇心,进而敢去接近或做尝试。

(8)家长或照护员可以和幼儿玩闹钟游戏,用闹钟计时,从1分钟开始,慢慢拉长与幼儿分开的时间,运用游戏让幼儿逐渐适应分离的情境。

(9)在妈妈(爸爸)每天上班时,照护员抱起幼儿,引导幼儿和父母说再见,送妈妈/爸爸上班,用妈妈(爸爸)留下来的物品或照片安慰幼儿,解释妈妈(爸爸)下班就回家亲幼儿,利用小游戏或小玩具转移幼儿的注意力,缓解幼儿的分离焦虑。

学习单元4 创设促进婴幼儿良好情绪的环境

学习目标

- 了解家庭环境对婴幼儿情绪发展的影响。
- 掌握促进婴幼儿情绪良好发展的家庭环境创设方法。

知识要求

一、家庭环境对婴幼儿情绪发展的影响

婴幼儿的情绪是不稳定的,对自己的情绪的控制能力十分薄弱,容易受到外部环境的影响。因此,在一定的外部环境刺激时,幼儿更容易表现出自己的情绪变化。在0～3岁这个阶段,婴幼儿的情绪发展在很大程度上受到家庭环境的影响。下面,我们来看一下在家庭环境中有哪些因素会影响婴幼儿情绪发展。

1.家庭的物质环境创设对婴幼儿情绪发展的影响

婴幼儿情绪的发展与所接触到的刺激是否丰富有关。家庭物质环境创设,比如房间规划、家具摆放、颜色及提供的玩具材料等都会在一定程度上对婴幼儿的情绪发展产生影响。因此,家里装修的颜色不要太暗沉,特别是儿童房和玩具房的墙面颜色最好以暖色调为主,不要让灰暗的颜色影响幼儿的心情。幼儿使用的家具也要符合儿童的高度,玩具材料也尽量丰富多样,满足幼儿的探索欲望,促进幼儿积极的情绪发展。

2.早期喂养方式对婴幼儿情绪发展的影响

母乳喂养可以增加母亲与婴儿的身体接触,提高母婴交流的质量,有利于婴儿安全感的

建立。有研究发现，母乳喂养比人工喂养更有利于婴幼儿社会情绪的发展，婴幼儿更容易表现出积极、稳定的情绪。还有研究发现，早期铁缺乏可以引起婴幼儿社会、情绪改变，而且这种改变可能是不可逆的。长期严重缺铁的婴儿更容易表现出恐惧、易疲乏、不活动、迟疑不决/过于谨慎、忧郁，对母亲过于依恋及发声频率较低。因此，家长在早期喂养时最好选择母乳喂养的方式，并注重婴幼儿的营养。

3.母亲孕期精神状况对婴幼儿情绪发展的影响

有调查发现，母亲孕期精神状况对幼儿情绪和行为有一定影响，即母亲孕期精神状况差，如焦虑、紧张、抑郁，可通过血液和内分泌成分的改变，对胎儿产生影响。孕期母亲精神状况差，出生后的婴幼儿情绪和行为异常率较高，幼儿会表现出更多的消极情绪和较少的积极情绪，如沮丧、退缩、焦虑等。

4.父母文化素质水平对婴幼儿情绪发展的影响

父母的受教育程度会对婴幼儿情绪发展产生显著影响。1～3岁幼儿具有较强的模仿能力，会对父母的行为进行模仿，而父母的文化素质和自身修养可以影响其采取的婴幼儿教育方式是否科学、合理，人际互动的质量及家庭环境构建的文明程度等。父母文化素质水平的不同，其给幼儿做出示范也不同，从而导致幼儿产生不同的行为表现。这些都将对婴幼儿社会情绪的发展产生长期和潜在的影响。

5.家庭结构对婴幼儿情绪发展的影响

婴幼儿对家庭的依赖不仅仅是物质，还需要父母的抚爱和支持，要从父母那得到安全感和信心去面对新的环境。独生子女家庭的婴幼儿更多地得到家人的保护与宠爱，因此在面对陌生环境时，可能会表现出不知所措、焦虑不安、退缩等的情绪行为。隔代抚养家庭，由于祖辈与父母的教育方式或观点不一致，会让幼儿在面对问题时犹豫不决、无所适从，不利于婴幼儿社会情绪的健康发展。

二、创设促进婴幼儿情绪良好发展的环境

1.营造安全、温馨、舒适、相对固定的家居环境

家长应意识到家居环境规划与婴幼儿情绪行为之间的关系，进行有目的的创设，当发现规划不当时，应及时做出调整。家里的活动空间要宽敞、安全，安全健康的环境更有利于婴幼儿在家里充分、自主的活动。比如，门窗上是否有安全垫，桌、柜上是否安装防碰撞桌角等。游戏玩耍的玩具材料要考虑到丰富性，但也不可投放过多，避免过度刺激，应根据婴幼儿的年龄特点，投放适合其玩耍的玩具，这样才能有效地促进婴幼儿发展。家里的活动区域及物品、玩具材料的投放应相对固定，这种固定的刺激会有助于婴幼儿形成固定顺序的反应，进而形成习惯和生活规律，避免因秩序的改变而产生反感、生气等消极情绪，保持婴幼儿情绪的稳定性。

2.以身作则，教给婴幼儿正确表达爱的方式

情绪是可以相互感染、影响的。婴幼儿情绪不稳定，且模仿性、受暗示性强，家庭成员的

一举一动都会对婴幼儿产生影响。婴幼儿的情绪模式几乎是照料者情绪的翻版，因此，照料者可以通过很多方式表达对孩子的爱，如亲吻、拥抱、倾听、微笑、赞美等。要学会要理智，善于调节和控制自己的情感，不要当着婴幼儿的面吵架，要相亲相爱、尊敬老人、关心老人，与邻里和睦相处，以友善的态度为人处世，注重用自己的微笑和积极情绪影响感染幼儿，以积极乐观的人生态度去对待生活，给婴幼儿一种积极向上的情绪的氛围。婴幼儿会将这些看在眼里、记在心中，知道如何对别人表达感情，在潜移默化中促进其良好情绪的发展。

3.顺应天性，创设情感满足、自我发展的环境

照护员或家长要学会尊重婴幼儿做出的选择，顺应其表现的方式，并积极地给予回应，满足婴幼儿探索的需要。如幼儿虽然不太会使用勺子，但吃饭时仍喜欢自己拿着勺子，照护员或家长可以给幼儿提供一套塑料碗勺，穿戴好围裙，鼓励幼儿尝试自己用勺吃饭。照护员在与婴幼儿交流时，多用温柔的目光、轻柔的语调和婴幼儿直接交流。

4.帮助幼儿认识情绪，鼓励积极的情绪表达

当家长或照护员感到生气、伤心或高兴的时候，可以告诉幼儿，并告诉他们为什么会产生这种情绪。比如我今天很高兴，因为我得到了别人的赞美；我很伤心，因为奶奶病了；我想买上次看中的那件衣服，但被别人买走了；我很失望等。还可以帮助婴儿认识那些使他害怕的情景，避免恐惧情绪的发生。鼓励幼儿说说自己的心情，出现这种心情的原因。当幼儿表现出高兴、自信、感恩、关爱这类积极情绪时，照护员应该以积极的反应来鼓励幼儿，比如亲亲他、抱抱他、用语言表扬他，陪他一起玩游戏等，从而强化幼儿的积极情绪表达。

5.提供宣泄消极情绪的机会，鼓励幼儿将消极情绪转化为积极情绪

每个幼儿在生活中都会有消极情绪，这是他们成长的一部分。当幼儿产生不良情绪时，照料者不能要求幼儿一味压抑、控制消极情绪，而应帮助他们学习选择对自己和他人无伤害的方式去疏导和宣泄这种情绪。当发现幼儿情绪不佳时，努力去了解引出不良情绪的原因，理解幼儿的感受，进而协助幼儿以适当的方法抚平情绪。家长或照护员可通过多种方式引导幼儿说出自己心中的感受，表达自己的情绪，也可以用转移注意力的方法，离开引发情绪的源头，以游戏、运动、唱歌、跳舞、绘画、阅读、散步等方式冲淡、缓解幼儿的消极心理情绪。

6.积极创设机会，鼓励婴幼儿与人交往

在家庭中给婴幼儿创建良好的环境气氛，给婴幼儿创设更多的与他人交往的机会。比如，家长可以引导幼儿主动邀请小朋友到家里做客，在与小客人相处时，先不要干涉他们的交往互动，当发生冲突时，引导幼儿恰当地表达自己的情绪，减少问题行为的发生，促进幼儿情绪调控能力、社会交往能力的发展。

技能要求

(1)照护员陪宝宝玩“说出你的感受”游戏，让宝宝知道常见心情的名称，理解情绪产生

的原因，一起谈论情绪。

(2)照护员从杂志或报纸上剪一些不同表情的人脸，让宝宝猜猜此人有什么感觉，然后可以编一个小故事，讲讲为什么这个人有这种情绪。

(3)帮宝宝洗脸时，照护员用愉快、温柔的语气对宝宝说："洗脸喽，这是眼睛，这是鼻子，这是嘴巴……小脸洗干净，真舒服呀！"每次都这么说，这么做，宝宝就会习惯于这种程序，有助于放松情绪，而不是害怕洗脸。

(4)准备一面大镜子，照护员和宝宝一起站在镜子前，照护员对着镜子做出不同的表情，让宝宝模仿，当宝宝模仿正确时，可以抱抱宝宝，以示表扬。

(5)照护员先准备一支笔和几张小朋友的人脸(男孩、女孩都行)，但是上面没有眼睛和嘴巴。接着给宝宝讲一个这个小朋友经历的一件与情绪有关的事，然后让宝宝用笔补画出此时人脸的眼睛和嘴巴，加深宝宝对情绪的理解。

(6)询问宝宝，"如果这时一头老虎闯进屋子，你会有什么样的感觉?"然后照护员和宝宝一起扮演想象中的情景。

(7)照护员每天定时给宝宝讲一个小故事，然后和宝宝一起讨论故事中的主角说说他们的感觉如何，以及他们为什么会有那种感觉。还可以让宝宝假装成故事中被欺负或欺负别人的故事人物，体验别人的感受，培养宝宝的移情能力，促进宝宝的社交行为良性发展。

(8)带宝宝去超市购物时，照护员可以先让幼儿自己挑选喜欢的东西，当满足宝宝的挑选欲时，再以商量的口吻明确告诉宝宝今天带的钱只能买一样，其他的下次再买，让宝宝自己选择一样，然后把其余的东西都放回原来的地方，再和宝宝一起去结账。几次以后，宝宝去超市购物时就会变得理智些，自控能力可以提升。

学习单元5　观察、分析和记录婴幼儿社会-情感

学习目标

◆ 了解婴幼儿亲社会行为、攻击性行为的发展。

◆ 掌握观察、分析和记录婴幼儿社会-情感的简单方法。

知识要求

一、婴幼儿亲社会行为、攻击性行为的发展

(一)婴幼儿亲社会行为的发展

亲社会行为又叫"积极的社会行为"，是指人们表现出来的一些对他人有益或对社会有

积极影响的行为，比如帮助、分享、合作、安慰、捐赠、同情、关心、谦让、互助等。亲社会行为是人与人之间在交往过程中维护良好关系的重要基础，是婴幼儿社会性发展的重要组成部分，对婴幼儿的心理及社交行为的健康发展具有非常重要的意义。

研究表明，刚出生的婴儿是没有亲社会行为的，随着婴幼儿年龄的增长，亲社会行为不断发展起来。刚出生的婴儿听到其他婴儿哭时，也会跟着哭，这只是婴儿早期的情绪反应，并不意味着婴儿因感受到他人的伤心而表现出关心或同情。6 个月的婴儿会对他人的不幸表示关注，向处在困境中的玩伴靠拢，抚摸他人。10～14 个月的婴儿看到他人不幸就会表现出很不安、小声呜咽，有时甚至大声呼喊，但 12 个月的婴儿很少表现出合作性游戏。等小孩到 18～24 个月时，会直接对处在困境中的他人做出更为主动的亲社会行为，比如表现出触摸、轻轻拍打、抱等行为，并开始产生合作性游戏。在 2～3 岁幼儿则比以前更容易帮助他人，表现出更多亲社会行为，比如，用语言安慰"你会好的"、"别哭"、攻打攻击者、给对方东西或者寻求帮助等，也更善于和玩伴合作。

婴幼儿亲社会行为的发展受多方面因素的影响，比如幼儿自己的认知、语言、移情能力的发展及家庭教养方式、亲子关系、玩伴关系、大众传媒等。当婴幼儿表现出亲社会行为时，我们应及时给予肯定、表扬，鼓励其亲社会行为的发展。

（二）婴幼儿攻击性行为的发展

攻击性行为是指导致他人或动物的身体或情感受到伤害的行为。它可能是言语上的，也可能是身体上的，比如拍、抓、掐、踢、吐、咬、威胁、侵略、羞辱、闲话、攻击、辱骂、欺负、毁坏和破坏都属于攻击性行为。

虽然每种攻击性行为都会带来伤害的结果，但是婴幼儿使用攻击性行为却有着不同的动机。有时婴幼儿是为了获得某个物品、空间而做出抢夺、推搡等行为，我们将其称为"工具性攻击"；有时婴幼儿是直接以人为指向的，其根本目的是打击、伤害他人，我们称其为"敌意性攻击"。根据攻击发起的原因，又可以将攻击性行为分为"主动性攻击"和"反应性攻击"。婴幼儿在受到他人攻击或激惹后做出攻击性反应，比如愤怒、发脾气或失去控制等行为，这属于"反应性攻击"；当婴幼儿在未受激惹的情况下，主动发起攻击，比如获取物品、欺负和控制玩伴等，这属于"主动性攻击"。

研究发现，婴幼儿期攻击性行为最先表现为身体上的攻击。1 岁以内的婴儿就出现了身体攻击，比如咬人、扔东西、拽头发、打人等。随着言语的发展，2～3 岁的幼儿身体攻击逐渐减少，言语攻击开始增多。3 岁左右，幼儿大哭大闹、咬人、抓人、抢东西、踩东西、踢人等身体攻击开始增多。3 岁以后，幼儿的身体攻击发生的频率开始减少，但更多表现出言语攻击。

婴幼儿产生攻击性行为的原因有很多，如遗传、营养（如糖摄入过多）、婴幼儿自己的性格、玩伴关系、电视暴力的影响等。家长的教养方式也是引发攻击性行为产生的一个重要原因。有些家长非常溺爱孩子，对孩子百依百顺，当婴幼儿愿望得不到满足，就会不分场合与时间采用攻击手段来发泄不满；还有的家长本身暴力行为较多，被孩子模仿后，孩子的攻击性行为也就增多了。发怒引发婴幼儿攻击性行为，当攻击他人后又会产生内疚、不安的情感体验，这些情绪都是情感发展中的组成部分，使婴幼儿的情感体验更加完整、丰富。照护员可以逐步利用这样的情感体验来帮助婴幼儿改善行为，形成正确的是非观。

二、观察、分析和记录婴幼儿社会-情感的简单方法

（一）观察、记录的方法

1. 实况详录

在一个时间段内（如一小时或半天内），用录音、录像等方式，客观、持续、尽可能详尽地记录婴幼儿所有的行为动作表现，包括婴幼儿的动作、语言、情绪、与他接触的人及所处的环境等。

2. 事件取样

观察婴幼儿某些特定的行为，比如观察婴幼儿与他人游戏互动、争抢、打闹、分享、帮助、关爱等行为，把这个行为事件的发生的起始、经过和结束全过程，用文字或录像等方式记录下来。

3. 日记描述

照护员在较长的时间里（如一个月、半年、一年等）对婴幼儿的生活行为进行反复观察，用写日记的方式把婴幼儿的行为表现记录下来，从而了解婴幼儿的行为发展顺序与特点。

4. 轶事记录

照护员将自己认为婴幼儿日常生活中发生的，在社会行为、情绪发展方面，有趣或有意义的行为或事件用文字记录下来，包括时间、婴幼儿姓名、言行、事件发生的背景等。为了保证记录的及时性、准确性，尽量在行为或事件刚发生时就记录。

（二）分析婴幼儿社会行为与情绪

根据观察、记录所得的信息，照护员可以从婴幼儿生理和心理发展水平、情绪行为发生的原因、情绪行为的解决办法以及解决的效果等方面对其社会行为与情绪进行分析、讨论，从而总结出婴幼儿社会行为、情绪发展的特点，找出促进其社会行为、情绪发展的有效办法。

技能要求

照护员可以自制一些婴幼儿行为、情绪观察记录表格，方便观察、分析婴幼儿的社会行为与情绪发展情况。可以在日常生活中随机对婴幼儿的行为、情绪进行观察，也可以有意识地为婴幼儿创造一个亲子、玩伴交往的情景，提供一些适合婴幼儿玩耍的玩具，观察婴幼儿与他人互动时的行为、情绪表现情况。下面，我们提供一些观察记录表，供照护员参考（表 4-4-2、表 4-4-3）。

表 4-4-2　婴幼儿亲社会行为的观察记录表

<table>
<tr><td></td><td colspan="3">观察者</td></tr>
<tr><td rowspan="5">婴幼儿
基本情况</td><td>姓　名</td><td colspan="2"></td></tr>
<tr><td>性　别</td><td colspan="2"></td></tr>
<tr><td>年　龄</td><td colspan="2"></td></tr>
<tr><td>性格特点</td><td colspan="2"></td></tr>
<tr><td>家庭背景情况</td><td colspan="2"></td></tr>
<tr><td>编号</td><td>观察时间</td><td>观察地点</td><td>观察内容记录（如行为发生背景、经过；幼儿的言行、情绪情况；结果）</td></tr>
<tr><td>1</td><td></td><td></td><td></td></tr>
<tr><td>2</td><td></td><td></td><td></td></tr>
<tr><td>3</td><td></td><td></td><td></td></tr>
<tr><td>4</td><td></td><td></td><td></td></tr>
<tr><td>行为分析</td><td colspan="3"></td></tr>
<tr><td>教育措施</td><td colspan="3"></td></tr>
<tr><td>效果记录</td><td colspan="3"></td></tr>
</table>

表 4-4-3　婴幼儿攻击性行为的观察记录表

姓名：　　　　性别：　　年龄：　　观察时间：　　　　观察者：　　　观察地点：

攻击对象		体貌特征		攻击对象有无还击		攻击起因		攻击目的		攻击方式							终止方式		情绪变化	影响
男	女	比攻击者强壮	比攻击者弱小	有	无	主动性	反应性	工具性	敌意性	用手打扭拧人	抓咬他人	推搡碰撞	用工具打人	打掉毁损他人物品	辱骂	其他	自动终止	他人终止		

（廖思斯）

第五章　家庭教育指导

第一节　家庭教育方式

学习目标

◆ 了解家庭教育的基本知识。
◆ 了解不同家庭教养方式的类型。
◆ 认识不同家庭教养方式的优缺点。

知识要求

家庭的学习持续人的整个生命周期，个人人格的养成、价值观的形成、社会角色的学习，均受到家庭教育的影响。家庭教育在中国古代便早已经有之，那么究竟什么是家庭教育呢？

一、家庭教育

(一)家庭教育的内涵

家庭教育是学校教育和社会教育的基础。幼儿教育家福禄贝尔曾提出：家庭教育是一切教育的根。家庭教育开始于孩子的出生之日，甚至可以追溯到孩子还没出生之前，从科学备孕、胎教就已经开始了，在人的一生中起着奠基的作用。于学校教育而言，家庭教育是学校教育的基础，是学校教育的延伸和补充。

当前，家庭教育的重要性国内外的众多学者都有非常清楚的认识，但对家庭教育的概念还没有统一的界定。《辞海》对家庭教育的解释是：父母或其他年长者在家庭中对儿童和青少年进行的教育。《中国大百科》把家庭教育定义为：父母或其他年长者在家庭内自觉地、有意地对子女进行的教育。我们对家庭教育的一般性的定义为：家庭教育是在家庭生活中，家庭成员之间相互的影响和教育。

(二)家庭教育的特点

1.家庭教育的全面性

家庭教育的全面性一是指学校教育管的,家庭教育要管,学校教育不管的,家庭教育也要管。二是指社会教育要完成的,家庭教育必须完成,社会教育触及不到的,家庭教育责无旁贷。总之,家庭教育所涉及的内容比学校教育要广泛得多。三是指参与人员的全员性。只要有家庭,有孩子,就必须承担起教育子女的责任,完成家庭教育的义务。家庭教育的最终目的是培养合格的社会公民。一个合格社会公民,必须接受全面教育。无论是德育还是智育、体育、美育、劳动,家庭教育都有责任使其向社会所需要的方向发展。这一目的决定了家庭教育的全面性。

2.家庭教育的随机性

家庭教育与学校教育不同,它没有明确的教学计划与大纲,也没有教材,它不仅包括家长有意识地对子女施加的影响,也包括家长无意识地借助其他条件对子女施加的影响。“遇物则诲”,相机而教,通过生活实践或与孩子共同参与的活动中,利用一切可利用的机会向孩子进行教育,方法十分灵活,易为孩子接受。家庭教育是分散于家庭生活的每一个方面,从早上起来的洗脸刷牙,到晚上的洗澡、睡觉都可以是家庭教育的内容,从牙牙学语到学校教育后的作业辅导也是家庭教育的内容,这些就体现了家庭教育的随机性,随时随地都可以进行教育,生活当中的任何一个细节、任何一个点都可能是教育的契机。

3.家庭教育的长期性

家庭教育有长期性,是相伴人一生的,与学校教育相比,更具有连续性和持久性。孩子从出生起就开始受家庭教育。虽然不同阶段家庭教育的作用大小不一样,但始终伴随着人生。如果家庭是一种民主类型,已成为父母的人,还会经常从孩子的言行中受到教育。

早期的家庭教育,对一个人思想观念的形成、智力的发展都具有至关重要的作用。一个人在家庭中发展起来的身心能力如何,将决定他未来身心发展的能力与水平。成功的家庭教育,是人成长的基础,家庭教育的失误或不足,将给人的一生带来不可弥补的影响。

(三)家庭教育的目的

1.家庭教育的目的

家庭教育的目的是家庭教育活动的出发点和依据,也是家庭教育实践活动的归宿。它制约着家庭教育活动的方向,一切家庭教育活动都是实现家庭教育目的的过程。

家庭教育的目的就是父母或者其他监护人培养人的总的规格和目标。简言之,就是要把孩子培养成为什么样的人。家庭教育的目的,不是有或者没有的问题,而是有的正确合理,有的错误,有的清晰明确,有的含糊不清,还经常变化。

2.影响家庭教育目的制定的因素

(1)家庭的根本利益:家庭教育的目的与生育子女的目的有密切的关系。例如,在封建社会里,不同的家庭处于不同的社会地位,不同的社会地位,其根本的利益是不同的,因此,对子女培养的规格和目标也是不一样的。统治阶级或剥削阶级的家庭培养具有统治阶级所需要的品德和能力的人。一般的劳动人民的家庭培养的子女都有着重于培养其谋生的劳动能力和吃苦耐劳、勤俭朴实的品质。尽管现代社会已经是人人平等了，但要求子女去做教师、做工人、经商等，都是和家庭的根本利益是一致的，或为了继承家庭的传统，或为了家庭的兴旺发达。

(2)家长的经历和对社会生活的体验：家长作为子女的教育者，要把子女培养成为什么样的人，与家长的经历以及家长对社会生活的体验息息相关。例如做教师的家长，有的人会觉得教师工作稳定，节假日多，相对比较轻松，因此，在潜移默化中会向子女灌输当老师的好处，孩子将来成为教师的可能性会比较大。家庭教育目的的确定，直接受家长的经历和社会生活的体验的影响。

(3)家长的素养：家长自身的素养决定着家长对社会生活认识的深刻程度。有的家长能善于把握社会发展的方向，顺应社会发展的潮流，自觉地为未来的社会需求来塑造自己的子女，对子女的要求也比较高，培养出来的子女各方面的能力也相对比较高。有的家长思想、文化素质比较低，不关心社会发展的前景，根本没有明确的教育子女的目的，盲目性非常大。

二、家庭教育方式

(一)家庭教育方式

方式是人们说话做事所采用的方法和形式。由于说话做事的对象不同，也就形成了各种不同的方式，如工作方式、生活方式等。那么什么是家庭教育方式呢？家庭教育方式也称家长教育方式，其内涵是一致的。家庭教育方式指的是父母或其他监护人对子女实施教育和抚养时经常运用的方式和方法，是教育观念和教育行为的综合体现。它是对父母各种教育行为特征的概括，是一种相对稳定的行为风格。

(二)家庭教育方式的类型

一般来说，可以把父母教育方式归纳为两个维度：其一是父母对待孩子的情感态度，即接收-拒绝维度；其二是父母对孩子有要求和控制程度，即控制-容许维度。在情感维度的接收端，家长以积极肯定、耐心的态度对待孩子，尽可能满足孩子的各项要求；在情感的拒绝端，家长常以排斥的态度对待孩子，对他们不闻不问。在要求与控制维度的控制端，家长为孩子制定了较高的标准，并要求他们努力达到这些要求；在要求与控制维度的容许端，家长宽容放任对孩子缺乏管教。

根据这两个维度的不同组合，可以形成四种教养方式：权威型、专断型、放纵型和忽视型。不同的教养方式会对孩子的社会性发展和个性形成产生重大影响。

1.权威型教育方式

这是一种理性且民主的教育方式。权威型的父母认为自己在孩子心目中应该有权威。但这种权威来自父母对孩子的理解与尊重，来自他们与孩子的经常交流及对孩子的帮助。父母以积极肯定的态度对待儿童，及时热情地对儿童的需要、行为做出反应，尊重并鼓励儿童表达自己的意见和观点。同时他们对儿童有较高的要求，对儿童不同的行为表现奖惩分明。

这种高控制且在情感上偏于接纳和温暖的教育方式，对儿童的心理发展有许多积极影响。这种教养方式下的儿童独立性较强，善于自我控制的解决问题，自尊感和自信心较强，喜欢与人交往，对人友好。

2. 专断型教育方式

专断型父母则要求孩子绝对地服从自己，希望子女按照他们为其设计的发展蓝图去成长，希望对孩子的所有行为都加以保护监督。这一类也属于高控制型教育方式，但在情感方面与权威型父母有显著的差异。这类父母常以冷漠、忽视的态度对待儿童，他们很少考虑儿童自身的要求与意愿。对儿童违反规则的行为表示愤怒，甚至采取严厉的惩罚措施。

这种教育方式下的学前期儿童常常表现出焦虑、退缩和不快乐。他们在与同伴交往中遇到挫折时，易产生敌对反应。在青少年时期，在专断型教育方式下成长的儿童与权威型相比，自我调节能力和适应性都比较差。但有时他们在校的学习表现比放纵型和忽视型下的学生好，而且在校期间的反社会行为也较少。

3. 放纵型教育方式

这类父母和权威型父母一样对儿童抱以积极肯定的情感，但缺乏控制。父母放任儿童自己做决定，即使他们还不具有这种能力，例如，任由儿童自己安排饮食起居，纵容儿童贪玩、看电视。父母很少向孩子提出要求，如不要求他们做家务事，也不要求他们学习良好的行为举止；对儿童违反规则的行为采取忽视或接受的态度，很少发怒或训斥儿童。

这样教育方式下的儿童大多很不成熟，他们随意发挥自己，往往具有较强的冲动性和攻击性，而且缺乏责任感，合作性差，很少为别人考虑，自信心不足。

4. 忽视型教育方式

这类父母对孩子既缺乏爱的情感和积极反应，又缺少行为方面的要求和控制，因此亲子间的互动很少。他们对儿童缺乏最基本的关注，对儿童的行为缺乏反馈，且容易流露厌烦、不愿搭理的态度。如果儿童提出诸如物质等方面易于满足的要求，父母可能会对此做出应答；然而对于那些耗费时间和精力的长期目标，如培养儿童良好的学习习惯、恰当的社会性行为等，这些父母很少去完成。

这种教育方式下的儿童与放纵型教养方式下的儿童一样，具有较强攻击性，很少替别人考虑，对人缺乏热情与关心，这类孩子在青少年时期更有可能出现不良行为问题。

可以看到，父母对孩子采取什么样的教育方式，直接关系到孩子在家庭中所受教育的效果。因此，科学合理的家庭教育方式对子女身心健康的成长具有非常重要的作用。

（朱晨晨）

第二节　家庭教育常见的问题

学习目标

◆ 了解家庭教育中的常见问题。
◆ 了解家庭教育的原则。
◆ 熟悉家庭教育中的方法与策略。

知识要求

一、家庭教育中的常见问题

教育分为家庭教育、社会教育和学校教育。在三者之中，家庭教育有着非常重要的地位和作用。父母是人生的第一任教师，家庭是人生的第一所学校。天下的父母们都望子成龙，望女成凤，都是爱孩子的，但如果爱的方法不对，对孩子过分溺爱或过分严厉，不但不能促使孩子健康成长，反而会使孩子养成诸多不良的习惯，甚至一些做法会毁了孩子的一生。

（一）过分溺爱的家庭教育

现在的家庭一般都只有一个孩子，家庭条件相对也比较好，不少家长对孩子过分宠爱，孩子过着饭来张口、衣来伸手的生活。加之祖辈们的疼爱，对孩子的所有行为都无条件地支持和保护，对孩子犯的错也极力包庇，为孩子开脱，不愿与幼儿园或学校配合。

有这样一个例子，一个小班的孩子，早上去幼儿园后老师给每个小朋友发了一个鸡蛋，其他小朋友都纷纷动起手来开始吃鸡蛋，只有她坐在那里不动。老师发现后过来就问她呢是不是不爱吃鸡蛋？她回答说不是，她喜欢吃鸡蛋，老师又问她那你怎么不吃啊？她说，这个鸡蛋和她们家的鸡蛋不一样。原来，这个孩子吃鸡蛋的时候从来没剥过鸡蛋壳，也不知道鸡蛋还有壳，可想而知家长对这个孩子的宠爱程度。其实，家长宠爱孩子的例子举不胜举，有位教育家曾说过：一切都给孩子，牺牲一切，甚至牺牲自己的幸福，这是父母给孩子最可怕的礼物。是的，对孩子的爱要合理，更要科学，爱中有教，教中有爱，才能使孩子得以健康成长。处处保护孩子，使孩子丧失独立性，那是对孩子的“惩罚”。

（二）片面强调智力开发的家庭教育

“不要让孩子输在起跑线上”这句话让中国的家长们心力交瘁，更难为了孩子们。于是我们会见到家长带着几个月的孩子去参加各种智力开发班、兴趣培养班，我们也会经常听到家长们对孩子说一句话，“你把学习搞好了就行了，其他的事不需要你做”。由于过度的重视“知识”的学习，导致现在的很多家长都忽视孩子劳动能力的培养，孩子的生活自理能力比较差，独立能力也都比较差。

（三）缺乏学习氛围的家庭教育

很多的家长都非常重视孩子的学习，甚至在孩子上早教班的时候都开始抓孩子的学习。生活中我们会经常听到或看到这样的情景，当孩子在学习的时候，全家人大气都不敢出，电视、手机全部关掉，生怕影响到孩子的学习。还会看到这样的情景，家长在教育孩子要注意这个注意那个的同时，自己却没有做好榜样。其实，不管是知识的学习还是生活习惯的培养，都需要家长做好榜样，营造一个充分学习氛围的家庭教育环境，在这样的家庭教育环境中成长的孩子会自然地学习到各种健康优良的习惯和品质。

二、家庭教育的原则

不同的家庭环境，家长采用的教育方法会不一样，但都可以培养出身心健康的孩子。若不同家庭采用同样的教育方法，其结果则不一定会是一样的。当然，其中的原因是多样的。然而，这并不表明家庭教育是没有规律可循的，下面我们简单介绍家庭教育中一些常用的教育原则。

（一）因材施教原则

因材施教原则指的是家庭教育要根据对象的特点采用不同的方法，促进其健康成长。例如，有一次，孔子的学生子路和冉有先后来问孔子，是不是听到什么事就要马上去做，孔子则做出了不同的回答。这使得在场的另一个学生公西华感到很困惑，孔子解释说，子路过于胆大鲁莽，所以要求他谨慎些，遇事要与父兄商量好之后再去行动；而冉有平日胆小怕事，所以要鼓励他遇到积极去面对。这个故事也成了因材施教的范例。美国心理学家霍华德·加德纳，也被称为多元智力之父，他提出人的智力有八部分组成。每个的智力都包括这个八个部分，但每个人呈现出来的结果是不同的，有些人在某一方面非常的突出，但在另一方面则非常欠缺。例如，有的人在数学、物理上非常的突出，但是对音乐上却一窍不通。这些告诉我们，由于每个人的差异性，在教育的过程中采用的方法也要有所差异。家长在看到别的孩子在钢琴上非常有天赋的时候，不需要也强迫自己的孩子去学习钢琴，首先要全面深入地了解自己的孩子，是不是喜欢弹钢琴，要遵循孩子自己的兴趣，更不要盲目地与其他孩子攀比。其次，要尊重孩子的个性特点，实施适合孩子特点的教育，例如，平时喜欢动的孩子，可以多让孩子去参加一些体育运动，当然，文静的、性格内向的孩子也应该鼓励他们多参加体育活动，但平时就喜欢动的孩子在体育运动上一般都会表现比较好。最后，特殊的孩子要特殊的培养。例如一些智力有障碍的孩子，我们不能就认为他们一无是处了，这就要求家长们仔细发现孩子身上的闪光点，充分挖掘孩子的潜力。

（二）循序渐进，量力而行

循序渐进，量力而行的基本含义是指在家庭教育中必须根据孩子身心实际发展水平，由易到难，逐步提高。

要使教育获得成功，就要全面了解孩子身心发展的实际水平，遵循孩子生理和心理的发展规律，以此考虑教什么，怎么教。幼儿期的孩子，在生理的心理方面发展非常迅速，独立生活能力、对周围事物的认识能力，以及语言的表达能力，都随着年龄的增长发生变化，所以在早期教育时，既要有一定的难度，又要让孩子经过努力可以达到。如果家长不考虑孩子的实际水平，过难或过易都不能促进孩子的身心发展，无论是让孩子学做一定有家务劳动，还是让孩子学习某些文化知识，都要从孩子实际身心发展出发，遵循从易到难的顺序进行，忽视了这一点就难以获得应有的效果。所谓“跳一跳够得着”就是这个道理。

若某种知识与孩子已有的知识水平相差不大，他不仅愿学，有能力学，而且也容易产生学习的兴趣。如果相差很大，甚至超过孩子的实际发展水平，他就不愿学，也学不懂，当然就提不起兴趣，甚至产生厌倦或抵触情绪。因此，在家庭教育中，家长一定要全面了解孩子身心发展水平和所学知识的实际水平。在此基础上选择合适的教育内容和有效的教育方法，才能达到理想的效果。

每一门科学文化知识都有它自己由浅到深，由易到难的逻辑顺序，而且有一定的连贯性。在向孩子传授知识的时候，要注意新旧知识的联系，增强知识的系统性。既要注意巩固孩子已学过的知识，又要启发孩子学习新的知识，并要启发、诱导孩子进行独立思考，逐步培养孩子系统思考问题的能力，要注意观察，了解孩子掌握知识的情况。当孩子对所学知识尚未理解时，不要急于教新的内容，要按照循序渐进、量力而行的原则向孩子传授知识。

（三）一致性原则

这一原则是指在对孩子进行家庭教育中，家庭成员要互相配合，协调一致，使孩子的品德和行为按照统一的要求发展。孩子的思想品德和行为习惯的形成既是一个长期发展的过程，又是一个连续完整的过程。因此，在早期教育中，应遵循教育统一的原则。只有家庭成员对孩子的教育互相配合协调一致，有统一的认识和要求，才能取得良好的效果。在现实生活中有些家庭以孩子为中心，独生子女成了“小太阳”，家庭都围着孩子转、当孩子有了缺点、错误时，有的主张批评教育，有的却要包庇护短，往往是爷爷奶奶与父母的意见不统一，有的父母之间认识也不一致。家庭成员在认识和要求上的不一致。必然会以不同的情绪、不同的态度、不同的做法暴露在孩子面前，孩子必然会喜欢袒护自己的一方，会气恼批评自己的一方。这些不仅影响了家庭和睦，而且不利于教育孩子，以致孩子养成任性、是非不清、听不进正确批评、常常无理取闹等不良品德和行为。因此，在对孩子进行教育时，家庭成员应做到互相配合、步调一致，即使意见有分歧也不能在孩子面前暴露，否则会给孩子身心发展造成不良影响，这是父母在教育孩子时应当注意的。因此，家庭教育要取得成功，家庭成员在教育孩子的问题上，采取一致态度是非常重要的。

孩子良好品德和行为习惯的养成不是讲一次道理或做一两次练习就可以办到的，而要经过多次练习不断强化和巩固才能完成。家庭成员对孩子教育的态度和要求一致，就会促使孩子对某些品德和行为进行多次练习，不断强化和巩固，从而形成良好品德和习惯。

三、家庭教育的方法

俗话说，一把钥匙开一把锁。对于千差万别的孩子，就应该使用千差万别的方法。但对于绝大多数的孩子来说，有一些基本的教育方法是行之有效的。

(一)环境熏陶法

墨子和荀子曾分别以“染于苍则苍,染于黄则黄”和“蓬生麻中,不扶而直;白沙在涅,与之俱黑”来形象地概括家庭环境对人的深刻影响。在中国古代一些有见地的父母就会很重视家庭环境对子女的影响,其实我们耳熟能详的“孟母三迁”就是一个典型的例子。

陈鹤琴先生说过:小孩子生来大概都是好的。到了后来,或者是好,或者是坏,这是环境的关系。环境好,小孩子就容易变好;环境坏,小孩子就容易变坏。家庭环境是影响一个小孩子的重要因素,同时,也是一种特殊的教育方法,并且这是其他家庭教育方法发挥作用的前提。

要发挥家庭环境的熏陶作用就要注意以下几个问题:首先,要处理好家庭成员之间的关系,营造和谐的家庭生活氛围。关于家庭成员关系的重要性,特别是夫妻关系和谐的重要性,有人甚至提出,最好的家庭教育就是夫妻和睦,可能这么听上去会觉得很牵强,有点过,但仔细想想确是如此。一个家庭中,如果夫妻关系或其他成员之间的关系是非常和睦的,那么在这样一个和睦关系氛围中成长的孩子,其身心也一定是和谐的。因此,要发挥家庭环境的熏陶作用首要的就是要处理家庭成员之间的关系,这是最基础的也是最难的一步,说起来很简单,但真的做起来难度不小。但作为婴幼儿的监护人或照顾者我们必须认识到这一点。其次,美化好家庭生活环境。对婴幼儿来说,其最主要的活动场所就是在家中,因此,家庭中的生活环境对婴幼儿的发展起着非常重要的作用。整洁美观、舒适宜人的生活环境有利于陶冶孩子的情操,促使孩子养成良好的生活习惯。最后,要营造学习型家庭氛围。家庭中的氛围,特别是学习的氛围对孩子的道德修养、文化品位、学习都具有直接的导向作用。例如,一个家庭每天晚餐之后的活动是全家人一起看书、学习,那么在这样的家庭环境下成长的孩子一定是爱学习的。

(二)表扬奖励法

有这样一个故事,一个 4 岁的小女孩晚上睡觉的时候尿床了,早晨起床时妈妈发现了,于是就训斥她了,说都这么大了,还不知道羞,还尿床。于是这个小女孩反驳到,我今天尿床了,你就骂我了,但我之前没有尿床的时候你怎么没有表扬我。这个妈妈竟然不知怎么回答女儿的话。不知道大家有没有发现,在我们的生活中,实在是太缺少表扬,缺少赞美了,更多的是批评,是训斥。

表扬奖励法是对孩子表现好的行为给予积极、肯定的评价的方法,可以是物质奖励,也可以是精神奖励。一般来说,年龄小的孩子可以以物质奖励为主,年龄稍大的孩子应以精神奖励为主。表扬奖励是对孩子的好行为、好思想做出表扬、奖励,但其实是有技巧的,否则会起到相反的作用。

首先要实事求是,恰如其分。表扬孩子的行为要恰如其分,要具体。表扬孩子的具体行为,例如,2 岁的孩子能把垃圾丢进垃圾桶的这一行为,家长在表扬时就不应该只是简单地说“宝宝好棒”、“宝宝真听话”之类的比较空泛的话。应该具体,建议说类似“宝宝好爱干净,都会自己丢垃圾了,真棒呀”、“宝宝真厉害,能自己丢垃圾了。”这样表扬的好处在于让幼儿意识到这个行为是好的,会强化这个行为,以后出现这个行为的机会大为增加。

其次是表扬奖励要及时。昨天的时候孩子自己去扔垃圾了,今天才表扬,无论表扬的多么好,也很难发挥作用了。这就是心理学上所说学的及时强化,因为,表扬也有时效性。所以，当孩子做出了好的行为的时候要及时表扬，进行奖励。

最后，在给予奖励的同时要注意结合说服教育。当孩子做出好的行为之后应及时给予表扬奖励，但需要注意的是必须指出为什么要给予奖励，说出孩子的行为好在哪里，哪些方面有进步，以后应该怎么去做，不能稀里糊涂地给予奖励。这一点非常的重要，这对强化孩子的好行为和习惯具有非常重要的作用，让孩子也清楚地认识到我只有做出这些好的行为才会有表扬和奖励。

（三）批评惩罚法

一提到惩罚，很多人都会反对，反对惩罚孩子。实际上，惩罚与体罚不同，惩罚是一种非常有效的教育方法。只要使用得当，其效果也是理想的。批评是家庭教育中常用的一种手段，家长批评孩子是为了对孩子不良思想、行为、品质给以否定的评价，并予以警示，从而引起他们的内疚、痛苦、悔恨，从缺点、错误中吸取教训，不再重犯。

运用要公正合理，恰如其分。有了一点错，就全盘否定孩子；批评今天错，还带着以前的错；一分的错，总是当十分的错来批评，这些做法都是不合适的。所以，家长遇到孩子的缺点，要弄清情节、原因，恰当估计错误程度，不能在情况不明的情况下，对孩子横加指责，乱上纲，乱扣帽子。如果这样，不仅起不到教育的目的，反而会引起孩子的逆反心理，很不利于问题解决。

在批评方式上应是先肯定对的，再指出错的；先表扬以前的，再指出今天的；甚至可先做自我批评，再批评孩子。批评孩子可以严肃，甚至可以严厉，但这不等于粗暴，更不等于讽刺挖苦、奚落谩骂。否则就会伤害孩子的自尊心，势必会引起对立的情绪。

我们常说“数子十过，不如奖子一长”。是说在教育孩子时，以正面激励为主，但不是否认对错误、缺点和过失的批评甚至惩罚。批评是可以采用的，但不要过多、过滥，不要把批评当成家长的教育手段。另外，批评、惩罚是一种否定、一种压力，但同样也可以成为一种激励、一种动力。作为家长，一定要理智地面对孩子的问题，努力克制自己无益的感情冲动，增强教育意识，讲究批评的艺术。

实际上，家庭教育的方法是非常多的，并且家庭教育方法与家庭教养方式是密切联系的，不同的家长采用相同的教育方法其结果可能是不同的，甚至是相反的。原因有很多，如家长自身的素质、家庭的环境、孩子的性格特点等，都可能会影响到教育方法的效果。因此，在家庭教育中，不仅要根据家庭成员的关系、家庭的特点选择和运用家庭教育方法，而且要根据教育对象的年龄特征，特别是孩子在不同年龄段的身心发展特点来选择、使用家庭教育方法，还要因时、因地、因人而异，创造性地选择、使用家庭教育方法。

（朱晨晨）

参考文献

[1]B. D. 戴伊,刘焱,卢乐山. 游戏在儿童早期教育中的价值. 比较教育研究, 1984(3): 60-64.

[2]鲍秀兰. 0—3 岁儿童最佳的人生开端. 北京:中国妇女出版社,2014.

[3]陈鹤琴. 家庭教育. 武汉:长江文艺出版社,2013.

[4]崔戴飞. 母婴护理技能. 杭州:浙江大学出版社,2019.

[5]崔焱,仰曙芬. 儿科护理学. 北京:人民卫生出版社,2018.

[6]崔焱. 儿科护理学. 2 版. 北京:人民卫生出版社,2012.

[7]范玲. 儿童护理学. 2 版. 北京:人民卫生出版社,2012.

[8]甘剑梅. 学前儿童社会教育. 北京:中央广播电视大学出版社,2011.

[9]顾荣芳. 学前儿童卫生学. 南京:江苏教育出版社,2007.

[10]何成江,王学利. 职业道德修养. 上海:华东师范大学出版社,2007.

[11]胡莹,马腹婵. 儿科护理实训指导. 杭州:浙江大学出版社,2012.

[12]金扣干,文春玉. 0—3 岁婴幼儿保育. 上海:复旦大学出版社,2011.

[13]孔宝刚. 0—3 岁婴幼儿保育与教育. 上海:复旦大学出版社,2012.

[14]李美珍,马腹婵,骆海燕,等. 儿童护理. 杭州:浙江大学出版社,2013.

[15]梁周全,尚玉芳. 幼儿游戏与指导. 北京:北京师范大学出版社,2011.

[16]刘文. 幼儿心理健康教育. 北京:中国轻工业出版社,2008.

[17]马宁生. 儿科护理. 2 版. 上海:同济大学出版社,2012.

[18]梅国建. 儿童护理. 2 版. 北京:人民卫生出版社,2005.

[19]潘建明,蒋晓明,任江维. 幼儿照护职业技能教材(中级). 长沙:湖南科学技术出版社,2020.

[20]庞建萍. 学前儿童健康教育. 上海:华东师范大学出版社,2007.

[21]乔·L. 弗罗斯特,苏·C. 沃瑟姆,斯图尔特·赖费尔. 游戏与儿童发展. 唐晓娟,张胤,译. 南京:江苏教育出版社,2011.

[22]区慕洁. 0—6 岁亲子游戏百科大全. 北京:中国妇女出版社,2013.

[23]人力资源和社会保障部,中国就业培训技术指导中心. 育婴员. 修订版. 北京:海洋出版社,2013.

[24]唐林兰,于桂萍. 学前儿童卫生与保健. 北京. 教育科学出版社,2012.

[25]唐仪,郝玲. 妇女儿童营养学. 北京:化学工业出版社,2012.

[26]万钫.学前卫生学.北京:北京师范大学出版社,2012.
[27]万人迪.0—3岁婴儿早期教育事业发展与管理.上海:复旦大学出版社,2011.
[28]王坚红.学前儿童发展与教育科学研究方法.北京:人民教育出版社,2006.
[29]王萍,高宏伟.家庭中的感觉统合训练.北京:清华大学出版社,2011.
[30]王萍,李砚池.儿科护理.北京:人民军医出版社,2010.
[31]王书荃,陈英,兰贯虹.育婴员(修订版).北京:海洋出版社,2013.
[32]吴航.家庭教育学基础.武汉:华中师范大学出版社,2013.
[33]西尔斯.亲密育儿百科.海口:南海出版公司,2009
[34]杨锡强,易著文.儿科学.6版.北京:人民卫生出版社,2004.
[35]俞铮铮,李美珍.母婴护理员.杭州:浙江大学出版社,2017.
[36]张民生.0—3岁婴幼儿早期关心与发展的研究.上海:上海科技教育出版社,2007.
[37]张明红.学前儿童社会教育.上海:华东师范大学出版社,2008.
[38]张文新.儿童社会性发展.北京:北京师范大学出版社,2005.
[39]郑凤霞.学前教育从业人员伦理学.哈尔滨:黑龙江大学出版社,2011.
[40]中国就业培训技术指导中心,人力资源和社会保障部.育婴员.北京:海洋出版社,2013.
[41]中国就业培训技术指导中心上海分中心,人力资源和社会保障部教材办公室,上海市职业培训研究发展中心.母婴护理.北京:中国劳动社会保障出版社,2010.
[42]周昶.婴幼儿保育.北京:高等教育出版社,2010.
[43]朱凤莲,王红.早教师上岗手册.北京:中国时代经济出版社,2011.
[44]朱智贤.儿童心理学.北京:人民教育出版社,1982.